Baldur Gabriel
Zum ökologischen Wandel im Neolithikum der östlichen Zentralsahara

BERLINER GEOGRAPHISCHE ABHANDLUNGEN

Herausgegeben von Gerhard Stäblein, Georg Jensch, Hartmut Valentin, Wilhelm Wöhlke

Schriftleitung: Dieter Jäkel

Heft 27

Baldur Gabriel

Zum ökologischen Wandel im Neolithikum der östlichen Zentralsahara

Arbeit aus der Forschungsstation Bardai/Tibesti

(9 Tabellen, 32 Figuren, 41 Photos, 2 Karten)

1977

Im Selbstverlag des Institutes für Physische Geographie der Freien Universität Berlin
ISBN 3-88009-026-2

Vorwort

Während eines einjährigen Aufenthaltes an der Forschungsstation Bardai (Tibesti) des Geomorphologischen Labors der Freien Universität Berlin und während mehrerer Reisen in die libysche, algerische und südtunesische Sahara habe ich eine Reihe von Beobachtungen zur quartären Klima- und Kulturenfolge zusammengetragen, von denen ein Teil bereits veröffentlicht ist (siehe Literatur-Verzeichnis).

An dieser Stelle sei allen jenen gedankt, die mir dazu verholfen haben, die Untersuchungen durchführen und die Ergebnisse aufarbeiten zu können:

Herrn Prof. J. HÖVERMANN (Göttingen) und
Herrn Prof. K. KAISER (Berlin),
die mir den Aufenthalt auf der Forschungsstation Bardai ermöglichten und mich danach in großzügiger Weise förderten,

Herrn Prof. H. J. PACHUR (Berlin), der meine Teilnahme an seinen Libyen-Expeditionen befürwortete und mir manche Anregung bei den Geländeuntersuchungen gab,

Herrn Prof. W. MECKELEIN (Stuttgart), dessen These von einem „Kernwüstenraum" immer richtungsweisend im Hintergrund der Untersuchungen gestanden hat und der in späteren Diskussionen viel zur gedanklichen Durchdringung der Probleme beitrug,

und schließlich der Deutschen Forschungsgemeinschaft für die Gewährung eines Forschungsstipendiums über drei Jahre, inklusive der Mittel für eine Reise nach Algerien.

Ohne die Mithilfe zahlreicher Fachleute bei Spezialuntersuchungen wäre die Arbeit auf halbem Wege stecken geblieben. In erster Linie ist hier Herrn Prof. M. A. GEYH zu danken, dem Leiter des ^{14}C-Labors des Niedersächsischen Landesamtes für Bodenforschung in Hannover, der stets wohlwollend unsere Untersuchungen förderte und kritisch begutachtete, wenn es um chronologische Fragen ging. Gedankt sei weiterhin Herrn E. SCHULZ (Würzburg), der eine Reihe von Pollenanalysen durchführte, sowie den Bearbeitern der Faunenrelikte: Herrn Prof. S. H. JAECKEL (Berlin) und Herrn Dr. H. SCHÜTT (Düsseldorf) für malakologische Untersuchungen, Herrn Prof. H. POHLE (Berlin), Herrn Prof. J. NIETHAMMER (Bonn), Frau V. EISENMANN und Herrn Y. COPPENS (beide Paris) sowie Herrn Dr. H. REICHSTEIN (Kiel) für osteologische Untersuchungen.

Die Karte 1 zeichnete Herr J. SCHULZ und einen großen Teil der Figuren Frau E. HOFSTETTER und Herr H. K. G. MAHNKE (alle Berlin). Herrn Prof. MEKKELEIN (Stuttgart) verdanke ich Photo 4. Alle übrigen Zeichnungen und Photos bis auf die Luftbildausschnitte des Inst. Géogr. Nat. (Paris, Photo 37-41) stammen von mir.

Nicht zuletzt muß betont werden, daß die Integration in einem Team von an gleichen oder ähnlichen Problemen Interessierten außerordentlich fruchtbar ist. Die „Fühlungsvorteile" und die gegenseitigen Beeinflussungen sind unbestreitbar. Insofern war meine Mitwirkung im Programm der Forschungsstation Bardai des Instituts für Physische Geographie (früher II. Geogr. Institut oder Geomorphologisches Laboratorium) der Freien Universität Berlin (1966-1974) und in der „Arbeitsgruppe Wüstenforschung" im Geographischen Institut der Universität Stuttgart (seit 1974) überaus wertvoll und anregend.

Stuttgart, im Frühjahr 1976
Baldur Gabriel

Inhalt

	Vorwort	4
	Einleitung	7
1.	Steinplätze und ihre paläökologische Aussage	9
1.1	Einführung	9
1.2	Argumente gegen eine natürliche Entstehung der Steinplätze	9
1.3	Steinplätze als Mittel zur großräumigen Erfassung neolithischer Fundstellen	9
1.4	Steinplätze und Steinplatzgruppen	12
1.5	Steinstreu: Beispiel Majedoul	13
1.6	Steinplätze bei El Goléa	15
1.7	Steinplatzvorkommen bei Djanet	15
1.8	Bisherige Kenntnisse über Steinplätze	15
1.9	Funktionsdeutungen	18
1.10	Die Urheber der Steinplätze und ihre Lebensgrundlagen	19
1.11	Verhältnis zwischen den Steinplatzleuten und den Gebirgsvölkern — Denkmöglichkeiten	20
1.12	Steinplatzleute als nomadische Viehhalter	20
1.13	Abhängigkeit des Nomadismus von Tragetieren	22
1.14	Abhängigkeit vom Wasser	22
1.15	Dichteverteilung der Steinplätze und ihre geographische Verbreitung	24
1.16	Datierung und Altersgliederung	25
1.17	Klimatische Ausdeutung	28
	Dokumentation I:	29
	Steinplatzzählungen 1-7	29
	Photos 1-19	35
2.	Faunenreste und ihre Interpretation	39
2.1	Einführung	39
2.2	Kulturelle Interpretation	39
2.3	Ökologische Interpretation	44
2.4	Rekonstruktion der Pflanzenformation und der Florenzusammensetzung	48
2.5	Interpretation von Molluskenfunden	49
	Dokumentation II:	51
	Faunenlisten 1-13	51
	Photos 20-25	55
	Photos 26-29	56
3.	Indizien zur Paläökologie im Gebirge (Mittel- und Niederterrassen)	57
3.1	Einführung	57
3.2	Neolithische Kulturgruppen im Gebirge	57
3.3	Die untere Mittelterrasse (uMiT) und ihre stratigraphische Einordnung	57
3.4	Die obere Mittelterrasse (oMiT)	59
3.5	Der Aufbau der uMiT	60
3.6	Altersfragen	60
3.7	Fossilien- und Pollengehalt der uMiT	61
3.8	Die Vegetation im Tibesti zur Zeit der MT	65
3.9	Entstehungsmechanismen der uMiT	69
3.10	Abflußregime der uMiT und klimatische Interpretation	74
3.11	Die Niederterrasse (NiT)	79
3.12	Ausblick: Protohistorische Zeit und rezente Austrocknung	79
	Dokumentation III:	85
	Photos 30-41	
	Zusammenfassung und Schluß	93
	Summary	94
	Résumé	95
	Literaturverzeichnis	96
	Kartenunterlagen	111

Verzeichnis der Tabellen

Tab. 1: Bisherige ^{14}C-Daten von Steinplätzen aus der Sahara 11

Tab. 2: Neolithische Feuerstellen außer Steinplätzen in der Sahara 11

Tab. 3: Durchmesser und Entfernungen von Steinplätzen bei einer Steinplatzgruppe südlich von Djanet 12

Tab. 4: Steinplatzdichten in verschiedenen Regionen der Sahara 24

Tab. 5: Faunenfundpunkte und Faunenlisten aus der östlichen Zentralsahara 40

Tab. 6: Die Gehölzvegetation im Tibesti um 10-6000 B. P. nach Pollenanalysen 63

Tab. 7: Pollenanalysen an Proben aus dem Enneri Dirennao/Tibesti 64

Tab. 8: Karbongehalt und Farbwerte von Sedimenten und Verwitterungsschichten in Enneri Dirennao/Tibesti 68

Tab. 9: Entfernungen, Höhen und Gefälle in Enneri Dirennao/Tibesti 83

Verzeichnis der Karten

Karte 1: Steinplatzvorkommen in der Sahara nach bisherigen Kenntnissen 10

Karte 2: Übersichtskarte des Enneri Dirennao/Tibesti 82

Verzeichnis der Figuren

Fig. 1: Steinplatzverteilung im Gelände 40 km südlich von Wau el Kebir (Fessan) 12

Fig. 2: Steinplatzverteilung am Hassi el Abid bei El Goléa (Algerien) 12

Fig. 3: Hackenartiges Gerät vom Geologencamp bei Majedoul (Fessan) 14

Fig. 4: Schädelfragment mit Hornzapfenbasis eines kleinen Boviden vom Wadi Behar Belama (Libyen) 41

Fig. 5: Verzierte Straußeneischerben vom Enneri Tihai (Dj. Eghei) 41

Fig. 6: Zwei Walzenbeile von der Endpfanne Bardagué 42

Fig. 7: Ein Halsbeil von der Endpfanne Yebbigué 43

Fig. 8: Hackenartiges Gerät von der Endpfanne Bardagué 43

Fig. 9: Läuferstein für Handmühlen von der Endpfanne Bardagué 44

Fig. 10: Kleine Reibeschale von der Endpfanne Bardagué 44

Fig. 11: Steingefäßfragment von der Endpfanne Bardagué 45

Fig. 12: Steinerne Stangen mit unbekanntem Gebrauchswert von der Endpfanne Bardagué 45

Fig. 13: Neolithisches Keramikgefäß mit Wiegebandverzierung von der Endpfanne Bardagué 46

Fig. 14: Idealisiertes Querprofil im Enneri Dirennao zwischen km 11 und 12,5 62

Fig. 15: Idealisiertes Querprofil im Enneri Dirennao bei km 21 65

Fig. 16: Aufbau der uMiT bei km 16,7 im Enneri Dirennao 66

Fig 17: Abfolge der Billegoy-Verschüttungen 66

Fig. 18: Aufbau der uMiT bei Tjolumi 67

Fig. 19: Profil der uMiT-Ablagerungen bei Billegoy 67

Fig. 20: Profil der Grabung bei Gabrong 70

Fig. 21: Mikrolithen von Gabrong 71

Fig. 22: Abriebusuren und Kratzspuren auf Obsidianwerkzeugen von Gabrong 72

Fig. 23: Steingeräte aus Schicht b und d von Gabrong 73

Fig. 24: Grobe Steingeräte von Gabrong 74

Fig. 25: Geröllgeräte von Gabrong 74

Fig. 26: Kernsteinartige Artefakte von Gabrong 75

Fig. 27: Zwei Läufersteine für Handmühlen von Gabrong 75

Fig. 28: Umrisse und Querschnitte von Läufersteinen bei Gabrong 76

Fig. 29: Fragmente von Steinringen und geschliffenen Sandsteingeräten von Gabrong 77

Fig. 30: Geräte aus Stein, Knochen und Straußeneischerben von Gabrong 78

Fig. 31: Rekonstruktion eines Keramik-Gefäßes von Gabrong (Kumpf) 80

Fig. 32: Die Bruchstücke des Kumpfes von Gabrong 81

Einleitung

Die Frage, ob die Sahara als größter zusammenhängender Wüstenraum der Erde schon immer so arid war oder nicht vielmehr zeitweise durch humideres Klima und dichtere Vegetation sich lebensfreundlicher zeigte, beschäftigte schon ganze Generationen von Forschern. Daß es relativ feuchtere Pluvialzeiten gegeben hat, wurde kaum jemals bezweifelt, aber ihre Ursachen und ihre Auswirkungen blieben ebenso umstritten wie ihre genaue zeitliche Stellung und ihre regionale Intensität [1].

In den Jahren 1970-73 gewann das Problem durch die Dürrekatastrophe im sudanischen Sahel noch an Aktualität. Von manchen wurde sie als Folge der Störung des ökologischen Gleichgewichts durch die Kolonialmächte angesehen, von anderen aber lediglich als eine Phase im Auf und Ab der Klimageschichte des nordafrikanischen Wüstengürtels [2].

Die vorliegende Arbeit vermittelt nur einen kleinen Ausschnitt aus dieser Pluvialzeit-Problematik.

Geographisch bleibt sie weitgehend auf die östliche Zentralsahara beschränkt, einen Raum, der das nördliche und zentrale Tibesti, den Djebel Eghei, die Serir Tibesti, Serir Calanscio, Serir el Gattusa sowie die Bergländer und Oasengebiete des Fessan umfaßt. Nur ausnahmsweise werden Vergleiche aus anderen Teilen der Sahara herangezogen, vor allem, wenn sie auf eigenen Beobachtungen beruhen: aus dem Tassili der Ajjer und der Umgebung von Djanet und El Goléa (Algerien), aus Südtunesien sowie aus der Umgebung von Siwa (Ägypten).

Zeitlich werden nur die ökologischen Veränderungen erfaßt, die sich im Übergang vom Pleistozän zum Holozän und im frühen bis mittleren Holozän ereignet haben [3]. Kulturgeschichtlich ist es das Ende des Paläolithikums und das Neolithikum, nach absoluten Altersangaben etwa die Zeit zwischen 10 000 und 2 000 v. Chr. [4].

Der Begriff „Neolithikum" ist hier also zunächst und vor allem zeitlich zu verstehen und dabei sehr umfassend: Neolithische Kulturerscheinungen setzen in der zentralen Sahara sehr früh ein und dauern sehr lange an. In dieser Periode vollzog sich offenbar letztmalig ein Übergang von einer feuchteren Zeit — einem Pluvial oder wenigstens einer „wet phase" — zu extrem ariden Bedingungen.

Bei der Rekonstruktion früherer Zustände einer Landschaft sind die Geowissenschaften auf Indizien angewiesen, die jeweils für sich allein mehr oder weniger zweifelhaft sind und erst in einem Bündel sich ergänzender und sich stützender Beobachtungen und Deduktionen zu einer gewissen Sicherheit der Aussage führen. Eine der Grundvoraussetzungen ist hierbei die Anwendung des Aktualitätsprinzips, welches besagt, daß die gegenseitigen Bedingtheiten verschiedener Formen von belebter und unbelebter Materie im geschichtlichen Werdegang der Erde im wesentlichen gleich geblieben sind, daß also die Naturgesetze, die die verschiedenen Formen des heutigen Lebens ermöglichen und voraussetzen, auch früher galten.

Es ist somit keine Spekulation, sondern Argumentation, wenn man sich vergegenwärtigt, welche Bedingungen für die Existenz bestimmter Lebensformen gegeben sein müssen. Dabei spielt jede einzelne Bedingung nur die Rolle eines Indizes, und erst ein ganzes Indizienbündel mit einheitlicher Tendenz der Aussage läßt die Unwahrscheinlichkeit gegen Null gehen.

Mithin wird auch die Beweisführung aus einer einzigen Wissenschaft der paläogeographischen Beschreibung einer Landschaft nicht gerecht. Die Problematik ist zu komplex, man wird erst in interdisziplinärer Zusammenarbeit zu gesicherten Vorstellungen gelangen (im Sinne von BUTZER, 1971 a, 3 ff., und 1975, oder DIMBLEBY, 1975). Nicht alle Indizien haben dabei gleiches Gewicht. Relikte von Pflanzen, Tier und Mensch sind primäre Zeugen der vorzeitlichen Lebensbedingungen, unbeschadet der Tatsache, daß sich der Mensch als das anpassungsfähigste Lebewesen der Erdgeschichte erwiesen hat. Demgegenüber scheinen Deduktionen aus

---

[1] In Ergänzung zu den im folgenden Text angeführten Werken zu speziellen Problemen seien hier zusätzlich einige neuere Theorien oder allgemeine Arbeiten über die Pluviale genannt: ALIMEN (1971), BUTZER (1966, 1971 a: 312 ff., und 1971 b), CONRAD (1963), FAIRBRIDGE (1964), FLINT (1963 und 1971: 442 ff.), FLOHN (1963 und 1971), GELLERT (1974), GROVE (1969), HEINE (1974), MALEY (1973 und 1976), ROHDENBURG (1970), B. D. SHAW (1976).

[2] Vgl. BOUDET (1972), BOUQUET (1974), CLOUDSLEY-THOMPSON (1971), DALBY und HARRISON CHURCH (1973), DEPIERRE und GILLET (1971), DORIZE (1976), MENSCHING (1974), MICHON (1973), SCHIFFERS (1974 a und b), STRANZ (1974) u. a.

[3] Zur Grenze Pleistozän/Holozän vgl. MORRISON (1969).

[4] Zum Begriff „Neolithikum" und zum zeitlichen Beginn neolithischer Kulturerscheinungen vgl. u. a.: BRENTJES (1965), BUTZER (1971 a, 541 ff.), CHILDE (1969), COLE (1959), KENYON (1959), KLEJN (1972), MÜLLER-KARPE (1968 und 1970), NARR (1962), NEUSTUPNY (1968), PROTSCH und BERGER (1973), QUITTA (1967), SMOLLA (1960 und 1967, 91 ff.), SAUER (1972), SOLHEIM (1971), THOMAS (1967), VAN ZEIST (1976).
Zur Chronologie und Herkunft neolithischer Kulturerscheinungen in Nordafrika siehe an jüngeren Arbeiten vor allem: ADAMSON et al. (1974), ARKELL (1962 a und 1966), ARKELL und UCKO (1965), CAMPS (1969 und 1974), CAMPS et al. (1973), CAMPS-FABRER und CAMPS (1972), CLARK (1964, 1971 b und 1975), FORDE-JOHNSTON (1959), B. GABRIEL (1972 a und b), HAYS (1974 und 1975), HIGGS (1967 a), HUARD (1970), HUGOT (1968 und 1974), HUZAYYIN (1950), MAITRE (1971), MATEU (1968), MAUNY (1966, 206 ff., 1967 und 1973), MENGHIN (1965), RESCH (1965), ROUBET (1969), WENDORF et al. (1976), WENDT (1966), WHITTLE (1975), WILLETT (1971), WRIGLEY (1960).

klimageomorphologischen Prozessen (Verwitterung, Erosion, Akkumulation) nicht immer widerspruchsfrei, zumal das Ursachen-Wirkungsgefüge dieser Vorgänge häufig nur ungenügend geklärt ist (vgl. auch RATHJENS, 1966).

Einige besonders aussagekräftige Indiziengruppen stehen im Mittelpunkt der folgenden Ausführungen. Sie erscheinen auf den ersten Blick recht heterogen: ein prähistorischer, ein biologisch-faunistischer und ein geomorphologisch-sedimentologischer Komplex. Aber nur in der gegenseitigen Ergänzung und in der Korrektur der Argumente von verschiedenen Seiten aus kann ein plastisches und richtiges Bild vergangener Landschaftszustände gewonnen werden.

Es sind dies im übrigen auch die Bereiche, auf denen die meisten eigenen Feldbefunde mit anschließender Auswertung vorliegen. Und die Darstellung eigener Ergebnisse hat hier in jedem Falle Vorrang! Erst in zweiter Linie kann ein Vergleich mit der vorhandenen Fachliteratur durchgeführt werden oder eine ausführliche Interpretation, eine umfassende Deutung bis in alle Einzelheiten und Konsequenzen erfolgen. Man muß sich notwendigerweise beschränken und kann oftmals zu den einzelnen Fragen nur eine Reihe wichtiger, weiterführender Literaturhinweise geben.

Wenn zum Beispiel auch gerade die Auswertung der Felsbilder sehr viel zum Thema beitragen könnte, so werden sie — ihr Alter, ihre Herkunft, Verbreitung, Untergliederung, ihre ökologische Aussage sowie ihre inhaltliche und stilistische Interpretation — dennoch bewußt ausgeklammert. Dazu liegen zahlreiche Fremduntersuchungen vor, und neue Gesichtspunkte oder eigene zusätzliche Erkenntnisse bieten sich kaum an [5].

Der erste Teil der Arbeit wird sich mit der Beschreibung und paläökologischen Ausdeutung von Steinplätzen befassen. Das sind spezielle neolithische Kulturrelikte — unregelmäßig runde Steinansammlungen —, die in der nordafrikanischen Vorgeschichtsforschung bisher kaum Beachtung fanden. Sie kommen hauptsächlich in den großen Ebenen der Sahara (Serir-Gebiete) vor, weshalb sich dieses erste Kapitel regional ausschließlich auf die Zonen außerhalb der Gebirge konzentriert.

Ebenfalls aus diesen Ebenen stammt der größte Teil der Faunenfunde, die im zweiten Kapitel vorgestellt werden. Sie standen häufig in Verbindung mit neolithischen Hinterlassenschaften. Die Fundpunkte werden einzeln kurz beschrieben und die begleitenden Kulturreste an einigen charakteristischen Beispielen demonstriert. Im Verein mit den Aussagen der Steinplätze sowie weiterer Indizien knüpft sich daran eine Rekonstruktion der damaligen Umweltverhältnisse in den großen Ebenen der Zentralsahara.

Schließlich wird im dritten Teil die Entwicklung im Tibesti-Gebirge untersucht, und zwar hier vor allem aufgrund von geomorphologischen Prozeßabläufen (Verwitterung, Erosion, Akkumulation), die deutliche Spuren in den tief eingeschnittenen Gebirgstälern hinterlassen haben. Pollenanalysen der Sedimente sind dabei nützlichere Hilfsmittel als prähistorische Zeugnisse. Zwar sind Kulturreste im Gebirge recht zahlreich, ihre chronologische Einstufung bereitet aber noch Schwierigkeiten. Nur beispielhaft werden prähistorische Funde aus einem limnischen Sedimentprofil ausführlicher dokumentiert, das mehrere Kulturhorizonte aufwies und durch ^{14}C-Datierungen zeitlich einigermaßen zuverlässig einzuordnen ist. —

Die Lebensfeindlichkeit der östlichen Sahara war seit jeher ein starkes Hindernis für Feldforschungen. Heute kommen politische Gründe wieder erschwerend hinzu. Die Kenntnislücken sind demzufolge groß. Für das Gebiet gilt in besonderem Maße, was SMOLLA (1957, 51 f.) für den gesamten Kontinent formulierte:

„In Afrika wartet ein weites Feld auf Pioniere, die sich noch lange Zeit mit reiner Sammel- und Registriertätigkeit begnügen müssen. Zusammenfassende Überschau, wie sie immer wieder gewagt werden muß, wird vorläufig um so eher überholt werden, je mehr sie die wenigen gesicherten Forschungsergebnisse mit konkreten Formulierungen zu verbinden sucht. Wir befinden uns hier in einem Forschungsgebiet, auf das die strengen Forderungen, die in vielen Teilen Europas und Vorderasiens an den das Fundmaterial interpretierenden Archäologen zu stellen sind, nicht immer angewandt werden dürfen, will man nicht in steriler Skepsis oder in scheinbar exakten Trugschlüssen stecken bleiben."

---

[5] Man vgl. zur ökologischen Interpretation der Felsbilder die Arbeiten von BRENTJES (1962), BUTZER (1958 und 1959 a/b), GRAZIOSI (1952), HAUDE (1963 a), HUARD (1953 a und 1972), JOLEAUD (1936 und 1938), LHOTE (1965), MAUNY (1956), McHUGH (1974) u. a.

1. Steinplätze und ihre paläökologische Aussage

1.1 Einführung

Neben den Faunenresten (Tab. 5) sowie den fluviatilen und limnischen Ablagerungen (PACHUR, 1974) bilden die Steinplätze [6] ein wesentliches Argument dafür, daß die großen Ebenen der östlichen Zentralsahara (Serir Tibesti, Serir el Gattusa, Serir Calanscio) im Neolithikum nicht Vollwüste gewesen sind, sondern Lebensraum für Mensch und Tier darstellten. Die Steinplätze sind nur das auffälligste und am weitesten verbreitete Indiz für die Existenz des neolithischen Menschen in diesen Regionen. Steinartefakte sind ebenfalls zahlreich, aber schwieriger auszumachen, Keramik ist selten. Siedlungsschichten, Felszeichnungen, Gräber, Ruinen oder andere leicht erkennbare Monumente fehlen dagegen fast ganz.

1.2 Argumente gegen eine natürliche Entstehung der Steinplätze

Steinplätze sind unregelmäßig runde, flache und ungeordnete Steinansammlungen mit Durchmessern zwischen 0,5 und 5 m, die häufig in Gruppen auftreten. Die einzelnen Steine selbst sind unbearbeitet und überschreiten selten die Ausmaße von 5 bis 10 cm. Daß es sich bei den Steinplätzen nicht um natürliche Bildungen handelte, etwa um zerfallene Gesteinsblöcke, bewies einmal die Tatsache, daß sie oft ein Agglomerat aus verschiedenen Gesteinsarten darstellten (vgl. Photo 19), zuweilen auch um eine Mischung aus gerundeten Geröllen und kantigem Schutt. Eine natürliche Konzentration von groben Partikeln in feinerem Material war in dieser Form nicht denkbar. Die Steine mußten aus der Umgebung zusammengetragen worden sein.

Für einen künstlichen Ursprung der Steinplätze sprachen zudem Artefakte und Straußeneischerben [7], die gewöhnlich in der Nähe von Steinplätzen gefunden wurden. Das Begleitinventar blieb zwar meist recht spärlich; es bestand zuweilen lediglich aus einigen Silex- oder Quarzitabschlägen. Aber es gab immerhin nur ganz wenige Ausnahmen, bei denen eine menschliche Aktivität in prähistorischer Zeit am Ort nicht durch Artefakte bzw. Abschläge nachgewiesen werden konnte.

Das entscheidende Argument für anthropogene Herkunft bildete aber Asche oder Holzkohle, die in vielen Steinplätzen zutage kamen. Manchmal war Feuer nur spurenhaft an geschwärzten oder durch Hitze zersprungenen Steinen oder an dunkleren Horizonten zu belegen, ja, in einer Anzahl von Fällen konnte überhaupt kein sicherer Nachweis für Feuer erbracht werden, so daß man zweifeln mußte, ob wirklich a l l e Steinplätze Feuerstellen waren, aber in etwa 1 % bis höchstens 5 % der Fälle war die Konzentration an Holzkohle bzw. Asche ausreichend für eine ^{14}C-Bestimmung. Die ermittelten Werte lassen kaum einen Zweifel mehr zu, daß es neolithische Kulturrelikte sind (Tab. 1) [7*].

1.3 Steinplätze als Mittel zur großräumigen Erfassung neolithischer Fundstellen

Da die Komponenten der Steinplätze deutlich größer sind als das umgebende Serir-Material, dessen Korngröße im allgemeinen unter 2,5 cm bleibt, sind sie im Gelände schon auf weite Entfernungen sichtbar und auch bei schneller Wüstendurchquerung im Fahrzeug leicht zu erfassen (Photos 2, 3 und 14).

Auf einige F e h l e r q u e l l e n muß dabei allerdings hingewiesen werden. Wenn das unterliegende Sediment zu grobkörnig ist, etwa in der Hamada, auf Pedimenten oder auf Schwemmfächern, sind die Steinplätze nur schwer erkennbar. In Flugsandgebieten können sie überweht worden sein. Täuschend ähnlich (vom fahrenden Auto aus gesehen) sind die Exkremente von Kamelen und Eseln, was besonders in der Nähe von Oasen, Karawanenwegen oder Weidegründen zu genauer Prüfung zwingt. Auch paläolithische Schlagplätze oder lokale Ausbisse von härteren Schichten aus dem Untergrund können zu Verwechslungen führen.

Allgemein deutet aber eine plötzliche, punkthafte Änderung der Korngröße auf der Oberfläche der feinen Serir-Akkumulationen auf anthropogene Einwirkung hin (Photo 9). Schon eine unregelmäßige, fleckenhafte Streu von Steinen unterschiedlicher Größe oder ungewöhnlicher Färbung auf den Ebenen mit sonst einheitlicher Sedimentbedeckung ist ein erstes Indiz für prähistorische Relikte, das dann im allgemeinen durch Funde von Artefakten verifiziert werden kann (Photo 14). Steinplatzgruppen sind oft von derartiger Stein-

---

[6] Zu den Steinplätzen siehe die bisherigen Publikationen von B. GABRIEL (1970 a, Fig. 30, sowie 1972 a, 1973 und 1976). Dort sind auch bereits die Steinplatzzählungen 2, 5 und 7, die Tab. 1, 2 und 4, die Fig. 1 sowie Photo 16 und Karte 1 in gleicher oder abgewandelter Form veröffentlicht.

[7] In einem Brief schreibt Herr E. JANY aus Sulzbach/Ts. am 18. 5. 1975, daß sogar Geier relativ große Steine zum Zertrümmern von Straußeneiern sammeln können. Jedoch sind die Steine bei den Steinplätzen hierfür manchmal zu klein, bisweilen zu groß, außerdem sind sie oft zu zahlreich und liegen zu eng beieinander. Wie und wozu sollte ein Geier oder ein anderes Lebewesen außer dem Menschen ca. 30 bis 100 nuß-, faust- oder kinderkopfgroße Steine in einem Umkreis von 1 bis 3 m zusammentragen?

[7*] Nach Abschluß des Manuskripts wurden einige Steinplätze aus Südtunesien datiert (siehe B. GABRIEL, 1977); die Ergebnisse liegen zwischen 730 ± 80 B. P. (Hv 6973) und 295 ± 40 B. P. (Hv 6976). Danach muß davon ausgegangen werden, daß am Nordrand der Sahara, so auch nördlich von Siwa und im Hon-Graben, jedoch nicht unmittelbar in der Küstenregion, sehr junge Steinplätze existieren. Die zentralsaharischen Vorkommen dürften aber wohl überwiegend bzw. ausschließlich neolithischen Alters sein.

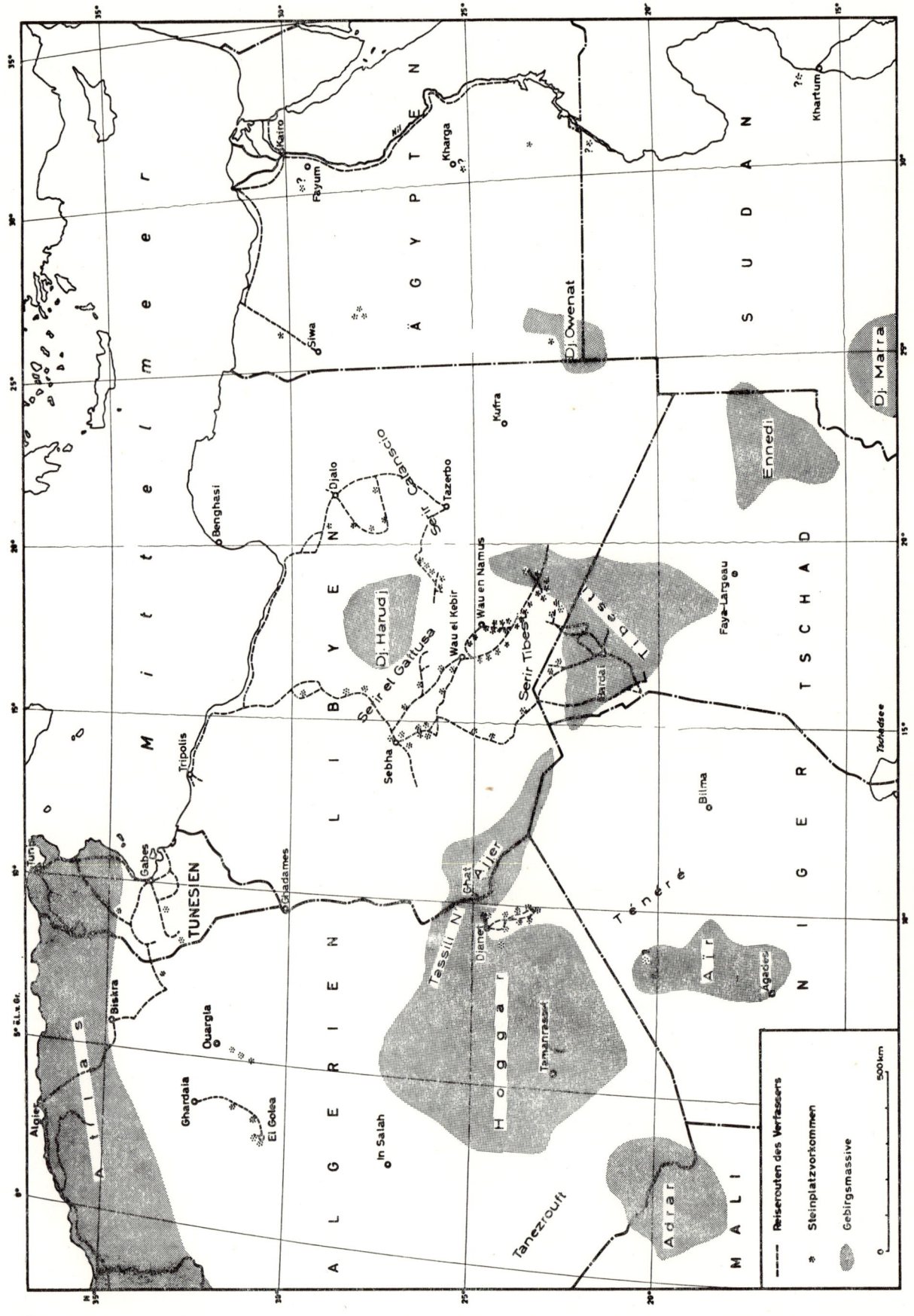

Karte 1   Steinplatzvorkommen in der Sahara nach bisherigen Kenntnissen

Tabelle 1 Bisherige ^{14}C-Daten von Steinplätzen aus der Sahara
(Anordnung nach dem Alter)

Labor-Nr. (Hannover)	^{14}C-Jahre B. P.	Ortsangabe	Geogr. Koordinaten	Mittlere Altersdiff.	Dendrochron. korrig. Zeitintervall (nach SUESS)
Hv 5485	9880 ± 70	Serir el Gattusa	28° 00' N — 15° 20' E	2345	?
Hv 5619	7535 ± 475	bei El Golea	30° 42' N — 2° 53' E		?
Hv 4802	7300 ± 130	bei Wau en Namus	25° 10' N — 17° 35' E	450	?
Hv 4803	6855 ± 185	Djebel Eghei	23° 40' N — 19° 20' E	(Frühphase)	?
Hv 4801	6100 ± 110	bei Wau en Namus	25° 10' N — 17° 35' E		5220—4880 v. Chr.
Hv 5613	5730 ± 120	Serir bei Djanet	24° 18' N — 9° 30' E		4800—4450 v. Chr.
Hv 5614	5710 ± 265	Serir bei Djanet	24° 03' N — 9° 30' E		4870—4350 v. Chr.
Hv 4808	5695 ± 65	bei Umm el Araneb	26° 15' N — 14° 45' E		4540—4470 v. Chr.
Hv 4804	5685 ± 115	Serir el Gattusa	28° 00' N — 15° 20' E	43	4760—4420 v. Chr.
Hv 4800	5610 ± 320	bei Wau el Kebir	25° 30' N — 16° 35' E	(Hauptphase)	4840—4060 v. Chr.
Hv 4113	5510 ± 370	Serir Calanscio	26° 15' N — 19° 20' E		4820—3970 v. Chr.
Hv 4809	5465 ± 135	Serir Tibesti	24° 15' N — 17° 48' E		4400—4240 v. Chr.
Hv 5484	5430 ± 115	bei Wau el Kebir	25° 30' N — 16° 35' E		4400—4230 v. Chr.
Hv 5616	5085 ± 230	Serir bei Djanet	24° 02' N — 9° 31' E		4230—3690 v. Chr.
Hv 5622	5000 ± 215	bei El Golea	30° 43' N — 2° 52' E	255	4210—3560 v. Chr.
Hv 5615	4830 ± 145	Serir bei Djanet	24° 03' N — 9° 30' E	(Endphase)	3740—3410 v. Chr.
Hv 5611	4690 ± 120	Tassili n'Ajjer	24° 43' N — 9° 45' E		3670—3390 v. Chr.
Hv 4807	4155 ± 165	Serir bei Sebha	26° 55' N — 14° 55' E		3060—2500 v. Chr.
Hv 5620	3375 ± 140	bei El Golea	30° 44' N — 2° 53' E	780	2030—1500 v. Chr.

streu begleitet; aber nicht alle Flecken von Steinstreu lassen Konzentrationen erkennen, wie sie die Steinplätze darstellen.

Schließlich muß noch vermerkt werden, daß Feuerstellen in dieser Periode des saharischen Neolithikums offensichtlich auch in anderer Form als in der eines Steinplatzes angelegt wurden, so daß Lücken entstehen, wenn nur die auffälligen Steinplätze kartographisch erfaßt werden, um eine Vorstellung von der Populationsdichte in neolithischer Zeit zu gewinnen (vgl. Tab. 2). Am flachen Uferhang des Wadi Behar Belama in der Serir Calanscio/Libyen (ca. 27° 28' N — 21° 15' E, vgl. Fa 1 in Tab. 5) gab es ausgedehnte, bis 40 cm mächtige Kulturschichten, die neben viel Artefaktmaterial und Speiseresten (zerschlagene Tierknochen) auch reichlich Asche und Holzkohle enthielten. Konzentrationen unbearbeiteter Steine in der Art der Steinplätze fanden sich erst einige 100 m weiter. — Eine 12 cm tiefe Grube mit Holzkohle und Knochensplittern nördlich des Dj. Coquin/Libyen (bei 26° 25' N — 19° 40' E) war ebenfalls frei von größeren Steinen, obwohl dort immerhin auch einzelne Gerölle in der Nähe lagen, die nicht aus dem Sediment in unmittelbarer Umgebung stammen konnten. Die ^{14}C-Datierungen dieser Feuerstellen ergaben Werte, die mit denen der Steinplätze durchaus vergleichbar sind. Auch die Holzkohle-Daten von Schichten aus den Felsbilder-Abris im Tassili fallen in die gleiche Zeit (vgl. Tab. 2).

Tabelle 2 Neolithische Feuerstellen in der Sahara außer Steinplätzen *
(Anordnung nach ihrem Alter)

Labor-Nr. (Hannover)	^{14}C-Jahre B. P.	Ortsangabe	Geogr. Koordinaten	Art der Feuerstelle	Dendrochron. korr. Zeitintervall (nach SUESS)
Hv 2748	8065 ± 100	Enn. Dirennao (Tibesti)	21° 30' N — 17° 08' E	Abri	?
Hv 4115	6625 ± 750	Wadi Behar Belama	27° 28' N — 21° 15' E	Brandschicht	? —4810 v. Chr.
Hv 5612	6210 ± 135	Tassili n'Ajjer	24° 41' N — 9° 41' E	Abri	? —4950 v. Chr.
Hv 5618	5960 ± 195	bei Djanet	24° 34' N — 9° 27' E	Abri	5050—4600 v. Chr.
Hv 4116	5680 ± 95	Wadi Behar Belama	27° 28' N — 21° 15' E	Brandschicht	4620—4600 v. Chr.
Hv 4117	5410 ± 250	Wadi Behar Belama	27° 28' N — 21° 15' E	Brandschicht	4500—3980 v. Chr.
Hv 5617	4715 ± 295	Serir bei Djanet	24° 02' N — 9° 31' E	Brandgrube	4170—3380 v. Chr.
Hv 4114	3900 ± 550	Serir Calanscio	26° 25' N — 19° 40' E	Brandgrube	3370—1640 v. Chr.

* Es gibt selbstverständlich noch zahlreiche weitere ^{14}C-Daten von neolithischen Feuerstellen, vor allem aus der westlichen Sahara. Hier sind nur diejenigen aufgeführt, die aus unseren eigenen Untersuchungen stammen.

1.4 Steinplätze und Steinplatzgruppen

Bevorzugt treten die Steinplätze in den großen, flachwelligen Ebenen mit Feinmaterialbedeckung auf, deutlich gehäuft entlang den etwas tieferen Rinnen ehemaliger Entwässerungssysteme oder an kleinen Geländedepressionen (Hattiyen, Grarets, Sebkhas, Endpfannen). Auf Fels- oder Krustenflächen, die keine Grasdecke oder andere dichte Pflanzenformationen tragen können, setzen sie aus. Die Abhängigkeit von Vegetation entweder als Brennmaterial, als Fruchtlieferer oder als Weidegrund für Haustiere und Jagdwild mag darin zum Ausdruck kommen.

Eine Regelhaftigkeit der Anordnung der Plätze in den einzelnen Gruppen ist nicht nachzuweisen, wie man es etwa bei siedlungsartigen Lagerplätzen von Sippen oder Großfamilien erwarten könnte, wobei dann jeder Feuerstelle eine Kleinfamilie oder andere soziale Untereinheit zuzuordnen wäre (vgl. Fig. 1 und 2 und Photo 5). Um zu überprüfen, ob man mit derartigen Großlagerplätzen von manchmal 50 bis 100 Feuerstellen rechnen kann, wurde aus mehreren Steinplatzgruppen Material von je zwei Plätzen zur Altersdatierung entnommen.

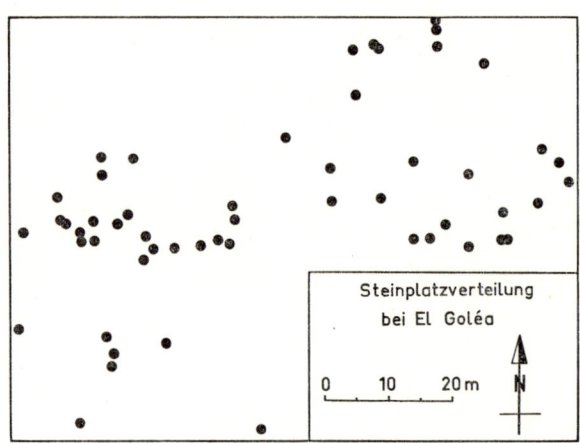

Fig. 2 Steinplatzverteilung am Hassi el Abid, 18 km NNW von El Goléa (ca 30° 44' N — 2° 53' E).

Zeichnung: B. GABRIEL

Die bisherigen Ergebnisse machen wahrscheinlich, daß die Feuerstellen nicht gleichzeitig entstanden. Sie können über 1000 Jahre altersmäßig differieren, auch wenn sie nur wenige Meter voneinander entfernt liegen. Man wird daher eher annehmen können, daß die gleichen Orte wegen ihrer Gunstlage immer wieder erneut aufgesucht worden sind.

Die Ausmaße der einzelnen Steinplätze sind sehr variabel und lassen ebenfalls kaum eine Gesetzmäßigkeit erkennen. Das Normalmaß im Fessan und in der Serir Tibesti beträgt allgemein zwischen 1 und 3 m; nördlich des Dj. Coquin wurden auch bis zu 5 m gemessen. Südlich von Djanet/Algerien lagen die meisten Durchmesser zwischen 50 und 90 cm (Tab. 3, Photos 14 bis 16).

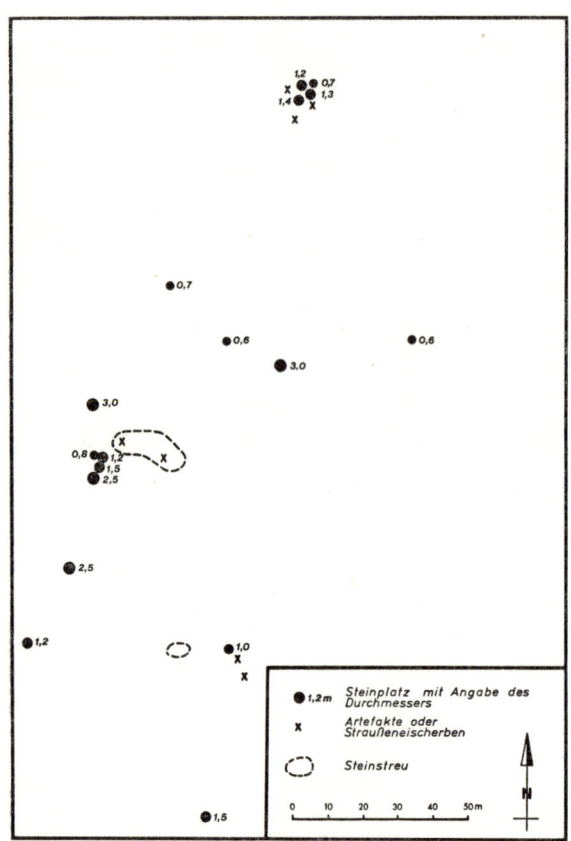

Fig. 1 Steinplatzverteilung im Gelände 40 km südlich von Wau el Kebir (ca. 25° 00' N — 16° 45' E), mit Angabe der Steinplatzdurchmesser in m.

Zeichnung: B. GABRIEL

Tabelle 3 Durchmesser und Entfernungen*
von Steinplätzen bei einer Steinplatzgruppe
südlich von Djanet (24° 02' N — 9° 31' E)

Durchmesser (in cm)	Anzahl	Entfernungen (in m)	Anzahl
50	6	1	1
60	8	1,5	2
70	11	2	5
80	9	3	5
90	8	4	7
100	1	5	2
		6	6
		7	8
		8	2
		9	1
		10	1
		11	1
		12	—
		13	1
		14	1

* Entfernungen der Steinplatzzentren fortschreitend zum jeweils nächsten.

Die Grenze eines Steinplatzes ist mehr oder weniger fließend. Erkennbar ist jedoch meistens ein Zentrum, in welchem die Steine dichter, ja sogar mehrfach übereinander liegen können, ohne daß aber eine regelmäßige Anordnung (z. B. eine Pflasterung oder eine Umgrenzung) zu beobachten wäre (Photos 6, 11 und 12).

Unter diesen Zentren finden sich häufig unregelmäßige, etwa 12 bis 25 cm tiefe und 50 bis 120 cm breite Gruben, die mit Asche und Sand, selten auch Steinen gefüllt sind. Die Holzkohlekonzentration ist unabhängig von der Größe des Steinplatzes, und sie wechselt stark innerhalb der Plätze derselben Gruppe.

Die Steine kleiden den Grubenboden aber nicht aus, sondern sie liegen regellos zwischen oder über den Feuerresten. Hierbei stellt sich die Frage, ob die Steine nicht lediglich zur Abdeckung des Feuers verwendet wurden, zum Schutz vor Funkenflug. Dann war möglicherweise die Vegetationsdecke so dicht, daß Steppenbrände hätten entstehen können. Dagegen ist jedoch einzuwenden, daß eine Abdeckung durch Feinmaterial einfacher gewesen wäre. Die Steine mußten aus der Umgebung zusammengetragen werden: von Ausbissen des Anstehenden aus dem Untergrund, von gröberen Kies- und Schotterbänken, von Kalk- und Eisen-Mangan-Krusten oder von Pedimenten und Schutthängen der Schichtstufen, Inselberge und Hügelzonen der weiteren Umgebung. Ein Transport von mehr als 3 km ist in keinem Falle nachgewiesen.

Die Frage, warum die Steine immer neu zusammengetragen und sie nicht einfach vom benachbarten Steinplatz genommen wurden, ist schwierig zu beantworten. Wenn man nicht annimmt, die einmal benutzten Steine seien aus irgendeinem Grunde tabuisiert gewesen, könnte man auf den Gedanken kommen, daß sie durch hohe Gras- und Krautvegetation den Blicken der Menschen entzogen waren. Oder waren sie unter einer stärkeren Bodenkrume verborgen?

Oft ist anhand der Bodenverfärbungen zu erkennen, daß die Steinplätze wiederholt als Feuerstellen dienten: Mehrere dunkle Horizonte liegen dann übereinander, oder es zeichnen sich mehrere Feuerzentren nebeneinander ab (vgl. SHINER, 1968, 603). Relativ häufig wurden auch kleine Hohlräume zwischen oder unter den Steinen im Zentrum beobachtet, oder die Steine lagen dort auffällig locker; man muß dies aber nicht notwendigerweise als Reste einer ehemaligen, von Steinen umkleideten oder überdeckten Höhlung deuten, sondern es kann sich dabei z. B. um tierische Wühlgänge handeln.

Das Zentrum des Steinplatzes ragt über die Sandflächen hinaus, so daß man auch von flachen Haufen oder leicht gewölbten Plätzen sprechen kann. In Ausnahmefällen beträgt die Höhe bis zu 50 cm, wenn nämlich starke Denudation oder Deflation stattfand und die Steinkonzentration als Härtling stehen blieb (Photo 6). An sanft geneigten Hängen ist eine Abwärtsbewegung der Steine eingetreten, wodurch die Plätze einen ovalen Umriß mit exzentrischem Schwerpunkt erhalten haben. Die Steine waren also ursprünglich wohl stärker konzentriert und sind dann auseinandergeschwemmt worden (Photo 1). Die heutige Größe der Plätze ist aber nicht oder nicht nur abhängig vom Erhaltungszustand, sondern vor allem von der verwendeten Steinmasse. Am Wadi Behar Belama ergab die Gesamtheit der Steine eines Platzes von 2,20 m heutigem Durchmesser einen Kegel von 15 cm Höhe und 40 cm Basisdurchmesser; der größte Stein war 8,5 cm lang und 5×5 cm dick, die meisten waren nur 5 bis 6 cm lang. 40 km südlich von Wau el Kebir/Fessan (vgl. Fig. 1) entstand beim Zusammentragen aller Steine eines Platzes, die maximal bis 10 cm groß waren, ein solcher Kegel mit einer Höhe von 20 bis 25 cm und einem Fußdurchmesser von 50 cm. Sie lagen im Umkreis von 2,50 m verstreut.

1.5 Steinstreu: Beispiel Majedoul

Es gibt auch ausgedehnte Steinstreuflecken von mehr als 100 m Durchmesser mit Tausenden von Artefakten, wo keine Anzeichen für Steinplätze vorliegen (vgl. Berichte von A. GABRIEL, 1958, 129, und RICHTER, 1952, 154 ff.). Ein derartiges Vorkommen wurde beispielsweise an der Piste von Sebha nach El Gatrun in der Nähe von Majedoul beobachtet (ca. 25° 40' N — 14° 55' E, Fa 3 in Tab. 5).

Dort fand sich auf der welligen Kiesserir westlich der Randstufe des Dj. Ben Ghnema ein dunkler Steinflecken von ca. 150×200 m, in dessen leicht erhöhtem Zentrum ein Quadrat von 3×3 m abgesucht wurde. Über 50 % der mehr als 7 bis 8 mm großen Steine zeigten irgendwelche Spuren menschlicher Bearbeitung.

Obwohl auch paläolithische Werkzeuge auftraten (Faustkeile, Sphäroide), scheint die Masse doch typologisch eher in das Neolithikum zu datieren zu sein. Es fanden sich faustgroße Quarzitkugeln und „pebble tools" aus kleinen Quarzgeröllen, wie sie auch an neolithischen Fundstellen des Tibesti vorkommen (vgl. Fig. 25 und 26). Hackenartige, angeschliffene Geräte, wie in Fig. 3 dargestellt, wurden allerdings nur hier bei Majedoul angetroffen.

Das sonstige Inventar bestand aus Feuersteinschabern mit sorgfältiger Oberflächenretusche, Klingen aus Moosachat und besonders aus rotbraunem Quarzit sowie Läufersteinen aus Sandstein. Geschliffene Beile und Handmühlen fehlten, Pfeilspitzen waren recht selten [8]. Auch einige mikrolithische Messer mit abgestumpften Rücken und halbkreisförmige Mikrolithen (Lunaten) wurden gefunden.

Ein Keramikfragment vom Typ „Große Punktraster mit starker Pflanzenmagerung", wie er vorwiegend im Gebiet der Serir Tibesti vorkommt und dort mit 6860 ± 220 B. P. (Bonn 1973) ^{14}C-datiert werden konnte (OKRUSCH et al., 1973), beweist zusammen mit dem in Fig. 3 abgebildeten geschliffenen Werkzeug,

---

[8] Jedoch können diese als begehrte Souvenirs von Geologen oder von durchfahrenden Touristen abgesammelt worden sein.

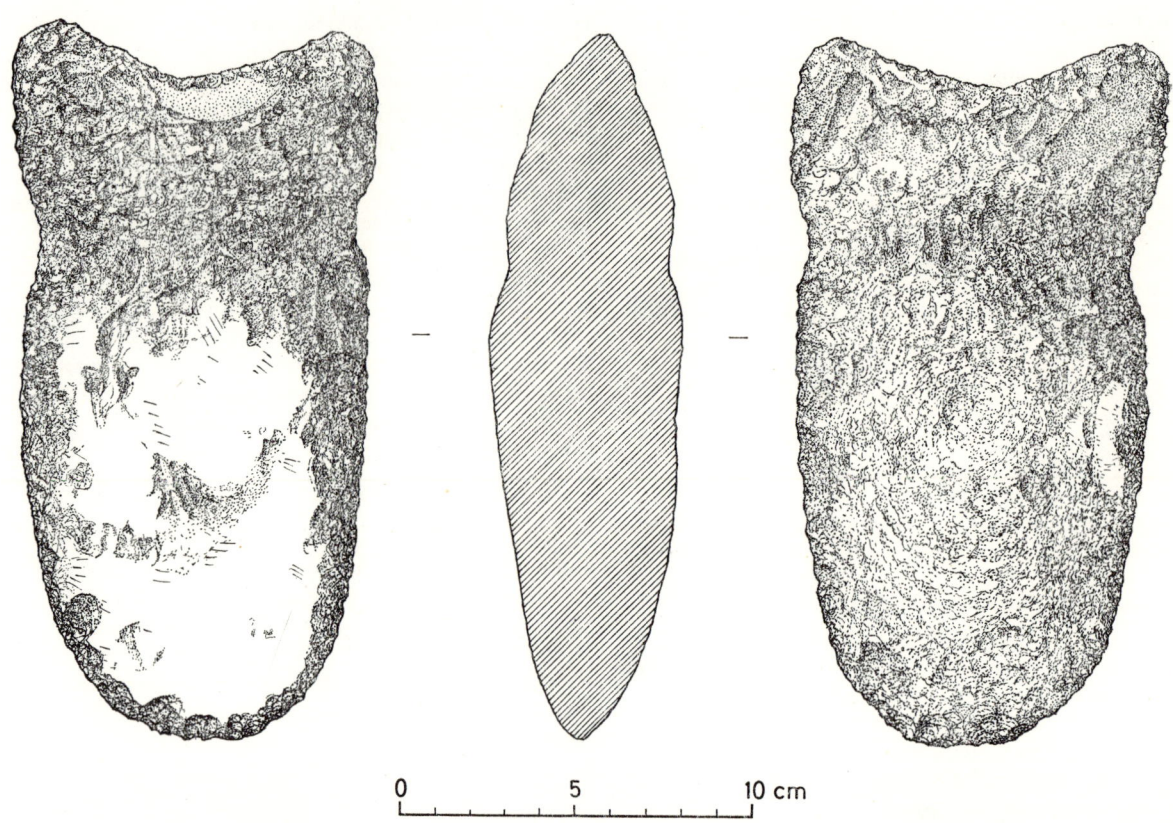

Fig. 3   Hackenartiges Gerät aus rotem Tonschiefer von den Steinstreuflecken am Geologencamp bei Majedoul/Fessan.
Zeichnung: E. HOFSTETTER

daß zumindest ein Teil der Relikte in neolithische Zeiten gehört. Unter den Straußeneifragmenten fanden sich zwei mit Ritzungen und zwei weitere mit Lochdurchbohrungen. Einige waren schwarz gebrannt.
Eine Grabung etwa im Zentrum des leicht gewölbten Steinstreufleckens erbrachte folgendes Profil:

- 2 cm   Serir-Material, heller, grober Flugsand
- 20 cm dunkelgrau bis schwarz, feinkörnig bis staubig, enthält Asche, kleine Abschläge, Knochenfragmente von Boviden größer als Rind (vgl. Fa 3, Tab. 5), Straußeneischerben, Keramik etc.
  Übergehend in:
- 70 cm gelblicher bis braunroter Boden, enthält noch in mindestens 60 cm Tiefe bis 6,5 cm lange, feine Wurzelreste. Nach unten fester werdend, mit eckigen Gesteinsfragmenten
- 10 cm Übergangszone
- 40 cm weißliche bis graue (Sand-)Schicht, mit Gesteinsbrocken, steril.

Hier liegt also ein 20 cm mächtiger, neolithischer Kulturhorizont über einem tiefgründigen Verwitterungsboden (vgl. FÜRST, 1965, 408 und 413), welcher nach unten in einen Bleichhorizont übergeht. Die Ansammlung solcher Mengen von Artefakten sowie der Kulturschicht setzt ein längeres Verweilen der Menschen am Platz voraus, zumal wenn — wie vielfach angenommen wird — die Artefaktkonzentrationen an der Oberfläche durch Auswehung ehemals größerer Schichtmächtigkeiten hervorgerufen sind.

Es mag sich bei den großen Steinstreuflecken um ganz ähnliche Erscheinungen handeln, wie sie AUMASSIP (1972) vom Wadi Mya (Algerien) beschrieb, nämlich als länglich-ovale Hügel mit über 50 cm mächtigen, reichhaltigen neolithischen Fundschichten (aber dort ohne Keramik). AUMASSIP interpretiert dies als Zeichen für längere, kontinuierliche Besiedlung des Ortes, während die dort ebenfalls vorhandenen Steinplätze eher die Hinterlassenschaften von Nomaden seien (AUMASSIP, 1972, vgl. Fig. 8 bis 10 und p. 24).

Ob hier etwas grundsätzlich anderes vorliegt oder ein fließender Übergang besteht zu den capsien-zeitlichen „escargotières" (= Muschelhaufen) im Maghreb, die über 100 m Durchmesser und bis 5 m Schichtmächtigkeit erreichen können (CAMPS, 1974, 163 f., CAMPS-FABRER, 1975, MOREL, 1953, VAUFREY, 1955), läßt sich schwer entscheiden. Der völlig andere Habitus und das unterschiedliche Verbreitungsgebiet deuten aber zumindest darauf hin, daß „escargotières" und Steinplätze verschiedenen Kulturen angehören, wobei die „escargotières" — nach zahlreichen vorliegenden ^{14}C-Daten — älter sein dürften (CAMPS, 1974, 102).

1.6 Steinplätze bei El Goléa

Diese Durchdringung von Steinplätzen und dichter Steinstreu, die von hügelartigen Akkumulationen begleitet ist, scheint in der algerischen Sahara häufiger der Fall zu sein. 15 km nördlich von El Goléa (am Hassi el Abid, ca. 30° 44' N — 2° 53' E, Fig. 2) waren kleine flache Rücken von kaum 1 m Höhe übersät mit Abschlägen, Straußeneischalen (z. T. zu Perlen verarbeitet), Silex-Klingen, Kernsteinen, Knochensplittern, Keramikfragmenten (Zahnstockmuster u. a.), Messern mit abgedrückten Rücken, sogar gut gearbeiteten kleinen Sägen. Der Steinstreu untermischt waren über 100 Steinplätze. Einer von ihnen hatte ein ^{14}C-Alter von 3345 ± 140 Jahren B. P. (Hv 5620), was unter den bisherigen Steinplatzdaten einen extrem niedrigen Wert darstellt (vgl. Tab. 1). Zwei nur wenige Kilometer davon entfernte Plätze ergaben jedoch Datierungen von 5000 ± 215 B. P. (Hv 5622) und 7535 ± 475 B. P. (Hv 5619), wobei der eine Wert als normal gelten kann und der andere als recht hoch bezeichnet werden muß.

1.7 Steinplatzvorkommen bei Djanet

An den zahlreichen Steinplätzen südlich von Djanet, von wo ebenfalls einige Daten vorliegen, war eine weitflächige, dünne Steinstreu zwischen den Plätzen zu beobachten, hingegen keine schichtmäßige oder hügelartige Akkumulation von Kulturresten (Photo 14). Einige Kilometer weiter traten auch Steinstreuflecken ohne Plätze und ohne erkennbare Schichtakkumulation auf. Aschenreste, Keramik und Artefakte bewiesen, daß es sich um neolithische Lagerplätze handelte.

Die Steinplätze besaßen in dieser Gegend außergewöhnlich kleine Durchmesser. Beträgt das Normalmaß in der libyschen Sahara zwischen 1 und 3 m, so hatten hier bei einer Gruppe von 40 Plätzen nur drei einen Durchmesser von 1 bis 2 m, die übrigen zwischen 50 und 90 cm. Die Abstände der Zentren schwankten zwischen 2 und 8 m (vgl. Tab. 3); manche lagen so dicht beieinander, daß sich die Peripherien überschnitten (was ebenso bei den Vorkommen im Fessan zu beobachten ist).

In einigen Fällen gab es hier auch Steinringe von 50 bis 100 cm Durchmesser (Photo 17), und einmal eine rechteckige, 30×40 cm große, 20 cm hohe, am Boden gepflasterte Kiste aus Sandsteinplatten, die sich 2 m westlich von einem Steinplatz mit 2 m Durchmesser befand. Dieser ragte fast 20 cm über die Umgebung; in seinem Zentrum lagen die Steine bis dreifach übereinander. Holzkohle, Asche oder Feuerspuren waren aber nicht auszumachen. In anderen Plätzen fand sich jedoch Asche wenigstens in geringen Quantitäten, manchmal bis in eine Tiefe von 25 cm, oder die Steine waren zumindest angekohlt.

Die Vorkommen von Djanet weichen z. T. auch durch die Größe der einzelnen Steine von den libyschen Steinplätzen ab: Viele bestanden aus groben, kantigen Gesteinsbrocken mit Durchmessern von mehr als 20 cm. Die Plätze differenzierten sich hier in zwei deutlich verschiedene Typen, der eine aus großen Bestandteilen, aber mit kleinen Platzdurchmessern, der andere mit den für die östliche Zentralsahara üblichen 1 bis 3 m Platzdurchmessern, wobei die Bestandteile kaum über Faustgröße erreichten. In solchen Fällen konnte gelegentlich beobachtet werden, daß die Steine offenbar nach der Farbe ausgesucht waren. Hier bei Djanet waren es mehrmals nur schwarze Steine, in Libyen konnten es rotbraune Quarzitgerölle oder weiße Kalkkrustenteile sein, wodurch sich ein derartiger Platz aus der andersfarbigen Umgebung besonders auffallend abhob.

Bei Djanet war das Begleitinventar sehr reichhaltig. Neben Blattspitzen, die an das Ténéréen erinnern, sowie Klingen, Handmühlen mit Läufersteinen, unverzierten Straußeneischerben und Knochenresten fand sich sehr viel Keramik, auch drei Pfeilspitzen, ein kleines Beil („hachette") und ein kleiner geschliffener Meißel.

Inmitten der Steine eines Platzes lagen die Scherben eines mehr oder weniger vollständigen Gefäßes, in einem anderen sehr viele Fragmente von großen Röhrenknochen, von denen keines länger als 3 cm war.

In die Asche einer Feuerstelle außerhalb eines Steinplatzes war der Oberkiefer eines großen Boviden (größer als heutiges Hausrind, wahrscheinlich Büffel, vgl. Fa 4 in Tab. 5 und Photo 21) eingebettet. Die ^{14}C-Datierung der Holzkohle ergab 4715 ± 295 B. P. (Hv 5617). Hier wird noch einmal deutlich, daß auch außerhalb der Gebirge die Steinplätze nicht die einzige Form neolithischer Feuerstellen gewesen sein können.

1.8 Bisherige Kenntnisse über die Steinplätze

Obwohl die Steinplätze zu Tausenden in der östlichen Zentralsahara vorkommen, gibt es so gut wie keine Hinweise darauf in den bisherigen kulturgeschichtlichen Untersuchungen dieses Raumes (vgl. z. B. die Arbeiten von ARKELL, FROBENIUS, GRAZIOSI, MORI, MITWALLY, NEWBOLD, RHOTERT, W. B. K. SHAW, WILLIAMS und HALL, WINKLER oder ZIEGERT), ebensowenig in überregionalen zusammenfassenden Werken zur Vorgeschichte der Sahara (ALIMEN, 1966 a, BALOUT, 1955, CAMPS, 1974, CLARK, 1970, FORDE-JOHNSTON, 1959, HUGOT, 1974, McBURNEY, 1960, VAUFREY, 1969) oder in der geographischen und geologischen Fachliteratur (DESIO, FÜRST, KANTER, KLITZSCH, MONTERIN, RICHTER, TORELLI, WEIS u. a.). Lediglich bei MECKELEIN (1959, 109) findet sich eine kurze Notiz über „... eine merkwürdige Konzentrierung einzelner bunter Kiesel (bis Eigröße) in einem Radius von 0,50 bis 1 m auf einer Fläche ..., die sonst nur aus Feinkies bestand." (Vgl. Photo 4)

Auch COQUE (1973, 94 und dort Abb. 4) fand sie offenbar am Djebel Ben Ghnema, ohne sie richtig erklären zu können:

„Ailleurs, comme au Nord de Gatroun, les cailloux de grès vernissés se réunissent curieusement en essaims disséminés ça et là dans le serir (phot. 4).

Woanders, zum Beispiel nördlich von El Gatroun, lagen mit Wüstenlack versehene Sandsteinfragmente eigenartigerweise in Schwärmen zusammen, hier und da auf der Serir verteilt (Photo 4)."

Er versucht dann, sie in seine Vorstellungen von der Serir-Genese einzugliedern, was zu falschen Schlußfolgerungen führen muß, da er den anthropogenen Charakter der „essaims de cailloux anguleux de grès sur le serir", der „Schwärme von kantigen Sandsteinfragmenten auf der Serir", nicht erkennt.

CHARON und ORTLIEB und PETIT-MAIRE (1973) stießen auf ähnlich unregelmäßige Steinansammlungen an der Atlantikküste im SW Marokkos. Zwischen den Steinen gab es Holzkohle und in drei Fällen sogar in bis zu 1,5 m Tiefe menschliche Skelette in Hockerbestattungen. Nach ^{14}C-Datierungen stammen sie aus der Zeit um 3330, 4450 und 6100 B. P. Allerdings werden die Zeitangaben in einem Addendum als möglicherweise älter infrage gestellt. Die Verfasser unterscheiden bei ihren „amas de pierres" zwischen Feuerstellen, deren geschwärzte Steine nur geringe Ausmaße erreichen, und Gräbern mit größeren Steinplatten (vgl. dort p. 384 sowie Pl. 1, Pl. 2 und Fig. 3). Keramik fehlt so gut wie ganz, die Kulturreste werden daher als „protoneolithisch" interpretiert.

Grundsätzlich ist das Vorkommen angebrannter Steine in Überresten des Capsien Nordafrikas bereits bekannt (CAMPS, 1974, 103, CAMPS-FABRER, 1975, GOBERT, 1952, MOREL, 1953, VAUFREY, 1955, 130). Besonders unter den „escargotières", den ausgedehnten „Muschelhaufen" jener Zeit (die übrigens gar nicht immer Muschel- oder Schneckenschalen enthalten müssen), finden sich in großer Zahl derartige Steine vermischt mit Asche.

Die 6000 bis 7000 m³ Kulturreste des Muschelhaufens von Khanguet-el-Mouhaâd im Bezirk Constantine (Nordalgerien) setzten sich zusammen aus etwa 30 % derartiger Steine, 17 % Asche, 35 % Schnecken und 18 % Steinartefakte, Knochen und Sonstiges (MOREL, 1953). GOBERT (1952, 74) bemerkt:

„L'abondance des pierres, et des pierres chauffées, est un trait capsien ... Elles manquent dans les stations atériennes et les gisements moustériens.

Die großen Mengen an Steinen, und an erhitzten Steinen, sind typisch für das Capsien ... Sie fehlen bei den Atérien- und Moustérien-Fundstellen."

VAUFREY (1955, 331 und Pl. XL, Fig. 2) interpretiert mit Asche durchsetzte, kleine Steinhaufen („amas de pierres brulées") bei Bou Saada im algerischen Atlas zwar als letzte Abtragungsreste derartiger großer „escargotières". Dem Habitus und der Größe nach ähneln sie aber — nach den bei VAUFREY (op. cit.) wiedergegebenen photographischen Abbildungen — durch-

aus den Steinplätzen, und es wäre daher zu vermuten, daß diese noch bis in die Hochebenen zwischen Tell-Atlas und Sahara-Atlas reichen.

Eine Beschreibung, die auf eine Ansammlung von kleinen Steinplätzen paßt, liefert HUGOT (1955, s. dort vor allem p. 322 bis 326). Bevorzugt am Wadi-Ufer beobachtete er im Tikidelt (Südalgerien) große Gruppen von Feuerstellen mit Steinen, an denen die archäologischen Funde spärlich sind, teilweise sogar völlig fehlen. Die Aschegruben können 25 cm Tiefe und 60 bis 70 cm Durchmesser erreichen und wölben sich bis zu 15 oder 20 cm über die Umgebung. Noch relativ zahlreich werden Mahlsteine, Knochenreste, aber auch Keramik gefunden, so daß HUGOT auf Körnerfrüchte und Fleisch als Nahrungsgrundlage schließt.

Aus dem Nilgebiet sind ebenfalls vergleichbare Phänomene bekannt geworden (ARKELL, 1953, CATON-THOMPSON, 1932 und 1952, CATON-THOMPSON und GARDNER, 1934, SHINER, 1968, WENDORF, 1965, 73). Es ist aber schwierig, anhand der Abbildungen und kurzen Beschreibungen zu prüfen, ob wirklich die Steinplätze gemeint sind, da immerhin einige wesentliche Unterschiede existieren.

ARKELL (1953, 79 f.) beschreibt von Shaheinab bei Khartum neolithische Herdstellen mit zahlreichen kleinen Steinen, die aber offensichtlich einen erkennbaren architektonischen Bau mit Pflasterungen und Hohlräumen besaßen, ähnlich auch MENGHIN und AMER (1936, 19 f.). Während derartige Höhlungen im Fayum-Neolithikum zur Aufnahme ganzer Kochgefäße gedient haben sollen (CATON-THOMPSON und GARDNER, 1934), hält es ARKELL bei den Herdstellen von Shaheinab für wahrscheinlicher, daß es nur Vertiefungen waren, die von Fall zu Fall die Luftzufuhr zum Feuer verbesserten.

In Shaheinab lagen die Herdstellen ungestört etwa 30 bis 60 cm unter dem Erdboden; ihr Durchmesser betrug um 25 bis 60 cm, selten bis 120 cm. Das könnte bedeuten, daß die Steinplätze als Herdstellen ursprünglich ebenfalls keine größeren Ausmaße hatten. Auch CATON-THOMPSON (1932, 1952) interpretiert die neolithischen „hearth-mounds" von Kharga als ehemals in den Boden eingelassene gepflasterte Brandgruben, die im Laufe der flächenhaften Denudation der Wüste eine Reliefumkehr erfuhren und nun als bis zu 1,5 m hohe Hügel stehen geblieben sind. Es ist aber noch einmal zu betonen, daß eine systematische Pflasterung an der Basis der Brandgruben bei den Steinplätzen niemals gefunden wurde und daß auch sonst keine Anzeichen für eine derartige Entstehung vorliegen.

Zu den genannten Unterschieden zwischen den Steinplätzen in der Sahara und den Herdstellen im Nilgebiet tritt noch hinzu, daß bei letzteren eine Fülle von Fundmaterial unmittelbar in den Feuerstellen selbst liegt, in ersteren dagegen nur gelegentlich einige unbestimmbare Knochenbruchstücke, einige Abschläge oder das Fragment eines Läufersteins. Die Frage, ob es sich hier also um die gleichen Phänomene handelt, wäre wohl nur durch Vergleichsstudien im Gelände zu entscheiden.

Dagegen sind die Herdstellen, die HESTER und HOBLER (1969, vgl. dort insbesondere Fig. 17 und Fig. 146, sowie HOBLER und HESTER, 1969, Fig. 3) bei Dungul und Kurkur in der Libyschen Wüste Ägyptens gefunden haben, offenbar mit den Steinplätzen identisch. Sie treten dort in Gruppen zwischen 1 und 100 an Lagerplätzen in einem Umkreis von jeweils 10 bis 500 m auf. Die Feuerstellen selbst hatten Durchmesser zwischen 0,5 und 1 m (HESTER und HOBLER, 1969, 19 f.). Die Autoren machen sich die Erklärung von CATON-THOMPSON (1952) zu eigen, wonach die Herdstellen durch Winderosion stark verändert sind, und bemerken weiterhin:

„Poor preservation of perishable materials, including bones, limited our inferences as to the use of the hearths. The hearths are thought to have been utilized during a long time span, from possibly as early as the Middle Paleolithic occupation through the modern Bedouin period. During this time, little change is evidenced in hearth form.

Infolge der schlechten Erhaltung vergänglicher Materialien, wie z. B. Knochen, waren unsere Erkenntnisse über den Nutzwert der Herdstellen beschränkt. Wahrscheinlich wurden sie während sehr langer Zeiträume benutzt, wohl bereits während der mittelpaläolithischen Besiedlungsperiode und durchgehend bis zu den heutigen Beduinen. Ein Formenwandel ist während dieser Zeit kaum erkennbar." (HESTER und HOBLER, 1969, 20)

Die ^{14}C-Datierung eine der Feuerstellen bei Dungul ergab 5950 ± 120 B. C. (= 7900 ± 120 B. P., siehe HOBLER und HESTER, 1969, 124). Nach HESTER und HOBLER (1969) scheint zumindest ein größerer Teil von ihnen der „Libyan Culture" anzugehören, einer Kulturgruppe, die von den Autoren als „prepottery incipient Neolithic" charakterisiert und chronologisch zwischen 6000 und 5000 v. Chr. eingeordnet wird (op. cit., p. 1 und Fig. 154). Zur Verbreitung der „Libyan Culture" und zu den damaligen Umweltverhältnissen heißt es:

„The Libyan Culture features widespread occupation of the desert, with sites clustered near playas which provided soil and concentrated surface water runoff. (Sites are least common on the plateau and escarpment.) Sites are also known from Dakhla, Kharga, and Gebel Oweinat. This desert-oriented culture, or variants of it, may extend over much of the Sahara. The eastern boundary appears to lie somewhere between Kurkur Oasis and the Nile.
The climate during this period was one of the wettest recorded during man's occupation of the Libyan Desert. Cultural adaption (i. e., food production or incipient food production) may have made large areas, formerly uninhabitable, suitable for occupation. Owing to these cultural factors, the evidence does not unequivocally indicate that this period was absolutely the wettest in the prehistory of the area.
The economy possibly included flood-water farming, herding, and hunting. The Sudanese fauna depicted in rock drawings at many Saharan sites may date from this period. If so, hunted game would have included giraffes, wild cattle, gazelle, wild sheep, antelope, and possibly elephant.

Die Libysche Kultur ist gekennzeichnet durch weiträumige Besiedlung der Wüste, die Fundplätze halten sich eng an Depressionen, an denen eine Bodendecke und eine Sammlung von Oberflächenwasser gegeben sind. (Auf dem Plateau und auf der Stufe sind die Fundplätze weniger häufig). Auch von Dakhla, Kharga und vom Dj. Oweinat sind Fundstätten bekannt. Diese wüstenorientierte Kultur — oder deren Abarten — sind möglicherweise über große Teile der Sahara verbreitet. Die östliche Grenze scheint zwischen der Oase Kurkur und dem Niltal zu liegen.
Aus den Kulturhinterlassenschaften in der Libyschen Wüste zu schließen, war das Klima während dieser Epoche eines der feuchtesten. Die kulturelle Anpassung (also eine Nahrungsmittelproduktion oder deren Anfänge) kann große Gebiete, die vorher unbewohnbar waren, zur Besiedlung geeignet gemacht haben. Stellt man diesen Faktor in Rechnung, so muß diese Periode nicht unbedingt die feuchteste in der vorgeschichtlichen Vergangenheit des Raumes gewesen sein.
Zur wirtschaftlichen Grundlage gehörten vermutlich Bewässerungsfeldbau, Viehwirtschaft und Jagd. Die sudanische Fauna, die auf den vielen Felsbildern in der Sahara dargestellt ist, dürfte aus der gleichen Zeit stammen. Demnach hätte das Jagdwild u. a. aus Giraffe, Wildrind, Gazelle, Wildschaf, Antilope und vielleicht Elefant bestanden." (HESTER und HOBLER, 1969, 159)

Die Beobachtungen von HESTER und HOBLER (1969) sowie HOBLER und HESTER (1969) zur „Libyan Culture" stimmen mit den unseren zu den Steinplätzen in vielen Details überein, wenn auch die Interpretation vor allem bezüglich der Wirtschaftsweise voneinander abweicht. Zur Lage der Fundstellen im Gelände heißt es z. B.:

„Libyan Culture sites ... are most common on the edges of Dungul playa, and along the edge of the escarpment in small depressions which may have been suitable for flood-water farming. These site situations were favored by Libyan Culture peoples; far to the west of Dungul, near Nakhlai Oasis, Libyan Culture sites are clustered around small playa depressions adjacent to the escarpment. The evidence clearly indicates that the economy was associated with deposits of silt which produced either pasturage or agricultural crops.

Am häufigsten treten die Fundstellen der Libyschen Kultur an den Rändern der Endpfanne von Dungul sowie am Stufenrand in kleinen Depressionen auf, die zum Bewässerungsfeldbau geeignet gewesen sein könnten. Solche Lagen waren von den Trägern der Libyschen Kultur bevorzugt; weit westlich von Dungul, in der Nähe der Oase Nakhlai, halten sich die Fundplätze der Libyschen Kultur eng an kleine, abflußlose Depressionen in Stufennähe. Es ist augenscheinlich, daß die Wirtschaftsbasis mit einer Feinmaterialbedeckung verbunden war, die entweder Weidegründe oder Anbaufrüchte lieferte." (HESTER und HOBLER, 1961, 31 ff.)

Die Feuerstellen, die H. HEENEMANN (Berlin) südöstlich von Siwa beobachtete und als Überreste des verschollenen Kambyses-Heeres interpretierte (siehe Abb. 117 und 119 sowie Anm. 3, p. 310, in SCHIFFERS, 1972), sind gleichfalls identisch mit den Steinplätzen. Es besteht auch kein Zweifel, daß AUMASSIP (1972) am Wadi Mya/Algerien und AUMASSIP und ROUBET (1966) im Erg d'Admer (SW von Djanet) Steinplätze fanden und sie als Hinterlassenschaften neolithischer Nomaden erkannten. Aber nirgends wurde bisher ihre überregionale Verbreitung, ihr Leitcharakter für eine bestimmte Fazies des saharischen Neolithikums oder ihr kultureller und ökologischer Aussagewert überprüft[9]. ZIEGERT (1969 b, 58) bezweifelt gar grundsätzlich, daß Rastplätze nomadisierender Rinderhirten archäologisch nachweisbar sind.

Im Bereich der östlichen Zentralsahara wurde ihr prähistorischer Zusammenhang (nach vorliegenden Kenntnissen) erstmals vom Verfasser im Herbst 1966 erkannt und näher untersucht (siehe B. GABRIEL, 1970 a, Fig. 30 sowie 1972 a, 1973 b und 1976). Unabhängig davon wurden sie auch von PACHUR, der im Frühjahr 1967 die Serir Tibesti durchquerte, als künstliche Steinansammlungen festgestellt (siehe PACHUR, 1974). In späteren gemeinsamen Diskussionen wurden Beobachtungen ausgetauscht; so fand PACHUR z. B. erstmals Steinplätze, an denen die Steine offenbar nach der Farbe ausgewählt waren.

Immerhin lassen sich einige gemeinsame Merkmale feststellen, die vom Nil über die zentrale bis in die westliche Sahara immer wiederkehren, so die charakteristischen Gruppierungen und die zuweilen spärlichen Feuerspuren, das Fehlen von ausgeprägten Kulturschichten, die Dimensionen der einzelnen Plätze, die Schwierigkeit, sie formal zu erfassen und funktional zu erklären, die Größe und die Menge der dabei verwendeten Steine, sowie vor allem die Tatsache, daß in einem ungefähr gleichen Zeitabschnitt des saharischen Neolithikums über Tausende von Kilometern hinweg offenbar verwandte Brenn- und Garungstechniken angewendet wurden, nämlich mit Hilfe von zahlreichen etwa faustgroßen Steinen.

1.9 Funktionsdeutungen

Mit größter Wahrscheinlichkeit handelt es sich bei den Steinplätzen um Herdstellen, an denen die — wie auch immer geartete — Nahrung zubereitet wurde. Andere Funktionsdeutungen bleiben jedenfalls unbefriedigend: Gegen Wegweiser oder Grenzmarken („Alamate"), wie sie heute in der Sahara üblich sind, spricht ihre flächenhafte Verbreitung im Gelände (Fig. 1 und 2) und die Bevorzugung von tieferen Lagen. Als Bodenpflasterungen von Hütten sind die Plätze häufig zu klein, und die Steine liegen in der Peripherie nicht eng genug beieinander, während sie im Zentrum mehrfach übereinander vorkommen können, so daß die Plätze manchmal leicht hügelartig aussehen. Dies schließt auch eine Erklärung als künstlich hergerichtete Arbeits- oder Lagerungsfläche aus, wie sie in der Sahara gebietsweise anzutreffen sind (Tranchierplätze). Für eine Funktion als Gräber oder Leichenaussetzungspodeste gibt es keinerlei Hinweise, ebensowenig für irgendeine Art Speicher- oder sonstiger Bauten.

So wird die Deutung als Feuerstelle am ehesten der Wirklichkeit entsprechen, obwohl die Verfahrenstechnik dabei rätselhaft bleibt. Die Feuerreste enthalten nur in seltenen Fällen massive Holzkohlestückchen. Meistens handelt es sich um Asche oder feine Partikel, die darauf schließen lassen, daß weder Holz noch Knochen als Brennmaterial diente, sondern eher trockenes Gras, Kräuter, Zweige, Tierdung oder andere unfeste Materialien (vgl. ähnliche Deduktionen von MOREL, 1953, 115). Fette bzw. Öle sind kaum zu erwarten, da sie ggf. zu kostbar gewesen wären und kaum Asche oder Kohlepartikel hinterlassen.

Heute bestehen die Kochstellen der Nomaden in der Sahara aus drei großen, im Dreieck gesetzten Steinen als Auflagepunkte für das Gefäß über dem Feuer. Beim Backen und Braten können die Steine überhaupt fehlen. — Die Menge an relativ kleinen Steinen bei den Steinplätzen läßt daran zweifeln, daß sie als Standauflage für ein Gefäß gedient haben. Wurden sie vielleicht als Kochsteine benutzt, die man im Feuer erhitzte und dann in das Kochgefäß warf, um die darin befindliche Flüssigkeit zum Kochen zu bringen? Allerdings ist die große Anzahl dann unverständlich: eine Handvoll würde ausgereicht haben. Zudem sind ihre Dimensionen hierfür oft ungeeignet (vgl. Photos 6 und 15), manche sind zu groß (bis 20 cm Durchmesser), andere auch zu klein (Kiesgröße). Wieder andere sind von ihrer Konsistenz her untauglich: poröse Kalkkrustenstücke oder bröckelige Sandsteine (Photo 19).

Der Mangel an Keramikresten bei den Steinplätzen läßt vermuten, daß die Keramikherstellung unbekannt war und Keramikgefäße nicht oder selten benutzt wurden. Trotzdem können die Menschen in Straußeneiern oder mit Hilfe von Kochsteinen in Gefäßen aus Leder, Holz oder anderen wasserdichten Behältern gekocht haben. Wahrscheinlicher ist jedoch, daß sie ihre Nahrung durch Braten und Backen garten.

ARKELL beschreibt rezente Garungsmethoden aus dem Sudan, wo das rohe Fleisch bzw. der Brotteig auf vorher bis zur Rotglut erhitzte Bratsteine gelegt wird (1953, 79 f.). Ähnliches wird von ROHLFS (1869, 96) aus Algerien berichtet. Eine doppelte Funktion haben — nach CHOUMOVITCH (1949) — derartige kleine Steine in den Feuerstellen von Kleintierjägern im tunesischen Atlasgebiet: Das aus trockenem Gras und Strauchwerk bestehende Brennmaterial wäre zu schnell verbraucht, wenn man die Flammen nicht mit Steinen dämpfen würde. Zudem heizen sich die Steine auf und geben die gespeicherte Wärme erst allmählich während der kalten Nacht wieder ab.

---

[9] In einem Brief vom 25. Sept. 1973 schreibt G. AUMASSIP an den Verfasser:

„J'ai souvent rencontré ces foyers accompagnés de quelques éclats, un ou deux tessons de poterie, jamais rien qui permette une caractérisation archéologique, si ce n'est leur position dans les creux, en première approximation à l'abri des vents dominants. Il ne m'est jamais venu à l'esprit de recolter des charbons pour les dater, et devant les perspectives que cela ouvre, j'en ai quelque regret.

Derartigen Lagerplätzen mit wenigen Abschlägen, ein oder zwei Keramikscherben, bin ich oft begegnet, fand aber niemals etwas, das eine archäologische Charakterisierung erlaubt hätte, es sei denn ihr Vorkommen in Depressionen, vermutlich zum Schutz vor den vorherrschenden Winden. Mir ist es niemals in den Sinn gekommen, Holzkohle für Datierungszwecke daraus zu entnehmen, und angesichts der Perspektiven, die sich dabei eröffnen, bedaure ich dies einigermaßen."

Spezielle Brattechniken mit Hilfe von kleinen Steinen sowie die Benutzung von Kochsteinen bei den Tuareg im Hoggar beschreibt LHOTE (1947, 145 f.). Beides seien Relikte aus einer Zeit, da Keramik noch unbekannt gewesen sei.

Ausführlich wird von GOBERT (1952, 74 ff.) der Gebrauchswert der „pierres chauffées" in Capsien-Überresten erörtert. Er zieht einerseits Parallelen zu ähnlichen Vorkommen im Neolithikum Englands und Irlands, andererseits zu rezenten Praktiken im Mittelmeerraum und in anderen Teilen der Erde, wo oftmals Steine in verschiedener Weise zum Braten und Kochen benutzt werden. Interessant erscheinen vor allem auch die Beobachtungen aus Sardinien, Korsika und Spanien, wo noch bis in jüngste Zeit Kochsteine bei der Milchverarbeitung (z. B. Käseherstellung) verwendet wurden. Allgemein bemerkt er zur Funktion als Kochsteine:

„Cette méthode a été si largement répandue que nous n'avons aucune raison de douter qu'au moins une part de pierres chauffées capsiennes a été employée à la préparation d'aliments liquides. Ce serait cependant prendre une vue un peu trop étroite des possibilités d'utilisation de ces pierres chauffées que de ne les considérer que sous l'aspect des potboilers.

Diese Methode war so weit verbreitet, daß wir keinen Grund haben, daran zu zweifeln, daß wenigstens ein Teil der erhitzten Steine im Capsien zur Aufbereitung flüssiger Nahrungsmittel gedient haben. Jedoch dürfte es bei der Diskussion um den Gebrauchswert dieser erhitzten Steine zu vordergründig sein, wenn man sie nur unter dem Aspekt als Kochsteine betrachten wollte." (GOBERT, 1952, 76)

In der Ethnologie sind Garungstechniken dieser Art unter der Bezeichnung „Erdofen" seit langem bekannt (GRAEBNER, 1913, M. HABERLANDT, 1913), und zwar neben den oben bereits erwähnten Vorkommen auch aus Polynesien und Australien, aus Nordamerika, aus verschiedenen Teilen Afrikas und des Vorderen Orients. M. HABERLANDT (1913, 135) denkt an mehrere Ursprungsherde für die Erfindung der Erdofentechnik, einer davon habe vermutlich in Afrika gelegen, und seine Relikte seien noch in Arabien, Nubien, Ostafrika, Sardinien und auf den Kanarischen Inseln zu finden. GRAEBNER (1913, 808) bemerkt, daß die Keramik überall den Erdofen allmählich verdrängt habe, da das Kochen in festen Gefäßen bequemer und schneller zu bewerkstelligen sei.

Erdöfen können in verschiedener Form verwendet werden: mit und ohne Steine, fast immer aber in unterirdischen Gruben. Sie können über längere Zeit ortsfest sein oder bei jeder Nahrungszubereitung neu angelegt werden. —

Die Steinplätze sind also nach den bisherigen Beobachtungen und Überlegungen mit hoher Wahrscheinlichkeit als die Reste von Erdöfen zu interpretieren, die ein oder wenige Male benutzt worden sind. Im Gegensatz dazu stehen die lange Zeit ortsfesten „escargotières" oder „Kjökkenmöddingar" (vgl. GRAEBNER, 1913, 807, Anm. 7). Beide Typen stammen aus einem im wesentlichen präkeramischen oder akeramischen Stadium der Kulturträger.

1.10 Die Urheber der Steinplätze und ihre Lebensgrundlagen

Die Spärlichkeit der Kulturreste, die Seltenheit von Keramik und das Fehlen von Kulturschichten lassen darauf schließen, daß die Urheber der Steinplätze Nomaden waren. Keramik ist fragil und geht bei stärkerer Mobilität schnell zu Bruch, daher werden bruchfestere und leichtere Gefäße von Nomaden bevorzugt. Bei längerer Seßhaftigkeit akkumulieren sich die Abfälle verschiedenster Art zu Kulturschichten.

AUMASSIP (1972) konnte am Wadi Mya/Algerien zwei verschiedene Arten neolithischer Reste feststellen: Neben den von ihr eingehend untersuchten länglichovalen Hügeln mit Kulturschichten, deren Urheber seßhaft gewesen sein sollen, erwähnt sie die den Nomaden zugeschriebenen Steinplätze.

Der Nomade muß bei der Ansammlung von Eigentum auf Menge und Gewicht achten. Daher ist es verständlich, daß schwere Steinartefakte nicht häufig vorkommen, ausgenommen Handmühlen mit zugehörigen Läufersteinen, die bei der Zerkleinerung von Körnern unentbehrlich sind. Eine solche Handmühle dürfte daher zu jener Zeit ein umso wertvollerer Bestandteil des toten Inventars gewesen sein, je weiter man sich von den Gebirgen entfernte und in die von Lockersedimenten bedeckten großen Ebenen zog.

Daß neolithische Nomaden die Urheber der Steinplätze waren, ist kaum zu bezweifeln. Aber wovon ernährten sie sich? Und wie sah die Umwelt aus, die ihnen Überlebenschancen bot?

Wahrscheinlich muß man in ihnen die Rinder- (und Kleinvieh-?)Hirten sehen, die in jener Zeit mit ihren Herden in der Sahara gelebt haben müssen. Wenn man heute ihre Spuren in Form von Felsbildern nur im Gebirge findet, so liegt das zunächst einmal daran, daß ja in den Ebenen keine Felswände existieren, auf die sie hätten zeichnen können. Und daß bei den Steinplätzen bisher keine eindeutigen Haustierknochen als Überreste der Mahlzeiten gefunden wurden, kann damit zusammenhängen, daß man in jener Zeit die Herdentiere nicht oder nur äußerst selten schlachtete und verzehrte, wie das noch heute gerade bei vielen afrikanischen Hirtenvölkern praktiziert wird [10]. Auf den Felsbildern sind auch kaum jemals Schlachtszenen dargestellt (CAMPS, 1974, 246), und nach ZYHLARZ (1957, 97) gab es im Alten Ägypten Hirten, die sich nicht vom Fleisch ihrer Herden ernährten. Die häufigen Pfeilspitzenfunde beweisen ebenso wie die Reste der Mahlzeiten (vgl. z. B. Fa 1 oder Fa 9 in Tab. 5), daß die Jagd wesentlich zur Ernährung beitrug. Am Wadi Behar Belama fanden sich bei mehreren Steinplätzen zwischen den Steinen die Knochen einer Vogelart unter Amselgröße, bei der es sich möglicherweise um eine größere Lerchenart handelt (Bestimmung durch Prof.

---
[10] Vgl. z. B. BARTHA (1968, 147 f.), HABERLAND (1963, 60 f. und 86), F. HAHN (1913, 311 ff.), HERZOG (1967, 12 und 14), MERNER (1937, 24 f., SCHICKELE (1931, 27 und 48), SCHINKEL (1970, 239).

J. NIETHAMMER, Bonn). Die lokale Häufung dieser Fälle läßt vermuten, daß die Vogelreste nicht auf natürliche Weise oder zufällig zwischen die Kulturrelikte gerieten, sondern hier scheint eher ein direkter Hinweis auf eine der Nahrungsquellen vorzuliegen: die Vogeljagd. Man ernährte sich zudem von Straußeneiern, denn deren Scherben sind fast immer bei den Steinplätzen anzutreffen [11].

Schließlich werden Sammelwirtschaft (Honig, Früchte, Wurzeln, Kräuter, Insekten, Schnecken etc.) und tierische Lebendprodukte (Milch, Blut) von Bedeutung gewesen sein, oder auch Tausch mit anbautreibenden Volksstämmen im Gebirge [12]. Fraglich ist, ob auch die Steinplatzleute bereits Anfänge des Ackerbaus kannten (vgl. DITTMER, 1967, 323, HESTER und HOBLER, 1969, oder McHUGH, 1974).

1.11 Verhältnis zwischen den Steinplatzleuten und den Gebirgsvölkern — Denkmöglichkeiten

Es ist allerdings nicht sicher, ob die Urheber der Steinplätze von den Leuten im Gebirge (Tibesti, Tassili usw.) überhaupt zu trennen sind. Mehrere Denkmöglichkeiten bieten sich an:

1. Möglichkeit: Die Hirten und Ackerbauern lebten ausschließlich im Gebirge, denn nur dort waren die Lebensbedingungen ausreichend. Die Steinplätze sind die Hinterlassenschaften von reinen Wildbeutern, die ein geringes Kulturniveau besaßen und am Rande des Existenzminimums lebten.

2. Möglichkeit: Zwischen den Menschen im Gebirge und denen in den großen Ebenen besteht kein Gegensatz, sondern es handelt sich um die gleichen Völker mit saisonalen Wanderungen, wobei in einer Art Transhumance gewisse Teile der Bevölkerung — die jungen Männer am ehesten — jahreszeitlich ihre Herden in die Ebenen und Fußregionen der Gebirge trieben, und in den trockenen Zeiten die Herden in den günstigeren Gebirgstälern überdauerten. Das würde u. a. erklären, weshalb in der zentralen Serir Calanscio keine Steinplätze anzutreffen sind: Die Entfernung zu den schützenden Gebirgstälern wäre zu weit.

3. Möglichkeit: Der Gegensatz ist nur zeitlich zu verstehen. Die Gebirgsbewohner durchzogen ständig auch die Ebenen; im Zuge einer allgemeinen Völkerbewegung wanderten ständig Hirtenstämme durch die Sahara, möglicherweise von Ost nach West oder von Südost nach Nordwest. Diese saßen einige Zeit lang in den Gebirgen fest, um irgendwann ihre Wanderung wieder aufzunehmen. Zur Hauptphase der Steinplätze waren diese Bewegungen besonders stark. — Die Vielfalt der Malstile im Tassili (LHOTE, 1958, 1970) und die vielen Keramikarten im Tibesti mit der Diskontinuität der handwerklichen Tradition (STRUNK-LICHTENBERG et al., 1973) sprächen für diese Theorie (vgl. auch MAITRE, 1972). Im Tassili scheint ein Malstil den anderen wellenartig überlagert zu haben, wobei sich eine ganze Reihe den Hirtenvölkern zuordnen lassen. Es entsteht so das Bild von Volksgruppen und Stämmen, von Kultureinheiten, die jeweils bald von anderen abgelöst wurden (LHOTE, 1958, vgl. HUGOT, 1974, 90).

4. Möglichkeit: Die eigentlichen Hirtenvölker lebten in den großen Ebenen, wo sie mit ihren Herden günstige Lebensbedingungen vorfanden. Sie ernährten sich jedoch nicht vornehmlich von dem Fleisch ihrer Herdentiere, sondern von Jagd, Sammelwirtschaft und Tauschhandel. — Im Gebirge lebten eher seßhafte Stämme, die vielleicht schon eine Art Anbau betrieben, aber sich mindestens zusätzlich von Jagd und Viehhaltung ernährten, vermutlich auch von Sammelwirtschaft. Beide Volksgruppen ergänzten sich wirtschaftlich durch Austausch der Produkte. Ein Tausch- oder Handelsobjekt dürfte bereits zu damaliger Zeit der im Tibesti anstehende Obsidian gewesen sein. Berührungszonen waren die Randbereiche der Gebirge.

1.12 Steinplatzleute als nomadische Viehhalter

Eine Reihe von Argumenten läßt diese letzte Möglichkeit als die wahrscheinlichste gelten [13].

Der Wildbeuter-Theorie ist entgegenzuhalten, daß nicht einzusehen ist, weshalb es in den Ebenen keine domestizierten Herden gegeben haben soll, die in jener Zeit sicher existierten. Die Lebensbedingungen müssen auch in den Ebenen ausreichend gewesen sein, da ja entsprechende Wildformen dort lebten. Die Verteilung und die Dichte der Steinplätze deuten darauf hin, daß die Einwohnerzahl mindestens während der Hauptphase — gemessen an heutigen Verhältnissen — einigermaßen hoch gewesen sein dürfte. Da sich die Menschen in jedem Falle von lokalen Nahrungsquellen ernährt haben — sei es von pflanzlichen oder tierischen Produkten —, müssen die Verhältnisse so günstig gewesen sein, daß die Existenzbedingungen auch für domestizierte Tiere gegeben waren.

---

[11] Neben dem Nährwert besaßen die Straußeneier vermutlich auch einen kultischen oder einen Gebrauchswert, denn häufig — besonders im Capsien — wurden sie mit Ritzmustern verziert (siehe Fig. 5 und vgl. CAMPS, 1974, 180 ff. und 292 f., sowie CAMPS-FABRER, 1966, 297 ff.). Man wird hierbei nicht so sehr an Gefäße zum Wasservorrat und -transport denken; dafür sind Säcke aus Tierhäuten (Guerbas) besser geeignet. Vielmehr werden sie zur Milchaufbewahrung oder zum Kochen benutzt worden sein, zumal in mehreren Fällen verbrannte Straußeneischerben unmittelbar in den Feuerstellen beobachtet wurden.

[12] Zur Diskussion über die Nahrungsgrundlage im Capsien vgl. MOREL (1953), der aus dem Mangel an Resten von domestizierten Tieren aber auf reine Jagd- und Sammelwirtschaft schließt. Zum Beginn pflanzlicher Nahrungsmittelproduktion in Nordafrika vgl. besonders CAMPS, 1969, 203 ff. und 1974, 226), CLARK (1971), HOBLER und HESTER (1969, 126 f.), HUARD (1970), HUGOT (1968) sowie WRIGLEY (1960).

Großviehhaltung, wie sie sich in den Felsbildern dokumentiert, ist in größerem Maßstab nicht in den engen Gebirgstälern möglich, sondern entfaltet sich optimal erst in grasbestandenen weiten Ebenen, in „Offenlandschaften" wie die Prärien und Pampas, der Sahelgürtel oder die Steppen Asiens und die Savannen Afrikas (vgl. HERZOG, 1967, 3). Im Tibesti selbst wäre sie vielleicht auf den Hochflächen der Tarsos möglich (meist mehr als 2000 m ü. M.). Die Talsohlen bieten jedoch nur geringe Weideflächen, auch wenn sie sich zu Pedimenthängen oder Sandschwemmebenen ausweiten. RHOTERT (1952, 12) betont allerdings, daß gerade die engen Gebirgstäler von Dj. Oweinat und Gilf Kebir für Großviehhaltung besonders geeignet gewesen sein müssen, und LHOTE (1972 b, 295) berichtet von Steinmäuerchen, die in den Tälern des Tassili als Rinderpferche gedient haben sollen. Tatsächlich wird man aufgrund der zahlreichen Felsbilder gewiß sein können, daß im Gebirge die domestizierten Tiere nicht fehlten. Aber für größere Herden in Konkurrenz mit der übrigen Großwildfauna ist dort die Existenzgrundlage unzureichend. Die Talhänge sind oftmals zu steil. Sie bestehen vielfach aus anstehendem Fels oder sind mit grobem Schutt überkleidet; es spricht nichts dafür, daß sie noch im Neolithikum einen Boden mit einer dichten Pflanzendecke getragen haben, sondern eher eine schüttere Krautvegetation mit macchienartigem Baum- und Strauchwuchs (vgl. Kap. 3.8).

---

[13] Grundsätzliche Fragen über Begriff, Entstehung und Alter, über Herkunft, Ausbreitung und unterschiedliche Formen oder über ökologische und kulturelle Voraussetzungen und Folgen des Hirtennomadismus können hier nicht erörtert werden. Dazu und als Ergänzung zu den an anderen Stellen zitierten Arbeiten seien aber noch einige ausgewählte, meist neuere Werke genannt, die bei ausführlicher Diskussion wesentliche Beiträge liefern. Die Literatur über die gegenwärtigen Probleme des Nomadismus ist zu umfangreich und für dieses Thema eigentlich unbedeutend, als daß man eine sinnvolle Auswahl treffen könnte.

Zu Urformen der Wirtschaft: BOBEK (1959), DIETZEL (1954), E. HAHN (1892), LIPS (1953), NARR (1952), W. SCHMIDT (1952), WAI-OGOSU (1970).

Zum Begriff „Nomadismus" und dessen Abgrenzung z. B. gegen die Transhumance: BOESCH (1951), BEUERMANN (1960), HOFMEISTER (1961), MERNER (1937), STENNING (1957).

Zu den ökologischen Voraussetzungen des Nomadismus: BARTHA (1968), BREMAUD und PAGOT (1962), FRICKE (1969), GELLERT (1971), HAMMER (1973), HERZOG (1967), KRADER (1959), LEEUW (1965), MANSHARD (1965), RATHJENS (1969), SCHICKELE (1931), SCHINKEL (1970), UHLIG (1965), UNESCO (1962), VOLK (1969).

Zum Ursprung und zur Geschichte: BENSCH (1949), DITTMER (1965), ESPERANDIEU (1954), JETTMAR (1953), McHUGH (1974), MERNER (1937), POHLHAUSEN (1954), VAJDA (1968), WERTH (1956), v. WISSMANN (1957), v. WISSMANN und KUSSMAUL (1965), ZYHLARZ (1957). — Vgl. auch die in Anm. 5, 19 und 24 zitierte Literatur über die prähistorischen Felsbilder.

Für eine Transhumance erscheinen die Entfernungen in jedem Falle recht weit. Aus den zentralen Teilen des Tibestigebirges bis in das Zentrum der Serir Tibesti sind es zwar nur 350 km Luftlinie, aber für die Steinplätze am Djebel Coquin, in der Serir Calanscio oder der Serir el Gattusa müßten andere Refugien gesucht werden. Es böten sich hier die Bergländer Libyens an (Djebel es Soda, Harudj el Aswad, Djebel Ben Ghnema, Djebel Eghei), oder für die Steinplätze südlich von Djanet das Tassili-Gebirge; von allen diesen genannten weist jedoch nur das Tassili eine ähnlich hochstehende neolithische Kultur wie das Tibesti auf. Es hätte dann in den libyschen Bergländern eine Transhumance-Form sein müssen, bei der auch in den Rückzugsgebieten die Kultur sich nicht anders manifestierte als in den Weidegebieten, das heißt wahrscheinlich eine saisonale Wanderung des ganzen Volkes.

Immerhin sind nach Aussage der Felsbilder im Tibesti und Tassili wenigstens zeitweise auch Rinderherden gehalten worden; sie können nicht immer auf die Ebenen beschränkt gewesen sein. Möglicherweise geschah das aber erst in der Endphase der Steinplätze, als die Sahara auszutrocknen begann und die Hirten sich in die Gunstgebiete zurückziehen mußten. Nach LHOTE (1962, 210 f.) gruppieren sich die Felsbilder der Rinderhirten vornehmlich in den Randzonen der Gebirge, nie im Innern, und nach CAMPS (1974, 245) erlebte die Rinderhirtenkultur im Tassili erst in der Endphase ihre stärkste Ausprägung und höchste Blüte.

Gegen die Theorie vom bloßen Durchzug der Völker spricht einmal, daß der kulturelle Gegensatz ja feststellbar ist. Es ist nicht wahrscheinlich anzunehmen, daß ein Nomadenvolk sich eine zeitlang in einem Gebirge festsetzt, dort einen hohen Kulturstand erreicht, dann weiterwandert, wobei die zivilisatorischen Errungenschaften (z. B. Keramik) wieder völlig aufgegeben werden, und schließlich im nächsten Gebirgsmassiv vielleicht eine ähnliche Entwicklung durchläuft. Außerdem wäre das Problem damit nicht gelöst: Der ethnische und kulturelle Gegensatz zwischen den Völkern im Gebirge und in den Ebenen bliebe bestehen, sie vertauschten lediglich von Zeit zu Zeit die Rollen. Die ökologische Aussage bliebe die gleiche, daß nämlich Rinderhirten auch in den Ebenen zu existieren vermochten.

Der Gegensatz zwischen Nomaden der Ebenen und sedentären Bewohnern des Gebirges manifestiert sich nicht nur in den kulturellen Hinterlassenschaften, sondern deutet sich auch in der Rassenzugehörigkeit an. Allgemein werden die Träger des hochstehenden saharisch-sudanischen Neolithikums als Negroide angesehen. Nach HABERLAND (1970) war der Südrand der Sahara in jener Zeit die Kontaktzone zwischen Negroiden und Europiden (vgl. auch BRIGGS, 1955, 76 ff., LHOTE, 1970, und STROUHAL, 1971). Tatsächlich wiesen die im Tibesti gefundenen neolithischen Skelette (CHAMLA, 1968, HERRMANN und B. GABRIEL, 1972) negroide Züge auf; lediglich in der Endpfanne des Bardagué (Araye-Nord) fand sich ein Skelett in Hockerbestattung, das starke Anklänge an nichtnegroide Gruppen NE-Afrikas aufwies (B. GABRIEL, 1970 a, Fig. 31, HERRMANN und B. GABRIEL, 1972, 144 ff.). Dies könnte also HABERLANDs These bestätigen.

Die Meinung, daß es sich bei den Trägern des sudanischen Neolithikums in den zentralsaharischen Gebirgen und den Rinderhirten um primär unterschiedliche Völker und Kulturen handelt, die in der Endphase möglicherweise miteinander verschmolzen, wird besonders von MAITRE (1971, 68 ff.) vertreten und ausführlich diskutiert.

1.13 Abhängigkeit des Nomadismus von Tragetieren

Ein wichtiges Argument, daß die Steinplatzleute Großviehzüchter oder zumindest Großviehhalter gewesen sind, erwächst aus der Tatsache, daß der Nomadismus in der Alten Welt vor der Erfindung des Wagenrades immer an große Tragtiere gebunden war (vgl. RATHJENS, 1969, und SCHICKELE, 1931, 49). Die Ausrüstung von Nomadenfamilien mag noch so spartanisch auf das Notwendigste beschränkt sein, sie übersteigt doch praktisch immer das Maß dessen, was der Mensch auf Dauer über große Entfernungen zu tragen imstande ist. Dies trifft ganz besonders für eine Existenz am Rande der Ökumene zu, wo man nicht immer und überall ausreichende Lebensmöglichkeiten vorfindet, sondern zur Vorratswirtschaft gezwungen ist. Ein Schutz vor den Atmosphärilien (Wind, Temperatur, Strahlung, Niederschlag, vgl. LADELL, 1957, und NEWMAN, 1961) wie vor feindlichen Menschen und Tieren (Raubtiere, Insekten) muß ebenso gewährleistet sein, wie jederzeit genügend Wasser, Nahrungsmittel und Möglichkeiten der Nahrungszubereitung. Nur in Überflußgebieten erübrigt sich eine Vorratshaltung.

Einen Schutz vor ungünstiger Witterung bieten Höhlen bzw. Felsüberhänge, die es in den Ebenen ja nicht gibt, oder Zelte bzw. Hütten, wenn Bäume und Sträucher oder einfache Windschirme nicht ausgereicht haben. Zelte und bewegliche Hütten bestehen aber aus Stangengerüsten und Fellen oder geflochtenen Matten. Zusätzlich muß man mit Schutzkleidung und Schlafdecken rechnen.

Zum Schutz vor feindlichen Menschen und Tieren sowie zur Jagd dienen Waffen (Pfeil und Bogen, Steinwaffen, Holzspeere?, andere Holz- und Knochenwaffen?), eventuell auch Fallen, die nicht an jedem Lagerplatz neu hergestellt werden.

Zur Vorratshaltung und Nahrungsbereitung sind diverse Haushaltsgeräte erforderlich: Gefäße aus Straußeneiern, Körbe, Taschen und Wasserschläuche aus Leder oder Vegetabilien, steinerne Handmühlen mit Läufersteinen, Messer, Stricke zum Verschnüren und zum Wasserziehen (wenn erforderlich) usw. Sodann muß man die Vorräte selbst einberechnen: Früchte, Trockenfleisch, Salz und vor allem Wasser, wenn dies nicht immer und überall in genügenden Mengen leicht zu beschaffen war.

Dabei ist nur an das materielle Existenzminimum gedacht. Sobald Kultgegenstände, Schmuck, medizinischer Bedarf oder anderer persönlicher oder kollektiver Besitz hinzukommt — oder Säuglinge, die getragen werden müssen —, wird die Tragfähigkeit sicher überschritten (vgl. dazu auch MERNER, 1937, 26, SCHINKEL, 1970, 285, oder allgemein zur Tragfähigkeit des Menschen: KENNTNER, 1973).

Im übrigen bieten die Felsbilder genügend Hinweise, daß die neolithischen Rinderhirten in der zentralen Sahara ihr Vieh als Reit- und Tragtiere benutzten (z. B. HUARD, 1962 und 1968).

1.14 Abhängigkeit vom Wasser

Dem Problem der Verfügbarkeit von Wasser als eine der unabdingbaren Voraussetzungen für jegliches Leben dürfte eine Schlüsselrolle für die paläökologische Interpretation zukommen. Ein Versorgungssystem über größere Entfernungen ist unwahrscheinlich; es hätte nur mit Lasttieren aufrechterhalten werden können. Allein Rinder, Büffel oder allenfalls Esel kämen hierfür infrage (da Kamele und Pferde zu dieser Zeit in der Sahara noch nicht existierten), und diese sind wiederum abhängig von häufigerer Tränke.

„Das Rind ... hat unter allen Haustieren, die den Nomaden Milch und Fleisch liefern, das größte Tränkbedürfnis. Deshalb ist es in den weniger ariden Gebieten des Nomadismus lebensfähig, und im Gegensatz zu Kamel, Schaf und Ziege kann ihm keine noch so saftige Weide wochenlang das Tränkwasser ersetzen. Im Unterschied zum europäischen Hochleistungsvieh kann der afrikanische Zebu jedoch regelmäßig mehrere Tage lang Durst ertragen und benötigt auch eine geringere Menge Tränkwasser, ist also an Trockengebiete gut angepaßt ... In der Trockenzeit kann man einen zweitägigen Tränkrhythmus als Standard ansehen ..." (SCHINKEL, 1970, 209 f.)

Der Zebu (*Bos indicus*) ist aber erst in nachneolithischer Zeit in Nordafrika heimisch geworden (FRICKE, 1969, 76). Nach RESCH (1967, 56) sind auf den Felsbildern der Sahara keine zebuartigen Rinder dargestellt (vgl. auch CAMPS, 1974, 246).

Ausschlaggebend für die Existenzfähigkeit von Herdentieren ist eine annehmbare „physiologische Tränkungs-Weide-Distanz". Darunter versteht SCHINKEL (1970, 152) die maximal mögliche Entfernung der Weide von der Tränke. Sie ist für jede Tierart verschieden und richtet sich u. a. auch nach den Geländeverhältnissen. Sie kann bei Kamelen 1 bis 300 km betragen, bei Zebus 25 km, allgemein bei Rindern jedoch nur 10 bis 18 km. Größere Entfernungen führen bei Rindern zu schwerwiegenden Verlusten (vgl. z. B. BREMAUD und PAGOT, 1962, GELLERT, 1971, oder SCHINKEL, 1970, 153 und 213).

Auch Wildtiere sind von offenen Wasserstellen abhängig — ausgenommen wenige Arten von Gazellen und Antilopen, die ihren Flüssigkeitsbedarf zum größten Teil aus der Pflanzennahrung decken können. Menschen holen sich ihr Trinkwasser aus maximal drei Tagesreisen entfernten Quellen. Sie müssen dann jedoch den Bedarf für mindestens sieben Tage mit sich führen, wenn sie nicht dauernd unterwegs sein wollen, bloß um genügend Trinkwasser zu bekommen. Dies wäre auch nur mit Kamelen als Tragtier zu bewerkstelligen. Wenn ein täglicher Wasser- und Weidebedarf für das Tragtier hinzu kommt, wie es bei den Lastochsen der Fall sein kann (SCHINKEL, 1970, 210), wird eine Tagesreise schon zu weit. Im Normalfall bestimmt in erster Linie die Verfügbarkeit von Wasser den Aufenthaltsort von Menschen primärer Kulturstufen, wenn es nicht sowieso im Überfluß vorhanden ist.

Wasser muß tatsächlich dort, wo es heute Steinplätze gibt, in jener Zeit ohne große Mühe erreichbar gewesen sein. Es ist nicht einmal anzunehmen, daß aufwendige, mehrere Meter tief reichende Brunnenbauten existierten, denn diese hätten regelmäßig unterhalten werden müssen. Sie werden in solchen Fällen zum immobilen Besitz, was bereits eine Vorform der Seßhaftigkeit bedeutet (vgl. SCHINKEL, 1970, 204 ff.). Zudem waren sie damals wohl technisch noch gar nicht durchführbar. Irgendwelche Überreste oder Anzeichen von Brunnen waren nirgends zu beobachten. Sie wären am ehesten in den niedrigen Geländeteilen etwa als Bodenverfärbungen oder als Änderung der Sedimentkonsistenz zu erwarten gewesen.

Die immer wieder aufgesuchten Gunstlagen, an denen sich Agglomerationen von Steinplätzen bildeten, sind wahrscheinlich Orte gewesen, wo man besonders leicht an Wasser heran kam: offene Wasserlöcher, episodische Tümpel, primitive Brunnen oder Scharrlöcher, oder auch Pfützen und Quellaustritte in den Sebkhas und Grarets [14].

Aus geomorphologisch-sedimentologischen Indizien ist bekannt (PACHUR, 1974 und 1975), daß noch im Holozän episodische oder periodische Wasserläufe existierten, die vom Tibesti ausgingen und nach Norden mindestens bis in die nördliche Serir Calanscio (ca. 28° N) zu verfolgen sind. An ihren Ufern und an den zeitweiligen Endpfannen muß wenigstens über größere Strecken eine höhere Baum- und Strauchvegetation gestanden haben, von der sich unter anderem Elefanten und Giraffen ernähren konnten (vgl. Tab. 5).

Fraglich ist, ob diese Fließrinnen ihre Feuchtigkeit mehr oder weniger ausschließlich von den Gebirgen erhielten, ob es also Fremdlingsflüsse waren, wie z. B. der Niger in seinem Mittellauf oder der Nil in seiner unteren Hälfte. Aus mehreren Gründen ist eine solche Interpretation jedoch abzulehnen:

Die erkennbaren Wadi-Läufe weisen dendritisch sich verzweigende Zuflüsse auf (vgl. Abb. 12 bei PACHUR, 1974), was in flachen Gebieten nur bei lokalen Niederschlägen oder starken Grundwasseraustritten möglich ist. Die Wadis besitzen ein sehr geringes Gefälle und sind nur wenig in die Lockersedimente eingeschnitten, so daß man zuweilen Mühe hat, sie überhaupt im Gelände zu erkennen. Häufig sind sie nur wenige Dekameter breit, zudem anastomosieren sie streckenweise. Ihre Wasserführung dürfte also im Vergleich zu Nil und Niger gering gewesen sein. Wahrscheinlich sind sie nur periodisch oder episodisch — vielleicht jahreszeitlich — geflossen und durchaus nicht immer in ihrer vollen Länge, wie die zwischengeschalteten Endpfannensedimente zeigen.

Um unter solchen Umständen über Hunderte von Kilometern hinweg ein derartiges Abflußsystem überhaupt in Gang zu halten, reicht eine Speisung aus dem Quellgebiet (= Gebirge) nicht aus. Das Wasser würde nach kurzer Zeit in den durchlässigen Kiesen und Sanden versickern, in der trockenheißen Luft verdunsten oder bei plötzlichem starken Wasseranfall über die Ufer treten und sich schichtflutenartig über die Ebenen verbreiten. Es müssen daher im gesamten Flußlauf eine gegenüber heute reduzierte Verdunstung, ein nahe der Oberfläche liegender Grundwasserspiegel und erhöhte Niederschläge vorhanden gewesen sein [15].

Lokale Niederschläge mit reduzierter Verdunstung haben in jener Zeit mehrfach zu mindestens 3 bis 8 m tiefen Süßwasserseen mit einer Diatomeenflora und einer Molluskenfauna geführt (PACHUR, 1974, 25 ff.). Wenigstens einmal war ein solcher See nicht an das aus dem Tibesti kommende Abflußsystem angeschlossen, sondern wurde wahrscheinlich vom Dj. Harudj genährt. Der Gehalt an Pollen läßt bei einem der Seen darauf schließen, daß er eine Verlandungszone besaß und von diffusem Baumwuchs umgeben war. Organisches Material aus den limnischen Sedimenten vom Dj. Nero (ca. 23° 25' N — 17° 30' E) wurde mit 7570 ± 115 B. P. (Hv 2875) und solches vom Dj. Coquin (ca. 25° 45' N — 18° 56' E) mit 5110 ± 295 B. P. (Hv 3768) bestimmt.

Heute zählen die großen Ebenen der zentralen Sahara zur extremariden Vollwüste. Obwohl die Wasserstellen äußerst rar sind, werden die Gebiete aber noch gelegentlich von nomadisierenden Viehzüchtern gequert, weil ein Austausch zwischen den Randbereichen, die eine Existenzmöglichkeit bieten (Fessan, Kufra-Oasen, die Gebirge), nur durch diese Räume vor sich gehen kann. Aber sie selbst sind nicht mehr Lebensraum, nicht mehr Existenzgrundlage für Tier und Mensch. Sie haben nur noch die Funktion eines Verkehrsraumes, der möglichst schnell überwunden werden muß, weil in ihm die Existenz aufs höchste gefährdet ist.

Wollte man einen ähnlichen Zustand für die damalige Zeit postulieren, so müßten an den Steinplätzen linienhafte Wanderwege zu bestimmten Zielen erkennbar

---

[14] Zur Technik der Wasserversorgung bei Naturvölkern in ariden Gebieten vgl. die ausführliche Materialsammlung von A. HABERLANDT (1912).

[15] In der östlichen Serir Tibesti, etwa 40 bis 50 km westlich des Dj. Eghei (ca. 23° 55' N — 18° 27' E) wurden bei der Durchquerung zweier solcher nordsüd verlaufender Rinnen auch Steinplätze im Taltiefsten beobachtet. Dabei kann es sich nur um Steinplätze aus der Endphase gehandelt haben, als der Austrocknungsprozeß schon fortgeschritten war und nicht mehr genügend Niederschläge fielen, um einen Abfluß bis in diesen Bereich zu erzeugen.

sein. Das ist jedoch nicht der Fall. Die Verteilung der Steinplätze auf den Ebenen ist eher flächenhaft, gebunden höchstens an eine Feinsedimentbedeckung des Bodens und an Geländedepressionen. Man findet sie auch in verkehrsgeographisch abgelegenen Gebieten wie an den Rändern der unzugänglichen Basaltplateaus (Dj. Harudj, Dj. Es Soda) und der Dünengebiete, sogar häufig zwischen den Dünen selbst. — Die Ebenen waren demnach nicht bloße Verkehrsräume, sondern sie bildeten die Existenzgrundlage für die Menschen, die die Steinplätze hinterließen. Die täglichen Bedürfnisse an Wasser und Nahrung wurden aus lokalen Quellen gedeckt.

Eine Durchquerung ist unter den gegenwärtigen Verhältnissen nur möglich, weil die heutigen nomadischen Viehzüchter nicht mehr auf Rinder oder Büffel als Lasttiere angewiesen sind, sondern Kamele besitzen, die regelmäßig 3 bis 4 Tage, ziemlich mühelos auch 8 bis 10 Tage ohne Tränke auskommen können. Bei saftiger Weide brauchen sie sogar monatelang kein Wasser (BORN, 1965, 207). Das Kamel wurde nach bisherigen Kenntnissen aber erst in den letzten Jahrhunderten v. Chr. in der Zentralsahara eingeführt[16].

Nähme man also an, die Wasserstellen seien zur Zeit der Anlage der Steinplätze rar gewesen, so müßte man gleichzeitig eine relative Lokalkonstanz ihrer Urheber voraussetzen. Nur bei höherer Wasserstellendichte sind Wanderungen mit Rinderherden über größere Entfernungen möglich. Nach den Ausführungen, daß es überall in der Nähe von Steinplätzen Wasser gegeben haben muß, wird man also zumindest bei hohen Steinplatzdichten, wie sie in der Serir Tibesti gegeben sind, ein enges Wasserstellennetz voraussetzen können.

[16] BOVILL (1956), BRENTJES (1965), EPSTEIN (1971), LHOTE (1953 und 1967 a), ZEUNER (1967); vgl. auch HIGGS (1967 a) und MURRAY (1952).

1.15 Dichteverteilung der Steinplätze und ihre geographische Verbreitung

Die Auszüge aus den Fahrtprotokollen (siehe Steinplatzzählungen 1 bis 7) mögen beispielhaft die Verteilung der Steinplätze im Gelände verdeutlichen.

Insgesamt wurde die in Tab. 4 wiedergegebene Dichteverteilung festgestellt, wobei man davon ausgehen kann, daß bei einer Wüstendurchquerung im Fahrzeug je nach Geländeverhältnissen ein Streifen von ca. 200 bis 300 m Breite überblickt wird. Man sollte diese Angaben aber nicht automatisch auf größere Gebiete übertragen, da es sich nur um erste, eher zufällige Zählungen handeln kann.

Deshalb wird auch davon Abstand genommen, die bisherigen Beobachtungen auf eine Steinplatzdichte pro qkm umzurechnen und den Anteil der Plätze anzugeben, die jeweils auf die 300 Jahre der Hauptphase entfallen. Nach derartigen Berechnungen käme man beispielsweise in der Umgebung von Wau en Namus auf eine Gesamtdichte von ca. 35 Steinplätzen pro qkm, und ca. 15 davon würden allein auf die Hauptphase entfallen. Man könnte dann weitere Überlegungen anstellen bezüglich der Anzahl der Menschen, die einem Steinplatz zuzuordnen sind, und der Verweildauer dieser Lokalgruppe am gleichen Ort. Ethnologische Parallelen von heutigen Nomadenvölkern könnten hierbei sehr dienlich sein. Eine Verweildauer von ca. 3 bis 6 Wochen wird im groben Durchschnitt der Wahrheit nahe kommen (vgl. BORN, 1965, 214, SCHIKKELE, 1931, 41, SCHINKEL, 1970, 298 u. a.). Auf diese Weise gelangt man zu ungefähren Vorstellungen, mit welcher Populationsdichte man größenordnungsmäßig zu rechnen hat.

Tabelle 4 Steinplatzdichten in verschiedenen Regionen der Sahara
(Anordnung von Ost nach West) *

Meßregion	Länge der Meßstrecke in km	Durchschnittl. Anzahl pro km	Anzahl pro km ohne Gruppen über 50
Dj. Coquin (= Dor el Beada)	120	3 —4	3 —4
Serir Tibesti (Ost)	60	2	2
Wau en Namus	70	7 —8	7 —8
Serir Tibesti (West)	80	2 —3	2 —3
Nördl. Dj. Ben Ghnema und Dor el Gussa	130	0,5—1	0,5—1
Serir el Gattusa	120	0,3—0,5	0,3—0,5
Südl. von Djanet	160	6 —7	1 —2
Nördl. von El Golea	60	2	2

* Obwohl auch in anderen Gebieten als südlich von Djanet Gruppen mit mehr als 50 Steinplätzen vorkamen, waren in den hier aufgeführten Meßstrecken zufällig keine vertreten.

Die in derartigen Überlegungen enthaltenen Parameter sowie auch die genauen Dichtemeßwerte sind aber noch zu unsicher. Immerhin läßt sich aus den vorliegenden Beobachtungen bereits ein erstes Fazit über Dichteverteilung und geographische Verbreitung der Steinplätze überhaupt ziehen.

Wo Gruppen mit mehr als 50, bisweilen mehr als 100 Plätzen auftreten, verfälschen sie das Bild von der Dichteverteilung. Solche Gruppen wurden nicht nur bei Djanet, sondern auch bei El Goléa, bei Umm el Araneb und in der südöstlichen Serir Tibesti beobachtet.

In großen Mengen findet man Steinplätze noch in der westlichen und südlichen Serir Calanscio (Wadi Behar Belama und Dj. Coquin), in der gesamten Serir Tibesti und in der Gegend um Sebha. Auch im südlichen Hon-Graben und auf der Strecke zwischen El Goléa und Ghardaia (Algerien) kommen sie relativ häufig vor, wohingegen sie in Südtunesien in der Gegend der Schotts, in der Serir el Gattusa (Fessan), im Dj. Ben Ghnema und in der Dor el Gussa (SE-Fessan) sowie in den Gebirgen (Dj. es Soda, Dj. Eghei, Tibesti, Tassili) nach unseren Beobachtungen spärlicher sind und in der zentralen Serir Calanscio völlig zu fehlen scheinen. Um Tazerbo und auf der Strecke Djalo-Tazerbo wurden keine Steinplätze gefunden, desgleichen nicht im Wadi Adjal (Fessan), jedoch kann dort durch jüngere Kulturen (Garamanten, neuzeitliche Oasenkultur) das Gelände zu stark überformt worden sein.

Die Grenzen der Steinplatzverbreitung in der Sahara insgesamt können bisher höchstens im Norden ungefähr angegeben werden: An der Mittelmeerküste ist ein etwa 100 bis 200 km breiter Streifen so gut wie frei von Steinplätzen. Lediglich am Dj. Aziza bei El Hamma in Südtunesien (50 km westlich von Gabes) fand sich an einem Wadi eine Gruppe von 4 bis 5 Steinplätzen mit Straußeneischerben, wenig Keramik und sehr vielen Artefakten, darunter eine Reihe geometrischer Mikrolithen (Querschneider, langschmale Dreiecke und Lunaten).

Im Osten reichen die Steinplätze zumindest bis an den Nil, wie vor allem aus den genannten Beobachtungen von HESTER und HOBLER (1969) zu schließen ist. Nach briefl. Mitt. beobachtete und photographierte im Nov. 1975 Frau L. WEGSCHEIDER (Heidelberg) zwischen Gilf Kebir und Dj. Oweinat eine Gruppe von fünf Steinplätzen mit Durchmessern um 4 bis 5 m und mit neolithischen Begleitfunden. Ihr Vorkommen in der südlichen Libyschen Wüste (NE-Sudan), in Borkou, Djourab, Ténéré und am gesamten übrigen Südrand der Sahara müßte noch geprüft werden. Die kurzen Hinweise von CLARK (1971, 457) deuten darauf hin, daß sie wenigstens bei Adrar Bous am Nordostrand des Aïr auftreten. Sie werden dort aber als Unterlagen von Hütten oder Speichern, nur z. T. auch als Feuerstellenrelikte angesehen.

Die westliche Verbreitungsgrenze ist ebenso unsicher. Die Vorkommen von Bou Saada (VAUFREY, 1955, 267), vom Wadi Mya (AUMASSIP, 1972, 24 f.), von El Goléa (B. GABRIEL, 1973 b), vom Tidikelt (HU-GOT, 1955, 322 ff.) und die ähnlichen, aber zweifelhaften Phänomene an der marokkanischen Atlantikküste (CHARON et. al., 1973) wurden bereits erörtert. Nach frdl. mündl. Mitt. von Herrn cand. geogr. J. WEISS, Stuttgart, kommen Steinplätze auch in der Hamada du Guir (SW von Colomb Béchar) sowie bei Tindouf noch vor.

Erst wenn ihre Verbreitung endgültig geklärt ist und genügend ^{14}C-Daten aus allen Teilräumen vorliegen, wird man über Ursprung und Ausbreitungsrichtung zuverlässige Aussagen treffen können. Angaben wie die von Herrn cand. geogr. J. GERMER, Berlin, wonach sogar noch weit südlich des Tschadsees, nämlich 30 km SSW von Fianga (ca. 9° 35' N — 15° 5' E), Steinplätze in Verbindung mit Steinwerkzeugen gesehen wurden (frdl. mündl. Mitt.), müssen bei der Interpretation zur Vorsicht mahnen.

1.16 Datierung und Altersgliederung

Im Rahmen unserer Untersuchungen wurden bisher die in Tab. 1 wiedergegebenen Holzkohledatierungen von Steinplätzen in der Sahara durchgeführt. Die Datierung einer möglichst großen Anzahl über ein möglichst großes Gebiet verteilt sollte zur Lösung folgender Fragen beitragen:

1. Sind die Plätze in den Steinplatzgruppen zeitgleich, und spiegeln sie somit Lagerplätze von größeren Sippen oder von Großfamilien wider? Die manchmal 20 bis 30 Steinplätze im Umkreis von 100 m wären dann als die Lagerfeuer der sozialen Untergruppen (Kleinfamilien) zu interpretieren.

2. In welchen Zeitraum fallen die Steinplätze überhaupt? Wie groß ist die zeitliche Streuung? Kann man von einer Zeit der Steinplätze, von einer „Steinplatz-Epoche" sprechen? Und ist diese in irgendeiner Weise untergliedert?

3. Läßt sich aus der Verteilung der Daten im Raum eine Wanderung ablesen? Das wäre der Fall, wenn in einer Region A die ältesten, in einer Region B nur jüngere Daten vorlägen. Die Wanderung wäre dann von A nach B verlaufen.

Die Antwort auf die Frage 1 wurde bereits mitgeteilt: Die Steinplätze in derselben Gruppe können mehr als 1000 Jahre altersmäßig differieren, so daß anzunehmen ist, daß lokale Gunstlagen (Wasserstellen) immer wieder erneut aufgesucht worden sind. Nur in einem von vier näher untersuchten Fällen wäre unter Berücksichtigung der Zeitintervalle der ^{14}C-Daten die Möglichkeit gegeben, daß die Steinplätze zeitgleich sind (bei Wau el Kebir, siehe Hv 4800 und Hv 5484 in Tab. 1). Wo Gruppen mit mehr als 30 bis 50 Plätzen auftreten, ist das Begleitmaterial oft erheblich umfangreicher. Dies ist vor allem an den Gebirgsrändern sowie an bevorzugten Punkten der Serir zu beobachten (vgl. Steinplatzzählung 4: km 82; Zählung 5: km 64 oder die Vorkommen südlich von Djanet, Photo 14). In Gebirgsnähe mag es sich um die Kontaktzonen mit den seßhaften Bergvölkern handeln, in der Serir aber kann man auch durchaus länger benutzte Lagerplätze größerer Stammeseinheiten annehmen, an denen sich umfangreicheres Material anhäufte als an den Lokalitäten mit kürzerem Aufenthalt.

Zur Frage 2: Bei einer Anordnung der Steinplätze nach ihrem ^{14}C-Alter (Tab. 1) fallen zwei Extremwerte von maximal 9880 und minimal 3345 B. P. auf, deren Altersdifferenzen zu dem nächstjüngeren bzw. nächstälteren Wert 2345 bzw. 780 Jahre ergibt[17].

Läßt man diese Extremwerte außer Betracht unter der Annahme, daß sie am ehesten fehlerhaft sein könnten, so ergibt sich eine Zeitspanne von etwa 3400 Jahren (zwischen 7535 und 4155 B. P.), in welche die restlichen 17 Daten fallen. Es ist dies durchaus diejenige Kulturepoche, die in der Alten Welt als „Neolithikum" gilt, und man kann demzufolge zumindest zeitlich von den Steinplätzen als von einer neolithischen Kulturerscheinung sprechen.

Bildet man nun die Altersdifferenzen zwischen den bisher vorliegenden Werten, so erkennt man eine klare Dreigliederung: eine Frühphase der Steinplätze zwischen 7535 und 5730 B. P. mit einer durchschnittlichen Altersdifferenz von 450 Jahren, eine Hauptphase zwischen 5730 und 5430 mit einer mittleren Differenz von 43 Jahren und schließlich eine Endphase, die bis 4155 B. P. dauerte und in welcher die durchschnittliche Altersdifferenz 255 Jahre betrug. Die Vorkommen an Steinplätzen sind demnach in jener kurzen Zeitspanne von 300 Jahren der Hauptphase etwa 10 mal so häufig wie in den ca. 1800 Jahren der Frühphase und etwa 6 mal so häufig wie in den fast 1300 Jahren der Endphase. Anders ausgedrückt: Die Menge der Steinplätze verhält sich, bezogen auf gleiche Zeiteinheit, in Früh-, Haupt- und Endphase etwa wie 10 : 100 : 17.

Nach dendrochronologischen Vergleichsmessungen (MICHAEL und RALPH, 1970, SUESS, 1967 und 1969) liegt das wirkliche Alter von Proben aus den letzten Jahrtausenden v. Chr. erheblich höher — z. T. mehr als 1000 Jahre — als das über die ^{14}C-Messung ermittelte. Da jedoch diese dendrochronologische Korrektur noch nicht genügend ausgereift ist und die älteren Daten vor 6500 B. P. noch nicht korrigiert werden können, seien hier weitgehend nur die unkorrigierten ^{14}C-Daten angeführt. Auf keinen Fall dürfen — wie in der französischen Fachliteratur vielfach üblich — die ^{14}C-Daten wie historische Daten verwendet werden. Man wird davon ausgehen müssen, daß nach der dendrochronologischen Korrektur die Hauptphase der Steinplätze in die Zeit zwischen 4600 und 4300 v. Chr. fällt. Der Beginn der Frühphase wäre um 6500 v. Chr. zu vermuten (vgl. BUTZER, 1971 a, 592), wenn man die Korrekturkurve über den bisher bekannten Zeitraum hinaus interpoliert, und die Endphase fände um 2800 v. Chr. ihren Abschluß.

---

[17] Hier und im folgenden sind jeweils die unkorrigierten ^{14}C-Jahre gemeint, wobei die Zeitintervalle unberücksichtigt bleiben.

Um 5400 B. P. (= ca. 4300 v. Chr.), mit dem Beginn der Endphase, setzte also offenbar eine Trockenperiode ein (vgl. u. a. COUR und DUZER, 1976, 195 ff.; die Lebensbedingungen verschlechterten sich für etwa zwei Jahrtausende bedeutend. Die Menschen jener Zeit hatten mit den gleichen Problemen zu kämpfen wie die heutigen während der Dürrekatastrophe in der Sahelzone am Südrand der Sahara: Die Niederschläge wurden spärlicher, die Wasserstellen versiegten, die Weidegründe schrumpften, das Großwild als Jagdbeute zog sich in die begünstigten Täler des Gebirges zurück oder starb aus. Die offene Wüste wurde nur noch selten durchquert. Als Lebensraum hatte sie ihren Wert weitgehend verloren, und die Ebenen der Zentralsahara entvölkerten sich.

Die Menschen zogen sich in die begünstigten Oasengebiete des Fessan und der zentralsaharischen Hochgebirge (Tibesti, Tassili, Hoggar) zurück; noch heute ist dort ein gewisser Gegensatz zwischen einer negriden bäuerlichen Grundschicht, den *„Haratins"*, und den berberiden (halb-)nomadischen Viehzüchtern offenbar (vgl. BRIGGS, 1958, 58 f., NICOLAISEN, 1954, 88, u. a.). Oder sie wichen in die Wüstenrandzonen aus, wohl nicht so sehr nach Norden als vielmehr nach Süden, wo man beispielsweise in den rinderzüchtenden Fulbe noch deutliche Züge der neolithischen Hirten aus der Sahara wiederzuerkennen glaubt (DITTMER, 1967, 322, HAMPATE BA und DIETERLEN, 1966, LHOTE, 1951 a, STENNING, 1964, 18 ff. u. a.).

Ein großer Teil wanderte vermutlich auch nach Osten, in das Niltal (BELL, 1971, 5 f.), wo sich zu jener Zeit die Vorläufer der altägyptischen Hochkultur etablierten. Das Neolithikum der östlichen Zentralsahara ist daher als Substrat der Nilkulturen von besonderer Bedeutung (vgl. dagegen BAUMGARTEL, 1955, 19).

Allgemein wird die Auffassung geteilt, daß die C-Gruppen-Leute, die mit den „Temehu" der Altägypter identifiziert werden, seit der VI. Dynastie oder etwa ab 2500 v. Chr. von Westen, Südwesten oder Süden in das Niltal einströmten[18]. Nach BIETAK (1966, 40 f., vgl. SCHARFF, 1962, 13) waren die frühen Einwanderer der C-Gruppe nicht seßhaft, und ihre wirtschaftliche Grundlage bildete wahrscheinlich die Viehhaltung. Es liegt nahe, hier eine Parallele zu den Steinplatzleuten zu vermuten; doch gibt es dabei immerhin einige ungelöste Fragen:

Die Steinplatzleute müßten eigentlich während der gesamten Zeit der immer ungünstiger werdenden Endphase neue Lebensräume gesucht haben und nicht erst, als die Sahara schon weitgehend lebensfeindlich geworden war. Die saharischen Einflüsse im Niltal wären also bereits vor der VI. Dynastie zu erwarten. Zum zweiten müßte nach dieser These in der nördlichen

---

[18] BATES (1914, 251 f.), BIETAK (1966, 40 ff.), HÖLSCHER (1937, 57 f.), MYERS in BAGNOLD et al. (1939, 288 f.), NORDSTRÖM (1966, 67 f.), ZYHLARZ (1957, 97 ff.) u. a. — Vgl. auch die ausführliche Diskussion über die Herkunft der C-Gruppen-Leute bei HOFMANN (1967, 260 ff.).

Libyschen Wüste die Steinplätze fehlen, da der C-Gruppen-Einfluß offensichtlich mehr aus südlicher Richtung gekommen ist und das nördliche Niltal nicht erreicht hat. Dies ist aber nach den Vorkommen SE von Siwa und von Fayum (siehe Karte 1) zumindest zweifelhaft.

Unabhängig von diesem Problem kommt RESCH (1967, 80 f.) zu folgender Feststellung:

„Ein großer Teil der neueren Literatur, welche sich mit der Besiedlung Oberägyptens in vorgeschichtlicher Zeit beschäftigt, ist der Auffassung, daß rinderzüchtende Hirtennomaden das hauptsächliche Einwanderungselement im Niltal waren und diese Volksgruppen aufbauend für die altägyptische Hochkultur gewesen sind."

Die ^{14}C-Daten der prädynastischen Kulturen von Merimde, Nagade und El Omari fallen in einen Zeitraum von 6250 bis 4640 B. P. (WENDORF et al., 1970, 73 f.), wobei zwei Drittel der Daten zwischen 5850 und 5250 B. P. liegen. Sie laufen den Steinplatzdaten also etwa parallel.

Für die neolithischen Kulturen von Es Shaheinab bei Khartum gibt es zwei ^{14}C-Daten: 5050 ± 450 B. P. und 5446 ± 380 B. P. (ARKELL, 1953, 107; siehe auch ARKELL, 1968). Das Fayum-Neolithikum weist Daten zwischen 6500 und 5000 B. P. auf (WENDORF et al., 1970, 73), und für die Feuerstellen bei Wadi Halfa, die möglicherweise mit den Steinplätzen gleichzusetzen sind, nennt SHINER (1968, 603) einen Wert von 6430 ± 200 B. P.

Aus der westlichen Sahara lassen sich die Werte von Adrar Bous (Aïr) zum Vergleich heranziehen, wenn man die kurzen Bemerkungen von CLARK (1971, 457) als Hinweise auf Steinplatzvorkommen deuten darf. Das Alter des Skeletts eines kleinen domestizierten Kurzhorn-Rindes von Adrar Bous wurde auf 5760 ± 500 (UCLA, 1658) bestimmt (CLARK, loc. cit.). Eine frühere Datierung der dortigen Kulturen hatte 5140 ± 300 B. P. (SA - 100) ergeben (DELIBRIAS und HUGOT, 1962). Für die Rinderperiode der Felsmalereien des Tassili existieren nach ALIMEN et al. (1968), LHOTE (1972 b, 297) und WILLET (1971, 344) eine Reihe von ^{14}C-Daten aus der Zeit zwischen 5560 und 4500 B. P. Nach CAMPS (1974, 245) kann der Beginn der Rinderperiode bis 7500 B. P. zurückgehen, die „phase moyenne" reichte wahrscheinlich bis 5500 B. P., und die „phase finale", aus der die meisten Bilder und ^{14}C-Daten im Tassili stammen, hatte ihren Höhepunkt um 4500 B. P. überschritten. Unsere eigenen Proben von dort, die allerdings nicht definitiv der Rinderperiode zugeordnet werden können, erbrachten Werte um 6000 B. P. (siehe Tab. 2).

Das neolithische Alter der Steinplätze mit einer Gruppierung in drei Phasen dürfte durch die bisherigen ^{14}C-Datierungen als gesichert gelten. Problematisch sind aber noch die Extremwerte, die in den bisherigen Überlegungen als möglicherweise fehlerhaft unbeachtet blieben. Der sehr hohe Wert Hv 5485 = 9880 ± 70 B. P. stammt jedoch von einem Steinplatz aus der nördlichen Serir el Gattusa — übrigens aus der gleichen Steinplatzgruppe wie der „normale" Wert HV 4804 = 5695 ± 115 B. P. —, wo sehr grobes Artefaktmaterial als Begleitinventar gefunden wurde: unförmige mousteroide Abschläge und faustkeilartige Kernsteine, allerdings neben mikrolithischen Klingenteilen mit abgedrückten Rücken.

Es wäre denkbar, daß letztere dem jüngeren, erstere aber dem älteren Datum zuzuordnen wären. Ähnlich archaisches Material wurde auch bei einigen Steinplätzen südwestlich von Wau el Kebir und nördlich von Umm el Araneb beobachtet. Es kommt aber ebenso in den neolithischen Stationen im Gebirge vor; bei Gabrong/Tibesti (B. GABRIEL, 1972 a/b, siehe auch Fig. 20 bis 26) und bei Amekni/Hoggar (CAMPS, 1969) konnten Schichten mit groben Artefakten, die an das „Para-Toumbien" Westafrikas (VAUFREY, 1947 und 1969, 109 ff.) erinnern, mit 8050 ± 80 B. P. (UW 87, für Amekni) und 8065 ± 100 (Hv 2748, für Gabrong) datiert werden.

Derart grobes, paläolithisch anmutendes Artefaktmaterial dürfte also vor und zu Beginn des Neolithikums durchaus in der Sahara vorhanden gewesen sein, und man muß mit der Möglichkeit rechnen, daß tatsächlich Steinplätze aus jener Zeit existieren. Sie sind aber dann formal nicht von den eigentlich neolithischen zu trennen, sondern lediglich über das Begleitinventar und die absolute Altersbestimmung.

Die Parallelen der Steinplätze zum Capsien bezüglich der erhitzten Steine wurden bereits erörtert. In diesem Zusammenhang hier sei noch darauf hingewiesen, daß das Capsien sich in drei Stufen gliedert (VAUFREY, 1933, CAMPS, 1967, 1968 und 1974): a) das „Capsien typique", das nur in einem kleinen Bereich Zentraltunesiens und Nordostalgeriens vorkommt und durch gröbere Artefakte charakterisiert ist, b) das „Capsien supérieur" mit großen Mengen an Mikrolithen und c) das „Neolithikum mit Capsien-Tradition", das bereits Keramik und geschliffene Werkzeuge kennt und voll ins Neolithikum zu stellen ist.

Neuere Untersuchungen, vor allem zahlreiche ^{14}C-Datierungen (allein etwa 80 aus den sogenannten „escargotières", siehe CAMPS, 1974, 102, und CAMPS-FABRER, 1975, 165 ff.) zeigen aber, daß „Capsien typique" und „Capsien supérieur" durchaus zeitlich parallel laufen können, und zwar — nach CAMPS (1974, 154 ff.) — etwa zwischen 7000 und 4000 B. C.

Entsprechend dem französischen Brauch, die ^{14}C-Daten wie historische Zeitangaben zu verwenden, wäre das also etwa zwischen 9000 und 6000 B. P. Um 9000 B. P. war demnach im Capsien-Verbreitungsgebiet die Garungstechnik mit erhitzten Steinen bereits üblich, und man wird demzufolge das hier vorliegende Datum von 9880 B. P. nicht als ganz abwegig betrachten können.

Schwierigkeiten bereitet in diesem Falle aber die kulturelle Zuordnung; denn daß es bereits um 9880 B. P. Rindernomaden gegeben haben soll, erscheint undenkbar. Man müßte dann wohl eher annehmen, daß hier Parallelen zum oder Vorläufer des „Capsien typique" vorliegen und daß die Rinderhirten später die Garungstechnik übernommen haben.

Auch der Minimalwert in der bisherigen Reihe der Steinplatzdaten (Hv 5620 = 3345 ± 140 B. P.) verdient Beachtung. Es mag in späterer Zeit noch hin und wieder diese Brenntechnik angewendet worden sein, so daß es nicht angebracht erscheint, einzelne nicht datierte Plätze isoliert zu interpretieren. Die mitgeteilten Beobachtungen von ARKELL (1953), CHOUMOVITCH (1949), GOBERT (1952), LHOTE (1947) und ROHLFS (1869) weisen ja darauf hin, daß mit jüngeren Vorkommen gerechnet werden muß (vgl. Anmerkung 7*).

Die Frage nach der Ausbreitungsrichtung der Steinplätze (F r a g e 3) läßt sich heute noch nicht beantworten. Wenn es zunächst schien (B. GABRIEL, 1973 b, 159), als könnte sich die These von ARKELL (1953, 104 f., und 1955, 346) bestätigen, wonach das Tibesti als Zentrum der Neolithisierung der östlichen Sahara (und damit vielleicht als Ausgangspunkt des Hirtennomadismus und der Steinplätze) anzusehen sei — ein Gedanke, der später von McHUGH (1974, 242 f.) erneut zur Diskussion gestellt wurde —, so haben jüngere Datierungen doch gezeigt, daß die Schlüsse zu voreilig waren. Jetzt liegen sowohl aus dem Nordwesten (bei El Goléa) wie aus dem Norden (Südrand des Dj. es Soda) und dem Südosten (Wau en Namus und Dj. Eghei) des Beobachtungsnetzes sehr hohe ^{14}C-Daten von Steinplätzen vor. Eine Wanderungsrichtung ist also aus den bisherigen Daten nicht abzulesen.

Dennoch gewinnt die Vorstellung, in der Sahara habe im Neolithikum ein eigenes Domestikationszentrum bestanden, aufgrund der frühen Blüte der Rinderhirtenkultur immer mehr an Wahrscheinlichkeit. Außer ARKELL und McHUGH (op. cit.) rechnen auch CAMPS (1974, 244), HAYS (1975, 199 f.), HOBLER und HESTER (1969, 126 f.), LHOTE (1970, 70) und MAITRE (1972, 127) immerhin mit dieser Möglichkeit. Sie widerspricht der bisherigen, allgemein verbreiteten Ansicht, die neolithischen Kulturerscheinungen inklusive Herdentier-Domestikation seien aus dem Vorderen Orient über die Enge von Suez oder/und über Bab el Mandeb nach Nordafrika gekommen [19].

---

[19] Zu Herkunfts- und Ausbreitungsfragen der Rinderhirten vgl. ESPERANDIEU (1955), GRAZIOSI (1942 und 1962), HUARD (1959 und 1960), HUARD in BECK und HUARD (1969, 177 ff.), LHOTE (1969, 1970 und 1972 b), MAUNY (1967), MONOD (1964, 170 ff.), RESCH (1967, 58 ff.), RHOTERT (1952, 118 ff.), v. WISSMANN (1957), v. WISSMANN und KUSSMAUL (1965), ZYHLARZ (1957), u. a. — Zur Diskussion über das absolute Alter und den genetischen Zusammenhang der neolithischen Kulturen von Fayum, Khartum, Ténéré und „Neolithikum mit Capsien-Tradition" vgl. neben der in Anm. 4 und 39 zitierten Literatur über Chronologie und Herkunft des Neolithikums in Nordafrika sowie über die „dotted-wavy-line"-Keramik auch: ALIMEN (1966 b, 181), ARKELL (1966), HAYS (1975), HUGOT (1963, 164 ff.), JOUBERT und VAUFREY (1964), MAITRE (1972), TIXIER (1962, 347 f.).

1.17 Klimatische Ausdeutung

Ohne hier auf die verschiedenen Termini für natürliche Grasländer sowie deren unterschiedliche Ausprägungen und Entstehungsursachen ausführlich einzugehen (vgl. MANSHARD, 1960, SCHMITHÜSEN, 1968, TROLL, 1935 und 1953, WALTER, 1965 und 1973), wird man an der Tatsache festhalten können, daß die östliche Zentralsahara in jener Zeit das Habitat nomadischer Viehhalter war. Die Ebenen müssen genügend Futter und Wasser geboten haben.

Unter diesem Aspekt und unter Berücksichtigung aller übrigen Indizien (Vorhandensein von Süßwasserseen, Existenz einer Großwildfauna, Vergleich mit heutigen Savannengebieten usw.) kann man zumindest im Optimum während der Hauptphase mit lokalen Niederschlägen in Höhe von 300 bis 400 mm rechnen, während gegenwärtig dort jahrelang überhaupt kein Regen fällt und über größere Gebiete und längere Zeit Mittelwerte zwischen 5 und 10 mm zu vermuten sind (DUBIEF, 1971). Nach ANDREAE (1963, 17) ist eine Rinderhaltung bei weniger als 200 mm nicht mehr möglich (vgl. auch MANSHARD, 1965). PACHUR (1974, 41) gelangt aufgrund verschiedener Überlegungen zu der Ansicht, daß „der Wert von 200 mm Niederschlag ... die untere Grenze zur Zeit des Süßwasserstadiums des Nero-Sees" darstelle.

Wenn HESTER und HOBLER (1969, Fig. 154 und Fig. 155, z. T. in Anlehnung an BUTZER) für die Zeit ihrer „Libyan Culture" (6000 bis 5000 v. Chr.) in der östlichen Sahara außerhalb der Gebirge weniger als 150 mm und in der darauf folgenden Epoche der Rinderhirten, die sie zwischen 3500 und 2500 v. Chr. ansetzen, gar weniger als 50 mm annehmen, so erscheint das einigermaßen unverständlich. Und wenn HUGOT (1963, 163, in Anlehnung an DUBIEF) die Weidegründe in der Sahara bei 100 mm als „reichlich" und noch bei 50 mm als „zufriedenstellend" einschätzt, so kann das nur bezogen auf den heutigen Durchschnitt und für heutiges Weidevieh gemeint sein.

Solche Niederschlagsmengen können nicht zu einem Pflanzenkleid führen, das als Nahrungsgrundlage für die nachgewiesenen Tierarten und Kulturen unerläßlich ist, zumal ± mediterrane Temperaturen noch eine relativ hohe potentielle Verdunstung bewirkt haben dürften [20].

Mit gewissen Fragezeichen behaftet sind Herkunft und Art der Niederschläge. Die Grasdecke läßt an einen Wechsel von ariden und humiden Jahreszeiten denken. Jedenfalls wird darin allgemein die Hauptursache für die Existenz natürlicher Grasländer gesehen. Als weitere Gründe kommen heute natürliche und künstliche Brände, Brennholzbedarf, Wanderhackbau und Viehverbiß hinzu, die ein Aufkommen der Gehölzvegetation erschweren.

---

[20] Zum Zusammenhang von Temperatur- und Niederschlagsschwankungen in Nordafrika siehe HAUDE (1963 b).

Wie später zu zeigen sein wird, sprechen die Indizien aus dem Gebirge dafür, daß um 7000 B. P. ein Niederschlagstyp mit Schauern oder Landregen abgelöst wurde von einem solchen mit kurzzeitigen Starkregen, daß also vermutlich ein Umschwung stattgefunden hat von einem Wettergeschehen der ektropischen zyklonalen Westwindzone zu tropischen, monsunalen Konvektionsniederschlägen. Diese wären demnach in der Zeit der Steinplätze vornehmlich im Sommer gefallen, und die winterliche Trockenheit wäre durch niedrige Temperaturen gemildert. Mit einer solchen Interpretation stimmt die Beobachtung überein, daß die Steinplätze am Nordrand der Sahara nur sporadisch zu finden sind. Die Küstenregion des Mittelmeeres müßte dann vor allem im Bereich der Syrte damals ähnlich wüstenhaft gewesen sein wie heute.

Ohne derart weitgreifende Schlußfolgerungen aber als gewiß oder wahrscheinlich aufstellen zu wollen, sind hier nur einige Interpretationsmöglichkeiten genannt. Weitere Untersuchungen in dieser Richtung müßten folgen; die bisherigen sind hierfür noch zu lückenhaft und unsicher, die Verknüpfungen mit den Ergebnissen anderer Fachrichtungen zu dürftig.

DOKUMENTATION I

Steinplatzzählungen 1—7

1. Steinplatzzählung südlich des Dj. Coquin [21]
Beginn: ca 25° 44' N — 18° 46' E, von dort nach S fahrend
23. 12. 1970

km	Anzahl/Gruppierung	Bemerkungen
0	3	in einer kleinen Sebkha mit wenig Vegetation
1	1, 4	
3	5	
4	2	in einem ca. 100 m breiten Wadi
8	2, 2	⌀ 3 m
9	1, 1, 1, 3, 1	
10	1, 10, 3	Serir-ähnliches Gelände
12	3	Geländestufe, Gipshöckerlandschaft
13	3, 2	
14	1, 3, 2, 2, 4	⌀ 1,5 und 2 m
15	2, 2, 1, 1	
16		Gipshöcker, Kalkhamada, Geländestufen, Wadis. Keine Steinplätze.
19	1	
24	2	Zertalte Kalkhamada und Gipshöckerlandschaft. Oft nur Andeutungen von Steinplätzen: Umrisse verschwommen, Steine ungenügend konzentriert. Funde von Läufersteinen, Klingen, faustkeilartigen Artefakten.

[21] Spalte 1 gibt fortlaufend die Fahrkilometer an, wie sie vom Tachometer abgelesen wurden, und Spalte 2 die Anzahl der beobachteten Steinplätze in ihrer jeweiligen Gruppierung. Die Angabe „Steinstreu" bedeutet, daß diese hier unabhängig von Steinplätzen auftritt. Steinstreu zwischen Steinplätzen ist häufig und wurde nicht eigens notiert. Spalte 3 enthält zusätzliche Bemerkungen über Geländeverhältnisse, Orientierungsmarken, Durchmesser einzelner Steinplätze, Begleitfunde etc. Diese Beobachtungen können nicht erschöpfend sein, da während der Fahrt nur mehr oder weniger zufällig an der einen oder anderen Steinplatzgruppe angehalten wurde.

2. Steinplatzzählung nördlich des Dj. Coquin

Beginn: ca. 25° 50' N — 19° 10' E von dort nach NE fahrend
25. 12. 1970

km	Anzahl/Gruppierung	Bemerkungen
0		Beginn der Zählung am Dj. Coquin; Flugsanddecken und Krusten.
26	1	Fragment einer Handmühle aus Sandstein.
33	6	
35		Mehrere Geländestufen, ca. 10 bis 15 m hoch.
36	1, 33	Senke mit Vegetationsresten; ⌀ der Plätze zwischen 1,0 und 3,2 m, der Steine bis 10 cm; Straußeneierscherben, Abschläge, Handmühlenfragmente; keine Feuerspuren!
37	2	
38	Steinstreu	
39	2, Steinstreu	Flache Senke; ⌀ der Plätze 1,2 und 2,0 m, der Geröllle bis 10 cm (meist um 5 cm), 1 Schaber; keine Feuerspuren!
40	3, 2	
41	5	
42	6	Holzkohlehorizont bei einem Platz von 1,5 m ⌀ liegt in 7 bis 9 cm Tiefe und erstreckt sich horizontal über mehr als 1 m; darunter Hohlraum? — Probe für ^{14}C-Datierung *.
44	6 ?	Geländeverhältnisse sind zu ungünstig für die Erkennung von Steinplätzen.
46	2, 1, 9, 20	In flachen Senken.
47	6, 3, 7	In flachen Senken.
49	Steinstreu, 5	
50	3	In einer flachen Senke.
53	13, 1	In flachen Senken.
54	2, 3, 1, 6	
55	6, 1	
56	3, 2, 4, 6	Beobachtungen z. T. wieder unsicher.
57	20, 3, 5	⌀ der Plätze zwischen 0,5 und 5 m.
58	6, 1, 2	
59	2, 3, 5, 13	
60	7, 6, 1, 1, 10, 5	
61	2, 6, 6, 2, 6, 2	
62	6, 3	
63	6, 2	
64	1, 2, 2, 1, 3, 5	1 Abschlag
65	1, 1, 1	
66	Steinstreu	
67	3	
68	5	
69	Steinstreu	
70	2	
71	3, 2, Steinstreu	
73	Steinstreu, 2, 2	
75	5, 1	
80	3, 7	
81	3, 1	
83	1	
86	1	Aussetzen der Steinplätze, ohne daß dies vom Gelände her erklärlich wird.
93	1	
94	2	
95		Ende der Beobachtungen. 12 cm tiefe Grube mit Knochensplittern und Holzkohle. Probe für ^{14}C-Datierung **.

* Hv 4113 = 5510 ± 370 B. P.
** Hv 4114 = 3900 ± 550 B. P.

3. Steinplatzzählung an der Piste zwischen Tmessa und Wau el Kebir (SE-Fessan)
Beginn: Nördl. Dj. Ben Ghnema, 50 km E von Tmessa (ca. 26° 20' N — 16° 18' E), von dort nach S fahrend
14. 1. 1972

km	Anzahl/Gruppierung	Bemerkungen
0	2	
1	1, 1	
2	2	
8	2, 1	
9	1	Feinkiesserir mit Erosionsrinnen zwischen Schichtstufen und Inselbergen
17	1	
18	2	
19	1, 1	kleines Wadi
20	1	
23	1	recht großer Steinplatz, aber weder Feuerspuren noch Begleitfunde
27	2	
28	2, 1, 1	Es folgt unübersichtliches Gelände, Schichtstufen und in Zerschneidung begriffene Flächen (z. T. badlandartig) in mindestens 2 unterschiedlichen Hauptniveaus.
36		Paßauffahrt auf eine höher gelegene Fläche. Untergrund der Flächen besteht kilometerweit aus rotbraunem, sandig-lehmigem, verfestigtem Sediment.
89	ca. 10	
90	1	
91	1	
109	ca. 20—30	In einer Senke mit Akazien (siehe Photo 7). Begleitfunde: Läuferstein und Handmühlenfragment, Abschläge, Artefakte. Aus zwei Plätzen Material für ^{14}C-Datierung entnommen *.
130		Wau el Kebir erreicht.

* Hv 4800 = 5610 ± 320 B. P.
  Hv 5484 = 5430 ± 115 B. P.

4. Steinplatzzählung zwischen Wau el Kebir und Wau en Namus
Beginn: Wau el Kebir, von dort zunächst nach ENE, später nach SE und S auf Wau en Namus zufahrend
15. 1. 1972

km	Anzahl/Gruppierung	Bemerkungen
0		Zunächst sandiges, unübersichtliches Gelände; Suche nach der richtigen Piste lenkt Aufmerksamkeit von den Steinplätzen ab.
14	1, 1, 1, 3	
15	2, 1, 1, 2	
16	3, 1, 1	
17	2, 1, 1, 1	
18	1, 1, 1	
19	1, 2	
20	2, 1, 1	
21	2, 1	
22	2, 1, 1, Steinstreu, 1	
23	2, 1, 2, 1	
24	ca. 20	Im Umkreis von 50 m; Asche in den Steinplätzen; sehr viele Straußeneischerben, Abschläge und Artefakte; u. a. ein Läuferstein; Schlagplätze erkennbar; Feuersteingerölle im Serirkies enthalten.
25	2	
26	1, 2, 2, 3	
27	1	
28	4, 1, 1, 5, 2, 3	
29	2, 2, 2, 1, 1, 3	
30	5, 3, 2, 1, 2, 5	Anschließend auf eine Geländestufe hinaufgefahren: steiniger Untergrund. Steinplätze deutlich geringer oder über größere Strecken aussetzend.
31	3	
34	mehrere	Senke mit ca. 50 Akazien
57		Inselberg mit Rampenhängen
60		Asche von Wau en Namus erstmalig am Boden erkennbar. Zwischen km 31 und 75 vereinzelte Steinplätze, danach wieder mehr.
82	ca. 50	Inselberg; am Bergfuß im Sand 5 Straußeneier nestartig vergraben (bis 30 cm Tiefe). Bei den Steinplätzen auf der welligen Serir viele Artefakte (z. T. aus Moosachat), u. a. 3 Pfeilspitzen, zahlreiche Klingen, ca. 20 Läufersteine, Handmühlenfragmente, 1 Bola-Kugel, faustkeilartige Kernsteine. — Zwei Proben aus Steinplätzen für ^{14}C-Datierung entnommen*.
125		Kraterrand von Wau en Namus erreicht. Auf den Lavaströmen vor Wau en Namus noch Steinplätze zu finden, nicht aber auf dem eigentlichen Aschekegel.

* Datierung der Straußeneischalen: Hv 5483 = 5335 ± 140 B. P.

Datierung der Steinplätze: Hv 4801 = 6100 ± 110 B. P.; Hv 4802 = 7300 ± 130 B. P.

5. Steinplatzzählung südlich von Wau en Namus
Beginn: am südlichen Kraterrand, von dort nach S fahrend
16. 1. 1972

km	Anzahl/Gruppierung	Bemerkungen
0		Wau en Namus, südl. Kraterrand.
3		Ende des geschlossenen schwarzen Aschegürtels. Auf ihm keine Steinplätze gefunden: sind sie älter und von der Asche verschüttet?
10	3	
14	2, 1, 6, 6	
15	1, 1, 2	
16	1, 2, 1, 1	
18	1, 2, 1, 1, 4	
19	2, 7, 25	Straußeneischerben, einige Abschläge, ein Fragment einer Handmühle.
23	6, 1, 1, 3, 1	
24	1	
26	5, 2, 1	
27	3, 1	
28	7, 3, 3	
29	2	
30	2, 2	
31	1, 8, 5	
32	2, 1, 7	
33	30, 10, 3	In flachen Senken.
34	2, 1	
35	1, 1, 2, 12	
36	2, 1	
37	2, 2, 1	
38	1, 1, 8, 2, 2	
39	1, 1, 1, 4, 30	
40	1, 3, 3, 2, 1	
41	1, 2, 3, 8, 2	
42	2	
43	1, 1, 6, 2, 4	
44	4, 5, 1, 5, 2	
45	12, 2, 4, 4	
46	2, 4, 10	
47	12, 2, 1, 2	
48	12, 4, 6, 1, 2	
49	6, 2, 3	Zählung eingestellt, da Beobachtung auf ca. 12 km schwierig ist.
64	30	Mit Tonnen markierte West-Ost-Piste zum Dj. Eghei erreicht, ca 20 km östlich des Pistenkreuzes. Straußeneischerben, Abschläge, Klingen, 3 Silex-Kernsteine, ein Fragment einer Handmühle. — Probe für ^{14}C-Bestimmung *.

* Hv 4809 = 5465 ± 135 B. P.

6. Steinplatzzählung im Westen der Serir Tibesti

Beginn: Kreuzung der Pisten von Wau el Kebir zum Dj. Eghei und von Wau en Namus nach Aozou/Tibesti, ca 24° 14' N — 17° 42' E, von dort nach NW fahrend

23. 1. 1972

km	Anzahl/Gruppierung	Bemerkungen
0		flachwellige Serir
5	6, 8, 5, 1, 1	
6	1	
7	1, 1, 7, 2	
8	1, 8	
9	1, 12, 3	
11	4, 1, 4, 5	jeweils in Senken mit Feinmaterial zwischen Kiesrücken
12	3, 12	
13	1, 6, 3, 10	
14	4	
15	1, 3	
16	1	
17	1	
18	1, 10	
19	1	Danach setzen die Steinplätze aus. Anstehender Felsuntergrund kommt an die Oberfläche, nur hin und wieder sehr geringe Feinmaterialbedeckung.
27	8	in einer tiefergelegenen Rinne.
28	20	
30		Altes Versorgungslager erreicht (Benzin- und Wasserfässer). Danach Aussetzen der Steinplätze; Felsflächen, fleckenhaft auch Sandüberwehung oder kiesige Serirflächen.
40	2	
42	1	Keine Steinplätze bis km 48, obwohl flache Feinkiesserir!
48	2	
51	2, 1	
52	1	
58	5	
59	8	
64	1	Gelände ändert sich: unruhiges Kleinrelief, keine Serirebene mehr, Steinplätze setzen aus.
84		Piste biegt nach NW und dann nach N um, in Richtung Wau el Kebir. Auf diesem Abschnitt finden sich dann wieder zahlreiche Steinplätze.

7. Steinplatzzählung auf der Berliet-Piste südlich von Djanet

Beginn: an der Balise Berliet 29, ca 50 km südlich von Djanet, von dort nach S fahrend

7. 4. 1973

km	Anzahl/Gruppierung	Bemerkungen
0		Balise Berliet 29
2	ca. 50—100	Balise 30
6	Steinstreu, 1, 2, 4	
7	10	
9	2, 1	
20	5 ? Steinstreu	Beobachtungen unsicher.
24	Steinstreu?	
33	3, Steinstreu	
35	Steinstreu	
37	2, Steinstreu	
38	7	Westlich von Adrar Mariaou.
40	5	
41	1, 5	Balise 53, kleines Wadi mit wenig Vegetation.
42	Steinstreu, 7, 2, 2, Steinstreu, 5, 2, 2, 3	Balise 54; Feuerspuren im Steinplatz, aber für Datierung zu gering. Abschläge, 2 Läufersteine, Keramikfragmente, Knochensplitter. Funde meist bei Steinstreu.
43	2, 5	
44	2, 4	
50	2, 1, 3, 2	
51	2	
52	1	
56		Bifurkation der Pisten.
57	Steinstreu, 2	
58		Einzeln stehende Akazie. Ende der Beobachtungen.

Photo 1 Ein Steinplatz auf der Serir Tibesti, ca. 20 km südlich von Wau en Namus. Die Grenzen sind mehr oder weniger fließend. Offensichtlich sind die Steine geringfügig nach links verschwemmt. — Ein Hammer als Größenmaßstab. Aufnahmedatum: 16. 1. 1972

Photo 2 Ein besonders großer Steinplatz auf der Serir Tibesti, ca. 20 km südlich von Wau en Namus. Die Steine liegen fast immer im heutigen Niveau der Seriroberfläche ± 20 cm. Selten sind sie unter Sedimenten begraben oder durch Deflation bzw. Denudation stärker herausgehoben. Daher ist seit der Anlage der Steinplätze eine relative Formungsruhe zumindest flächenhaft wirkender Prozesse anzunehmen. Ein Hammer zum Größenvergleich.   16. 1. 1972

Photo 3 Ein Steinplatz am Rande einer Kiesbank auf der Serir Tibesti südlich von Wau en Namus. Die Steine des Steinplatzes heben sich durch ihre Größe und Farbe immer noch klar vom übrigen Kiesmaterial ab. Im Hintergrund weitere Steinplätze und Steinstreu. — Hammer als Maßstab.   16. 1. 1972

Photo 4 Daß mit der „merkwürdigen Konzentrierung einzelner bunter Kiesel (bis Eigröße) ..." (MECKELEIN, 1959, 109) auf der Serir Tibesti tatsächlich Steinplätze gemeint sind, zeigt dieses Bild, aufgenommen von W. MECKELEIN am 1. 4. 1955 ca. 15 km südwestlich von Wau en Namus. — Feldspaten als Größenmaßstab.

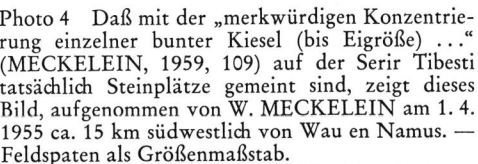

Photo 6 Übersandeter Steinplatz an der Piste zwischen Sebha und Umm el Araneb, ca. 20 bis 30 cm hoch (aufgestellter Hammer zum Größenvergleich). Die einzelnen Komponenten bestehen aus quarzitischen Konglomeraten.   25. 1. 1972

Photo 5 Eine Gruppe von drei Steinplätzen an der Piste von Sebha nach Umm el Araneb (Fessan). Die Piste ist unmittelbar hinter dem Fahrzeug zu erkennen. Da das Alter der einzelnen Plätze in solchen Gruppen mehr als 1000 Jahre differieren kann, ist nicht anzunehmen, daß es sich um Lagerplätze größerer Sippen oder Stammesverbände handelt, wobei dann jeder Steinplatz die Feuerstelle einer sozialen Untergruppe (Familie) wäre. Vielmehr scheint es sich um Gunstlagen zu handeln, die immer wieder erneut aufgesucht worden sind.
25. 1. 1972

Photo 7   Steinplatz in einer mit Akazien bestandenen Senke ca. 40 km NNW von Wau el Kebir. Von dieser Lokalität stammen die beiden ^{14}C-Daten Hv 4800 und Hv 5430 (siehe Tab. 1).   14. 1. 1972

Photo 9   Ein sehr kleiner Steinplatz südlich des Dj. Coquin nur aus 12 bis 15 eigroßen gerundeten Kieseln bestehend, deren Konzentration im sonst erheblich kleineren Kies sofort ins Auge fällt und natürlicherweise nicht zu erklären ist. — Zollstock = 20 cm.   24. 12. 1970

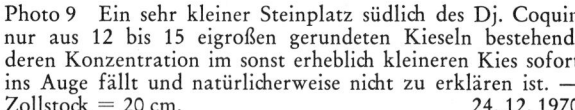

Photo 8   Steinplatz südlich des Dj. Coquin, einer ost-west verlaufenden Schichtstufe, die im Hintergrund sichtbar ist (siehe Steinplatzzählung 1). — Hammer als Maßstab.   22. 12. 1970

Photo 11   Aufgegrabener Steinplatz nördlich des Dj. Coquin. Die Steine reichen selten tiefer als 12 bis 15 cm unter die Oberfläche. Darunter befinden sich oftmals Gruben, die durch Bodenverfärbungen oder durch Hohlräume bzw. auffallend lockeres Material kenntlich sind (im Bild nicht sichtbar). Die Polygonstrukturen des Serirbodens (MECKELEIN, 1959, 122 f.) gehen durch die Steinplätze hindurch. Ihre Bildung muß also jüngeren Datums sein.   25. 12. 1970

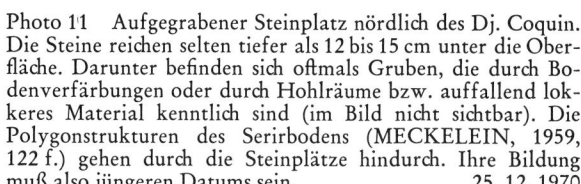

Photo 10   Von der Flugsanddecke teilweise überwehter Steinplatz von ca. 1 m Durchmesser (siehe Zollstock!) nördlich des Dj. Coquin (vgl. Steinplatzzählung 2).   25. 12. 1970

Photo 12 Steinplatz am Wadi Behar Belama/Serir Calanscio (siehe Fa 1 in Tab. 5). Die erste Steinlage wurde von der Oberfläche abgesammelt und ergab den im Vordergrund liegenden Haufen. Die zweite Lage wurde mit Pinsel und Spatel freigelegt und befindet sich auf dem Bild noch in situ. Eine geregelte Anordnung war nicht zu erkennen. Darunter wurde eine 10 cm tiefe Grube von ca. 30 cm Durchmesser sichtbar, die ehemals ein Hohlraum gewesen sein könnte. Zwischen den Steinen lagen einzelne Knochen eines Vogels unter Amselgröße. — Zollstock = 2 m. 2. 1. 1971

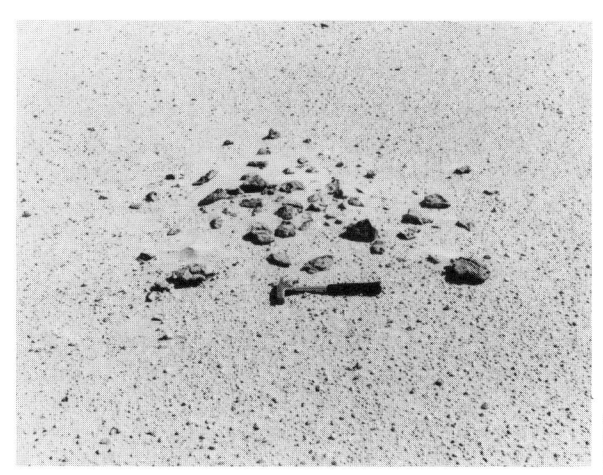

Photo 13 Steinplatz im südwestlichen Hongraben. — Hammer zum Größenvergleich. 28. 1. 1972

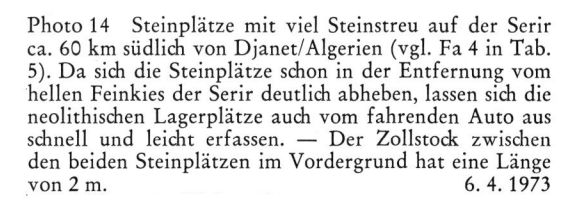

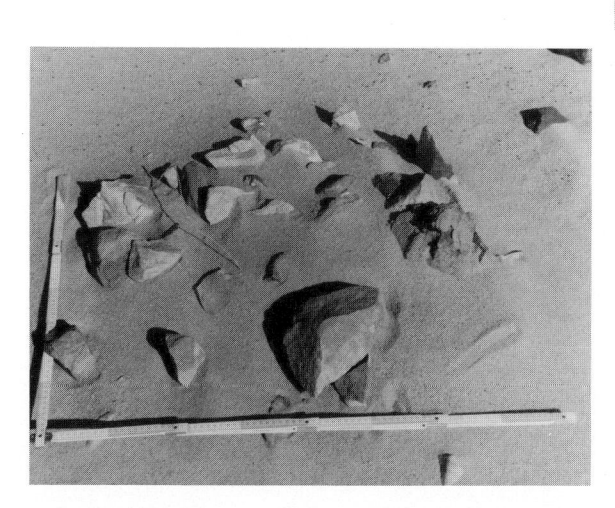

Photo 14 Steinplätze mit viel Steinstreu auf der Serir ca. 60 km südlich von Djanet/Algerien (vgl. Fa 4 in Tab. 5). Da sich die Steinplätze schon in der Entfernung vom hellen Feinkies der Serir deutlich abheben, lassen sich die neolithischen Lagerplätze auch vom fahrenden Auto aus schnell und leicht erfassen. — Der Zollstock zwischen den beiden Steinplätzen im Vordergrund hat eine Länge von 2 m. 6. 4. 1973

Photo 15 Steinplatz ca. 60 km südlich von Djanet. Die Plätze bestehen hier im allgemeinen aus recht großen Komponenten (im vorliegenden Falle aus Sandstein), die vielfach Brandspuren tragen und schon von ihrer Dimension her als Kochsteine ungeeignet wären. — Zollstock = 60 × 80 cm. 6. 4. 1973

Photo 16 Ein weiterer Steinplatz ca. 60 km südlich von Djanet, aus faustgroßen Sandsteinbrocken, die keine regelhafte Anordnung (z. B. eine Pflasterung) erkennen lassen. — Zollstock = 80×100 cm.   6. 4. 1973

Photo 17 Zwischen den Steinplätzen südlich von Djanet wurden mehrere Steinkreise von jeweils 50 bis 100 cm Durchmesser beobachtet; hier ein Beispiel (vgl. Fig. 4 in B. GABRIEL, 1973 b). Ihr Zweck und ihre Relation zu den Steinplätzen ist ungeklärt.
      6. 4. 1973

Photo 19 Steinplatz südlich des Schott Fedjedj/Südtunesien an der Straße zwischen El Hama und Kebili. Die Steine sind oftmals so porös, daß sie von der Konsistenz her als Kochsteine unbrauchbar wären. — Zollstock = 50×60 cm.   5. 4. 1975

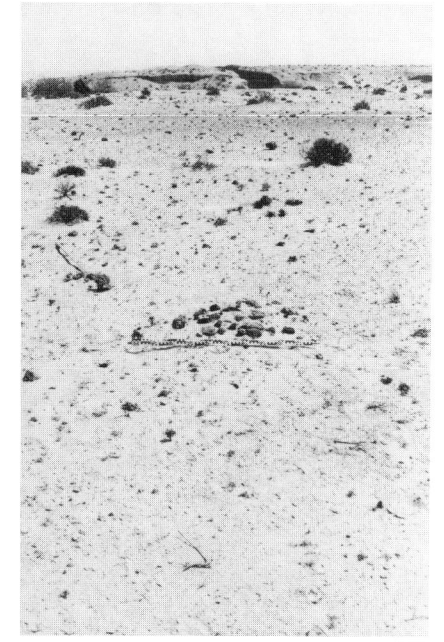

Photo 18 In stärker bewachsenem Gelände sind die Steinplätze schwieriger auszumachen. Hier ein Beispiel an einem Wadi am Südrand des Schott Fedjedj / Südtunesien, nördlich des Dj. Tebaga bei Kebili. — Zollstock = 1 m.   5. 4. 1975

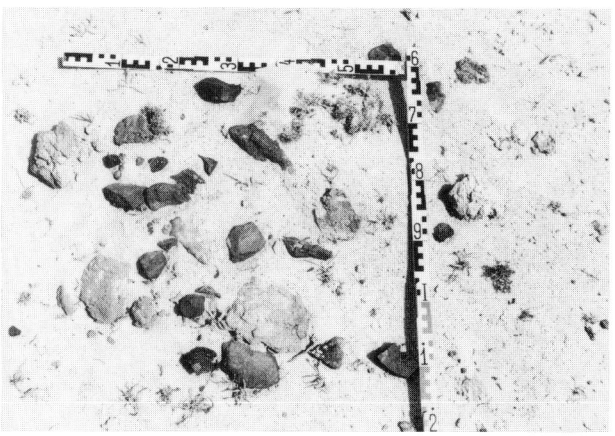

2. Faunenreste und ihre Interpretation

2.1 Einführung

Hatte man bei der Entdeckung der Felsbilder in der Sahara noch bisweilen argumentiert, die dargestellten Elefanten, Giraffen und Nashörner könnten Erinnerungsbilder von Menschen sein, die diese Tiere in feuchteren Gegenden Afrikas gesehen hatten (z. B. ROHLFS, 1874/75, Bd. I, 197 f., und DESIO, 1941, 377), so sind die Funde von Knochenresten — von z. T. ganzen Skeletten — ein sicherer Beweis, daß diese Fauna dort gelebt hat. Bis auf Flußpferd und Nashorn, die beide im Tibesti häufig dargestellt sind, wurden Fossilien der übrigen Großfauna der Parietalkunst (Elefanten, Giraffen, Büffel, Antilopen) im Untersuchungsgebiet gefunden und konnten entweder auf geologisch-stratigraphischem Wege, über prähistorische Begleitfunde oder durch ^{14}C-Datierungen in den fraglichen Zeitraum gestellt werden [22].

Die Menge der verschiedenen Faunenbearbeiter (Tab. 5) spiegelt die Schwierigkeit wider, die bei der Bestimmung des osteologischen Materials auftraten. Kaum jemand war imstande, die notwendige Zeit und Arbeit zu investieren, abgesehen davon, daß für die vielfältige afrikanische Fauna sowieso nur wenige Spezialisten infrage kommen. Besonders die Mannigfaltigkeit der Antilopen, Gazellen und anderer wiederkäuender Paarhufer machte es außerordentlich schwierig, die vorhandenen Bovidenreste artenmäßig zu bestimmen.

Die Aufteilung des Materials auf verschiedene Bearbeiter hatte zur Folge, daß die Angaben nicht einheitlich sind. Sie sind nicht einmal immer zoologisch korrekt, sondern zum Teil der Umgangssprache entnommen. So kann ein „Büffel" zur Gattung *Bubalis* oder *Syncerus* gehören, wobei *Syncerus* durch die afrikanischen Rot- und Kaffernbüffel und *Bubalis* durch die asiatischen Wasserbüffel vertreten wird (GRZIMEK, 1968). „Gazelle" ist zoologisch eine Untergruppe der Antilopen (DORST, 1970, GRZIMEK, 1968, 301 f.), so daß es eigentlich falsch ist, von „Antilopen und Gazellen" zu sprechen, als seien dies verschiedene Tiergattungen. In der Umgangssprache meinen die Begriffe aber Größenunterschiede, und in diesem Sinne werden sie hier verwendet [23].

---

[22] Vgl. B. GABRIEL (1972 c und 1976) sowie zu früheren Faunenfunden aus Nachbargebieten u. a. ARAMBOURG und BALOUT (1955), COPPENS (1967 und 1968), A. GAUTIER (1968), HIGGS (1967 a/b), JOLEAUD und LOMBARD (1933), MAUNY (1956), MURRAY (1951, 430), TILHO und ARAMBOURG (1938), WENDORF et al. (1976).

[23] Eine zoologisch-wissenschaftlich exakte Ausdrucksweise würde eher zu Mißverständnissen führen. Gewisse Bezeichnungen haben sich nun einmal in der allgemeinen wissenschaftlichen Literatur fest eingebürgert. Jeder spricht beispielsweise von Kamelen in Nordafrika, obwohl er exakterweise Dromedare meint. So ist ein Kompromiß in der Ausdrucksweise unumgänglich.

Die häufige Angabe „Bovide" ist insofern nicht richtig, als die untersuchten Reste ihrer Morphologie zufolge auch von Cerviden hätten stammen können (nach frdl. mündl. Mitt. von Herrn Dr. REICHSTEIN, Kiel). Da aber Cerviden in der Sahara nicht belegt sind — einige zweifelhafte Felsbilder im Dj. Eghei werden lediglich als solche interpretiert (ARKELL, 1959, 1962 b, 1964) —, wurde die Bezeichnung „Bovide" gewählt, was alle Büffel, Rinder, Antilopen, Gazellen, Schafe, Ziegen, Moufflons usw. einschließt, also alle wiederkäuenden, horntragenden Paarhufer.

Fast immer beschränkt sich die Bestimmung der Boviden auf eine Unterteilung nach Größenklassen. Dabei dienten bekannte mitteleuropäische Haustiere (Ziege, Schaf, Rind) zum Vergleich. Im einzelnen konnten von den verschiedenen Fundpunkten die in den Faunenlisten 1 bis 13 (siehe Dokumentation II) zusammengefaßten Knochenreste identifiziert werden. Trotz der zoologisch zum Teil recht vagen Angaben lassen sich dennoch einige bemerkenswerte kulturelle und paläökologische Schlußfolgerungen ziehen.

2.2 Kulturelle Interpretation

Bei einem Teil der Knochenreste ist das Alter durch ^{14}C-Daten belegt, andere können lediglich über begleitende Kulturrelikte in das Neolithikum gestellt werden. Neolithische Keramik, Steinartefakte und andere Hinterlassenschaften sind besonders zahlreich in den fossilen Endpfannen von Yebbigué und Bardagué am Südrand der Serir Tibesti sowie im gesamten Übergangsbereich zwischen Serir und Gebirge. An bevorzugten Stellen im Inneren der großen Ebenen kommen Steinwerkzeuge ebenfalls häufig vor (z. B. am Wadi Behar Belama/Serir Calanscio oder bei km 82 von Steinplatzzählung 4). Keramik ist dort weit seltener, ihr Verbreitungsmaximum liegt vielmehr im Gebirge und in dessen unmittelbaren Randbereichen.

Zwar ist auf eine Datierung mit Hilfe einer Typenchronologie von Artefakten in einem unerforschten Gebiet, wie es die östliche Zentralsahara darstellt, nicht unbedingt Verlaß. Ja, es gibt Anzeichen dafür, daß die sonst geltenden Typenfolgen hier einige Differenzen aufweisen (B. GABRIEL, 1974 a, 92). Steinschliff und Keramik wird man aber trotzdem unbedenklich als typische Kennzeichen für neolithische Zeitstellung gelten lassen können.

Die abgebildeten Beispiele (Fig. 5 bis 13) stammen fast ausschließlich von der fossilen Endpfanne des Bardagué, etwa 60 km nördlich des Tibesti-Gebirges (siehe Fa 9). Das Fundmaterial war offenbar zum Teil in die lakustren Sedimente eingebettet und wird heute durch Deflation wieder freigelegt. Lagerung und Zustand der Knochenreste sowie ihre Vermischung mit den übrigen Artefakten lassen erkennen, daß sie als Speiseabfälle

Tab. 5: Faunenfundpunkte und Faunenlisten aus der östlichen Zentralsahara (Anordnung von Nord nach Süd)

Nr.	Fundort	Geogr. Koordin.	Höhe ü.M.	Geländecharakteristik	Finder	Faunenliste	Faunen-Bearbeiter	14C-Datum B.P.	Labor-Nr. zum 14-C-Datum	Datierungsgrundlage	Prähist. Zusammenhang	Literatur
Fa 1	Wadi Behar Belama	27°28'N 21°15'E	200	flaches Wadi auf Serirfläche	Gabriel	mindestens 5 Bovidenarten unterschiedlicher Größe	Reichstein	6625 ±750 5680 ± 95 5410 ±250	Hv 4115 Hv 4116 Hv 4117	Holzkohle Holzkohle Holzkohle	Artefakte, wenig Keramik	B.Gabriel 1972a, Pachur 1974
Fa 2	Wadi Behar Belama	27°28'N 21°15'E	200	flaches Wadi auf Serirfläche	Gabriel, Pachur	Elefant	Eisenmann	3420 ±230 2385 ±490	Hv 5725 Hv 4037	Kollagen Kollagen	---	B.Gabriel 1972a, Pachur 1974
Fa 3	bei Majedoul	25°40'N 14°55'E	500	Serir in Berglandnähe (10 km: Dj. Ben Ghnema)	Gabriel	Bovide größer als Rind, Strauß	Reichstein	---	---	---	Artefakte, wenig Keramik	---
Fa 4	bei Djanet	24°02'N 9°31'E	980	Serir in Gebirgsnähe (20 km:Tassili)	Gabriel	Bovide größer als Rind, Strauß	Reichstein	4715 ±295	Hv 5617	Holzkohle	Artefakte, Keramik, Steinplätze	B.Gabriel 1973b
Fa 5	Dj. Eghei Enn. Tihai	23°40'N 19°20'E	750	Wadi im Gebirge	Gabriel	kleiner Bovide, Strauß	Reichstein	---	---	---	Artefakte, Keramik, Steinplätze	---
Fa 6	Dj. Eghei Kathedralberg	23°10'N 19°50'E	800	Sandschwemmebene im Gebirge	Gabriel	mindestens 2 kleine Bovidenarten unterschiedlicher Größe	Reichstein	---	---	---	Artefakte, Keramik, Felsbilder	---
Fa 7	Endpfanne Yebbigué	23°10'N 17°40'E	5-600	Serir in Gebirgsnähe (50 km:Tibesti)	Gabriel, Pachur	Büffel	Pohle	---	---	---	---	B.Gabriel 1972a, Pachur 1974
Fa 8	Endpfanne Yebbigué	23°05'N 17°33'E	5-600	Serir in Gebirgsnähe (40 km:Tibesti)	Pachur	mindestens 2 Bovidenarten unterschiedlicher Größe	Reichstein	---	---	---	Artefakte, Keramik	---
Fa 9	Endpfanne Bardagué (Araye Nord)	22°52'N 16°40'E	600	fossile Endpfanne ca.60 km vom Gebirgsrand	Gabriel, Busche	Elefant, Giraffe, Büffel, Rind, Antilope, Gazelle, Schaf, Strauß	Coppens	7455 ±180	Hv 2775	Kollagen	Artefakte, Keramik, Steinplätze, Gräber etc.	B.Gabriel 1970, 1972a,b,c Herrmann&B. Gabriel 1972
Fa 10	Endpfanne Bardagué (Araye Nord)	22°40'N 16°40'E	6-700	fossile Endpfanne ca.40 km vom Gebirgsrand	Gabriel, Busche	Elefant	Coppens	6435 ±225	Hv 2773	Kollagen	---	B.Gabriel 1972a,b,c
Fa 11	Enneri Oyoroum	22°40'N 18°30'E	6-700	Wadi am Gebirgsrand (Dj. Eghei)	Pachur	Antilope, Gazelle, cf. großer Büffel	Eisenmann	5125 ±185 2350 ±410	Hv 3766 Hv 3765	Kollagen Apatit	Artefakte	Pachur 1974
Fa 12	Enneri Dirennao	21°32'N 17°10'E	1130	Wadi im Gebirge (Tibesti)	Gabriel	Elefant	Pohle	2690 ±435	Hv 2260	Apatit	Artefakte, Keramik	B.Gabriel 1972a,b,c
Fa 13	Enneri Dirennao (Gabrong)	21°30'N 17°07'E	1100	Wadi im Gebirge (Tibesti)	Gabriel	Büffel, Gazelle	Pohle, Eisenmann	8065 ±100	Hv 2748	Holzkohle	Artefakte, Keramik	B.Gabriel 1972a,b,c, 1974a
						Katze, mindestens 4 Bovidenarten unterschiedlicher Größe	Reichstein	---	---	---		

zu deuten sind. Eine Zurichtung als Gerät wurde nur ausnahmsweise deutlich (HERRMANN und B. GABRIEL, 1972, 144).

Den Verwendungszweck der verschiedenartigen Steingeräte im einzelnen genau zu bestimmen und daraus die Lebensweise der Menschen und die Umweltbedingungen abzuleiten, ist ein schwieriges Unterfangen. Steinbeile wie in Fig. 6 können der Holzbearbeitung gedient haben und wären dann ein zusätzliches Indiz für höhere Gehölzvegetation. Ebenso können es aber Kriegs- oder Jagdwaffen gewesen sein, vor allem, wenn die Schneide wenig ausgebildet ist (Fig. 7). Manche sorgfältig bearbeiteten Werkzeuge lassen durch ihre gebogene Form an eine Hacke denken (Fig. 8) — ein möglicher Hinweis auf Hackbau also. In die gleiche Richtung könnte man die Unmengen an Läufersteinen (Fig. 9) und die zugehörigen Handmühlen (Fig. 10) interpretieren. Wozu aber dienten Steingefäße (Fig. 11), deren Herstellung doch große Mühe erforderte und die wegen ihrer Porosität und ihrer dicken Wände zum Kochen und zur Aufbewahrung von Flüssigkeiten viel weniger geeignet waren als solche aus Keramik (Fig. 13)?

Erst recht ungewiß ist der Gebrauchswert von vielen anderen Artefakten in dieser Region, z. B. von roh zugerichteten Steinringfragmenten mit Durchmessern zwischen 5 und 15 cm oder von armlangen steinernen Stangen (Fig. 12).

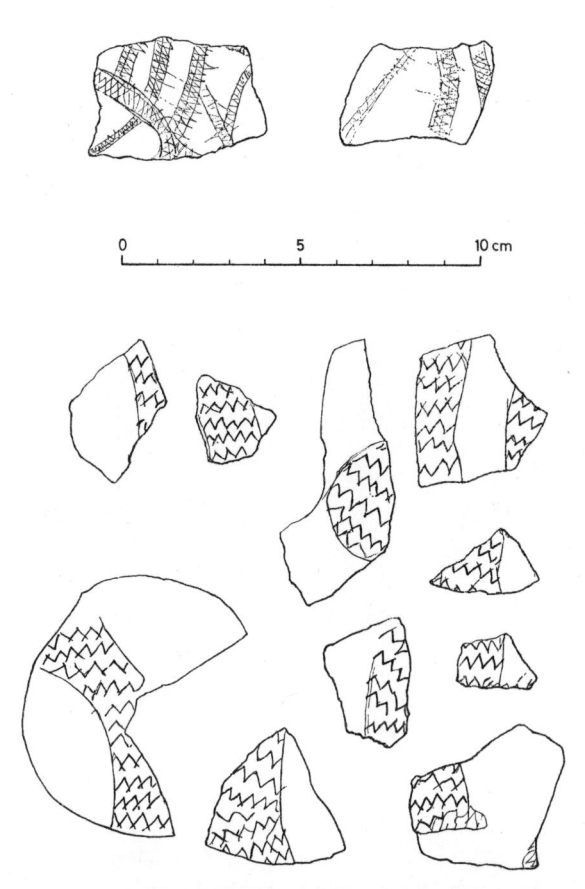

Fig. 5 Verzierte Straußeneischerben vom Enneri Tihai/ Dj. Eghei (Fa 5). Geometrische Ritzmuster auf Straußeneiern sind in Nordafrika besonders häufig im Capsien-Verbreitungsgebiet bekannt (CAMPS, 1974, 180 ff. und 292 f. sowie CAMPS-FABRER, 1966, 297 ff.).

Zeichnung: E. HOFSTETTER

So ist die paläökologische Ausdeutung des Artefaktmaterials mit großen Unsicherheiten behaftet. Die Formen können hier einerseits nur dazu dienen, die neolithische Zeitstellung der Faunenfundkomplexe typologisch zu untermauern. Andererseits zeigen sie allgemein an, daß der neolithische Mensch in diesen heute sterilen Wüstengebieten gelebt hat. Ihre weite Verbreitung kann als Indiz für die Populationsdichte gelten, ihre Formenmannigfaltigkeit kennzeichnet die Besiedlungsdauer (da sich ablösende Kulturepochen meist andere Formenspektren aufweisen), ihre lokale Häufung zeigt besondere Gunstlagen an und ihre technische Zurichtung die Kulturhöhe (= die Beherrschung des Materials). Die Abbildungen (Fig. 5 bis 13 sowie Fig. 21 bis 32) sind lediglich als beispielhafte Auswahl aus der Fülle des Fundmaterials zu werten. —

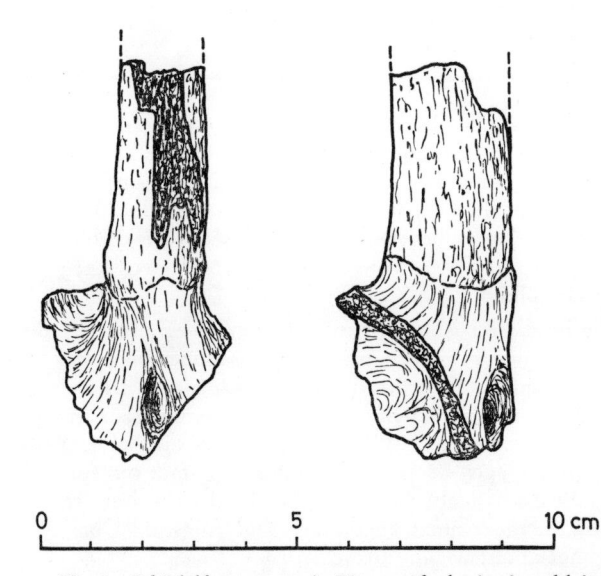

Fig. 4 Schädelfragment mit Hornzapfenbasis eines kleinen Boviden, wobei es sich nach Angaben von Herrn Dr. H. REICHSTEIN (Kiel) wohl nicht um Schaf oder Ziege handelt. Das Alter der Fundschicht wurde mit 5410 ± 250 B. P. ermittelt (Hv 4116, Holzkohlendatierung). — Fundort: Lokalität Fa 1 C, Wadi Behar Belama, Serir Calanscio/ Libyen.

Zeichnung: B. GABRIEL

Der größte Teil der Speisereste an den neolithischen Fundplätzen scheint von Jagdwild zu stammen. Als Haustiere kämen unter den Boviden, die ja den größten Anteil ausmachen, nur Ziegen, Schafe oder Rinder in Betracht. Die Mindestzahl der Individuen, die von

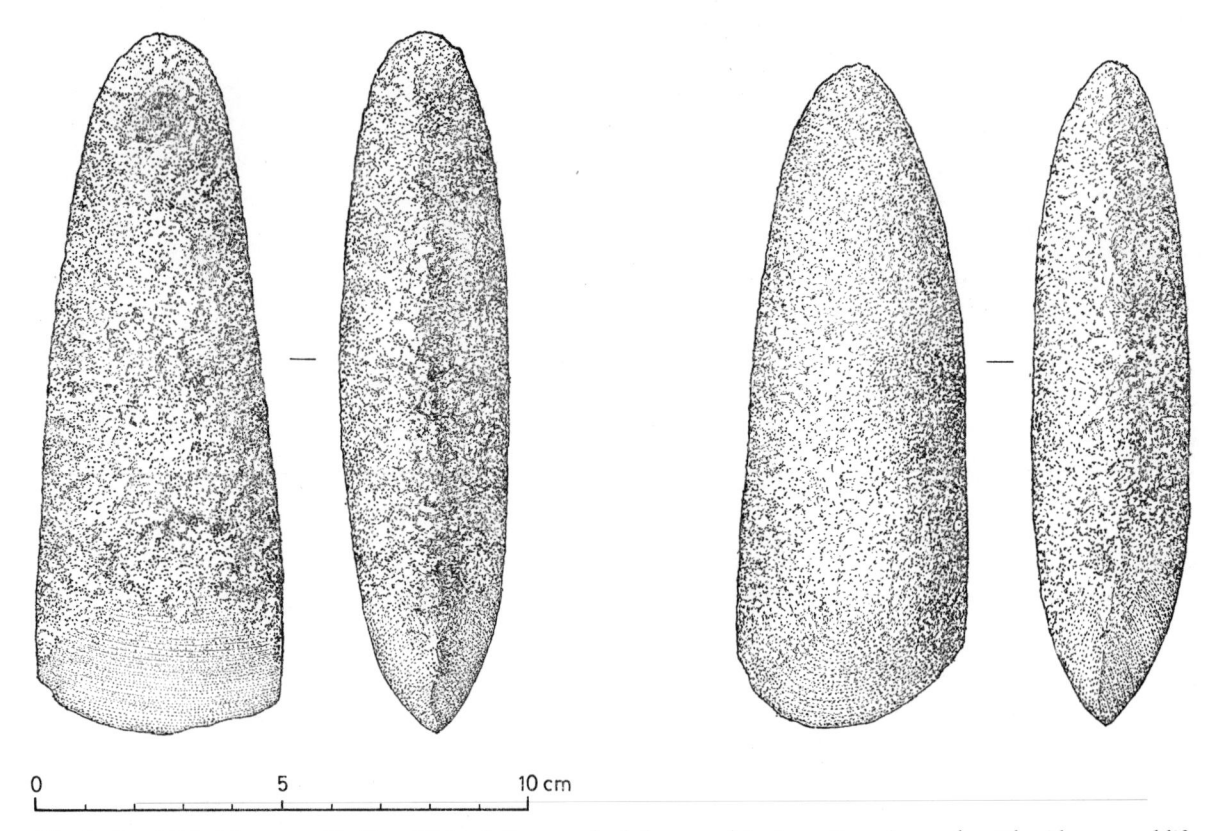

Fig. 6 Zwei Beispiele von zahlreichen Walzenbeilen aus dunkelgrauem körnigem Quarzit, an den Schneiden angeschliffen. Sie wurden wahrscheinlich zur Holzbearbeitung verwandt und wären somit ein zusätzliches Indiz für höhere Gehölzvegetation. — Fundort: Endpfanne Bardagué (Fa 9). Zeichnung: E. HOFSTETTER

ihrer Größe her nicht Rind oder Schaf/Ziege sind, beträgt aber fast das Doppelte von der Anzahl der Individuen, die größenordnungsmäßig einem bovidischen Haustier entsprechen können.

Rechnet man davon noch einen gewissen Anteil zu Büffeln, Antilopen, Moufflons oder Gazellen von Haustiergröße und bedenkt man, daß auch die Individuen von Capra, Ovis, Bos oder Bubalus/Syncerus keineswegs domestiziert gewesen sein m ü s s e n, so kommt man zu dem Schluß, daß unter den hier vorliegenden Speiseresten von neolithischen Lagerplätzen der östlichen Zentralsahara sich Haustiere höchstens zu einem sehr geringen Prozentsatz befinden.

Angesichts der großen Rinder- und Kleinviehherden, die auf den Felsbildern dargestellt sind, erscheint das erstaunlich. An der frühen Domestikation ist nicht zu zweifeln. Die Gebirge der Sahara weisen eine Fülle von konkreten Hinweisen zur Viehhaltung auf: Die Tiere leben in friedlichem Kontakt mit den Menschen; sie werden von Hirten begleitet, nicht gejagt; sie tragen manchmal Halsbänder mit Anhängseln oder Sättel mit Gepäck oder Reiter; sie sind mehrfarbig gescheckt; sie werden gemolken, usw. [24].

Die Tatsache der Domestikation ist also nicht zu leugnen. Nach Aussage der Felsbilder müssen die Herden manchmal stattliche Ausmaße erreicht haben, und der Einfluß auf die Lebens- und Wirtschaftsform der Menschen muß sehr bedeutend gewesen sein. Die Bilder stellen typische Szenen aus dem Leben von nomadischen Hirtenvölkern dar.

Wie ist diese Diskrepanz zu erklären? — Einige Gedanken hierzu wurden schon im Zusammenhang mit den Steinplätzen erörtert. Die verschiedenen Interpretationsmöglichkeiten seien hier noch einmal zusammengefaßt, wobei die Möglichkeit, daß es sich bei dem relativ geringen Beobachtungsmaterial einfach um eine Fundlücke handelt, nicht von der Hand zu weisen ist. Doch davon einmal abgesehen, sind folgende Überlegungen in Erwägung zu ziehen:

---

[24] Außer den an anderen Stellen genannten Werken zu den Felsbildern der Zentralsahara seien hier noch einige umfangreichere Materialsammlungen und zusammenfassende Übersichten genannt: CHASSELOUP LAUBAT (1938), FROBENIUS (1937), GRAZIOSI (1942 und 1962), LAJOUX (1962), LHOTE (1972 a/b und 1975/76), MORI (1965), TSCHUDI (1956).

Behar Belama) sowie auch bei den nicht durch ^{14}C-Daten belegten neolithischen Lagerplätzen zeigt sich ein überall ähnliches Bild.

Hinzufügen muß man noch, daß gerade die östliche Zentralsahara in jener Zeit möglicherweise als kulturelles Ausstrahlungszentrum für das übrige Nordafrika zu gelten hat. Die Bemerkungen von ARKELL (1953, 104 f., und 1955, 346) sowie von McHUGH (1974, 242 f.) hierzu wurden bereits zitiert, und auch CAMPS (1974, 244) schreibt in diesem Sinne:

„Il n'est pas impossible que le Sahara ait été un centre primitif de domestication dans sa partie orientale.

Es erscheint nicht ausgeschlossen, daß der östliche Teil der Sahara ein ursprüngliches Domestikationszentrum gewesen ist."

Somit wären gerade in dieser Region durchgehend Haustiere in den neolithischen Resten zu erwarten.

3. Möglichkeit: Die These, die Hirten hätten mit ihren Herden nur im Gebirge gelebt, und daher müßten die Funde in den Ebenen von Jägern und Wildbeutern stammen, wurde schon als unwahrscheinlich verworfen. Zudem enthalten auch die Hinterlassenschaften im Gebirge keinen höheren Anteil an Haus-

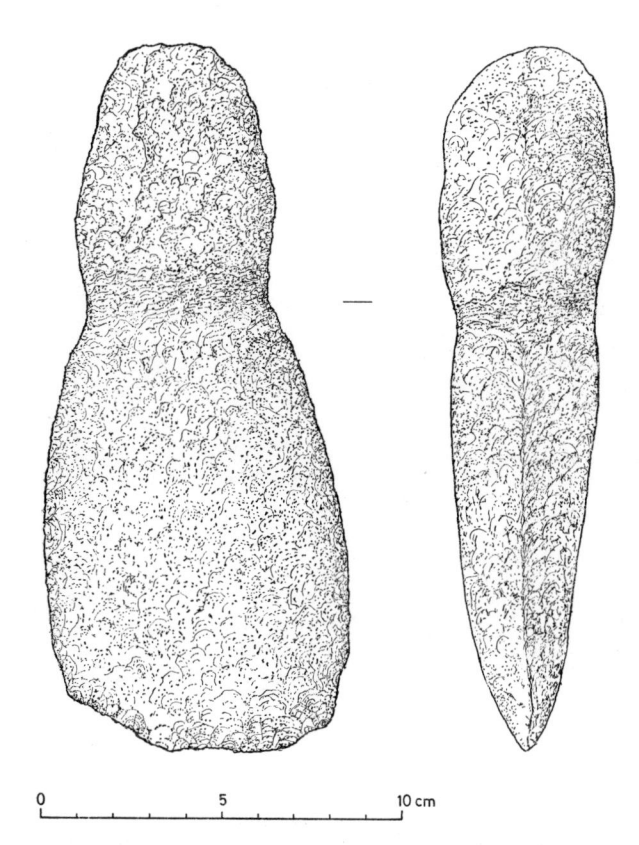

Fig. 7 Beile mit Hals sind unter den neolithischen Hinterlassenschaften seltener und scheinen ein etwas anderes (südlicheres) Verbreitungsgebiet zu besitzen (vgl. KELLEY, 1951, und MOREL, 1967). Manchmal ist auf die Schneide so wenig Wert gelegt, daß man an der Funktion als Holzbearbeitungsgerät zweifeln muß und eher an eine Waffe oder an eine Hacke zur Erdbearbeitung denkt. — Material: dunkelgrauer körniger Quarzit. Fundort: Endpfanne Yebbigué.

Zeichnung: E. HOFSTETTER

1. Möglichkeit: Die Felsbilder und die Faunenfunde haben eine verschiedene Zeitstellung und gehören daher unterschiedlichen Kulturen an. —

Das kann aber nur in einigen Fällen zutreffen. Wie bereits ausgeführt, werden die Felsbilder der Rinderhirten nach ^{14}C-Datierungen (CAMPS, 1974, 245) in den Zeitraum zwischen 7500 und 4500 B. P. gesetzt, in dem auch die meisten unserer Faunenfunde liegen dürften.

2. Möglichkeit: Die Funde sind chronologisch und chorologisch zu differenzieren. Sie erstrecken sich über einen Zeitraum von fast 4000 ^{14}C-Jahren, innerhalb dessen sich die Domestikation erst herausgebildet und allmählich durchgesetzt und verbreitet hat, so daß gar nicht überall und zu jeder Zeit Haustiere zu erwarten sind. —

Auch dieser Einwand hilft wenig weiter. Denn das Verhältnis von Wild- zu Haustier wird nicht anders, wenn man die Fundorte einzeln betrachtet. Bei den ältesten im Gebirge (Gabrong) wie am Gebirgsrand (Araye-Nord) bis zu den jüngsten (Serir Tibesti, Wadi

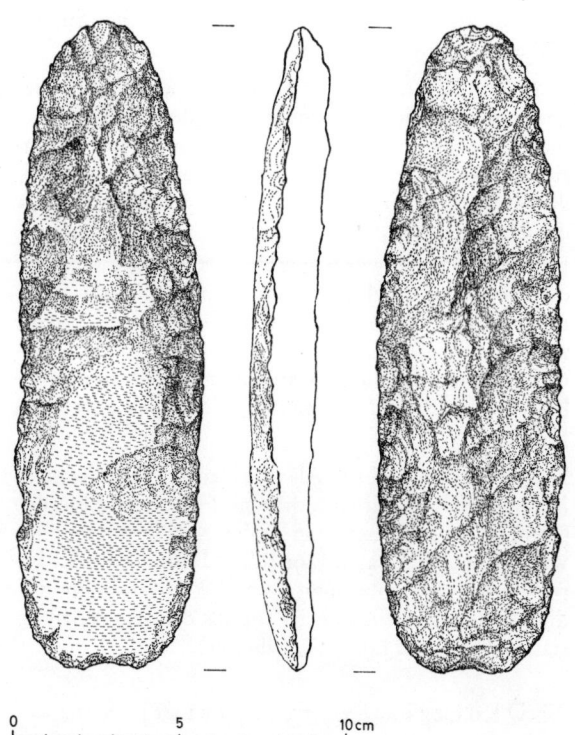

Fig. 8 Auch dieses Artefakt erinnert durch seine gebogene Form eher an eine Hacke. Bei der Rekonstruktion des Gebrauchswertes solcher Geräte ist man aber noch allzu sehr auf Vermutungen angewiesen. Jedenfalls reichen sie nicht aus, um allein aus ihnen auf Hackbau zu schließen (vgl. HÖLTKER, 1947). — Material: brauner Silex. Fundort: Endpfanne Bardagué (Fa 9).

Zeichnung: E. HOFSTETTER

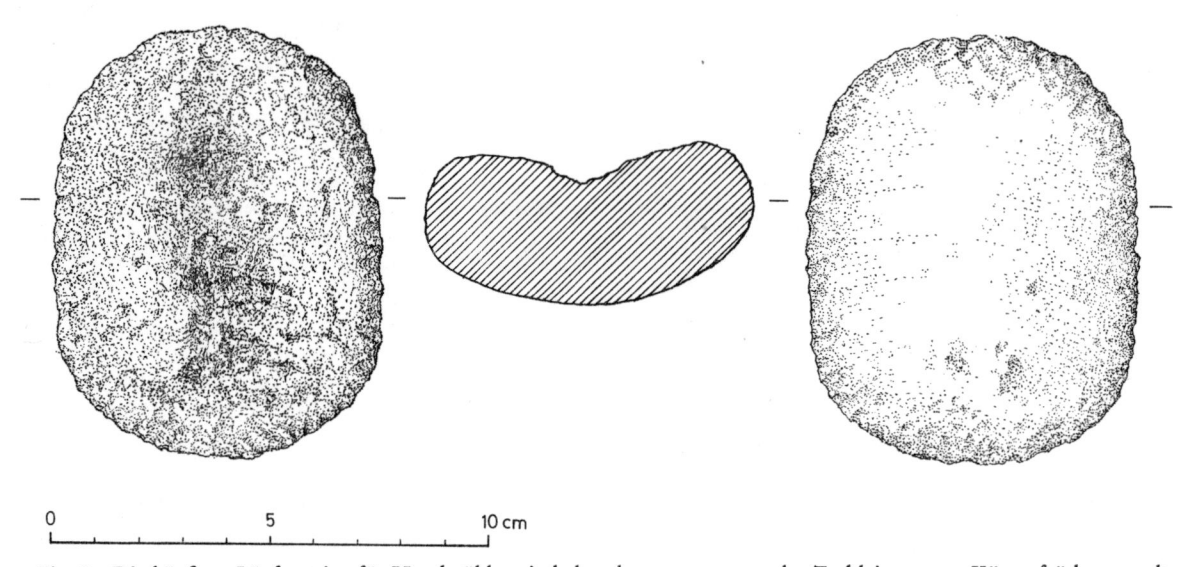

Fig. 9 Die häufigen Läufersteine für Handmühlen sind eher dazu angetan, an das Zerkleinern von Körnerfrüchten zu denken. Sie sind bei den Tubu im Tibesti noch heute im Gebrauch, und beim Zerschlagen von Nüssen der Dumpalme oder von Dattelkernen entstehen ebensolche Vertiefungen wie auf dem hier abgebildeten Exemplar. — Material: rotbrauner Sandstein. Fundort: Endpfanne Bardagué (Fa 9). Zeichnung: E. HOFSTETTER

tieren (vgl. Tab. 5, Fa 6, Fa 11 sowie Fa 13, wenn auch Fa 13 durch das hohe Alter der Basisschichten nicht voll in die Rinderhirtenzeit zu stellen ist).

4. Möglichkeit: Die Interpretation, daß sich kaum domestizierte Formen unter den Relikten befinden, da die entsprechenden Größen fehlen, ist unrichtig. Die Arten besaßen damals eben andere Individualgrößen, wie es ja heute auch Zwergrassen unter den Haustieren gibt. —

Eine solche These würde das Problem nicht lösen, sondern es nur verschieben. Nimmt man nämlich die Fraktion „Bovide kleiner als Ziege/Schaf" und „Bovide zwischen Schaf und Rind" als Normalgröße der damaligen Haustiere an, so kommt man bei den Fundlisten auch nicht auf größere Anteile an domestizierten Formen.

5. Möglichkeit: Als Erklärung bleibt schließlich nur, daß die Hirten nicht vom Fleisch ihrer Herden gelebt haben, sondern von anderen Nahrungsquellen wie z. B. von der Jagd. Eine solche Deutung wurde bereits diskutiert, wobei man noch hinzufügen kann, daß diese Praxis bisweilen als Relikt aus der Jägerzeit verstanden wird (ZYHLARZ, 1957, 97).

2.3 Ökologische Interpretation

Obwohl die genaue Artenbestimmung nicht durchgeführt ist, erweist sich eine paläökologische Interpretation der Faunenreste trotzdem als recht fruchtbar, handelt es sich doch mit wenigen Ausnahmen bei den angegebenen Arten um reine Pflanzenfresser. Entsprechend ihrer Körpergröße haben sie einen gewissen minimalen und durchschnittlichen Tagesbedarf an pflanzlicher Nahrung und an Wasser.

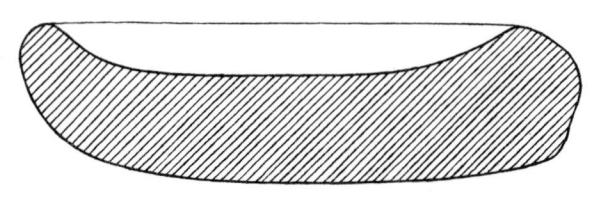

Maßstab gilt nur für die Querschnittsdarstellung

Fig. 10 Eine kleine Reibeschale aus rotbraunem, gebändertem Sandstein. Gewöhnlich sind die Handmühlen jedoch größer. Bei dem hier vorliegenden Exemplar ist eine intentionelle Vertiefung mit Randbetonung deutlich erkennbar, so daß man bereits von einem schüssel- oder tellerartigen Gefäß sprechen kann. — Fundort: Endpfanne Bardagué (Fa 9).

Zeichnung: E. HOFSTETTER

andere Herbivoren gar nicht einmal eingerechnet — ein täglicher Mindestfutterbedarf von mehr als zwei Tonnen Laubwerk bzw. Grünfutter aufritt.

Der hier mögliche Einwand, daß ein Knochen noch keine Herde repräsentiere, wäre jedenfalls unrichtig. Mehrfach wurden ganze Skelette oder größere Teile davon gefunden, so daß also das Argument einer künstlichen Verfrachtung einzelner Knochen ad absurdum geführt werden kann. Das jeweilige Tier muß an der Stelle gestorben sein, wo heute die Reste gefunden wurden. Lediglich bei Fa 12 kann als sicher gelten, daß das Femur des Elefanten einige Kilometer fluviatil verschwemmt worden ist (Photo 24).

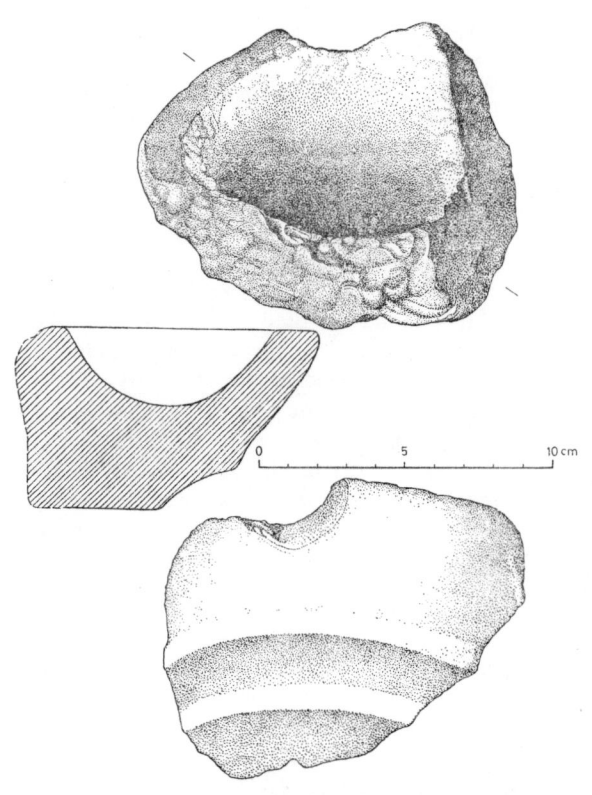

Fig. 11 Eines von wenigen im Tibesti gefundenen Steingefäßfragmenten. Die Gesamtform ist schwierig zu rekonstruieren; vielleicht war es eine ovale, flache Schale mit einer Unterteilung im Innern. Die Außenwand ist treppenartig bis zum flachen Boden abgestuft. Steingefäße sind sonst aus den prä- bis frühdynastischen Kulturen des Niltals bekannt (siehe z. B. BAUMGARTEL, 1955, 102 ff. oder die Literaturzusammenstellung bei HOFMANN, 1967; zu Steingefäßen in der Sahara vgl. CAMPS-FABRER, 1966, 285 ff.). — Material: hellbrauner quarzitischer Sandstein. Fundort: Endpfanne Bardagué (Fa 9).

Zeichnung: H. K. G. MAHNKE

Am wichtigsten scheint der Nachweis von Elefant, Giraffe und Büffel zu sein, denn dies sind Tiere, die ihren Flüssigkeitsbedarf niemals allein aus der Nahrung bestreiten können, die wegen ihrer Größe einen enormen Futterumsatz haben, die nicht einzeln, sondern in Herden leben und die schließlich das offene oder halboffene Grasland bevorzugen, wie es vor allem in der Savanne (sensu lato) ausgeprägt ist.

Elefant und Giraffe grasen dabei nicht auf dem Boden, sondern leben vorwiegend von höherer Baum- und Strauchvegetation, wobei ein Elefant mehr als 250 kg Grünfutter am Tag fressen kann (siehe BROWN, 1972, 90, CARRINGTON, 1958, 43 f. und 67, DORST, 1970, 157 f., sowie SIKES, 1971, 247 ff.). Auch wenn er in Ungunstgebieten nur einen mehr oder weniger großen Prozentsatz davon erhält, so muß zum Unterhalt einer Elefantenherde die Baum- und Strauchvegetation doch ziemlich beträchtlich gewesen sein. Es ließe sich leicht ausrechnen, daß bei konkurrierenden Giraffen- und Elefantenherden von jeweils 8 bis 12 Stück —

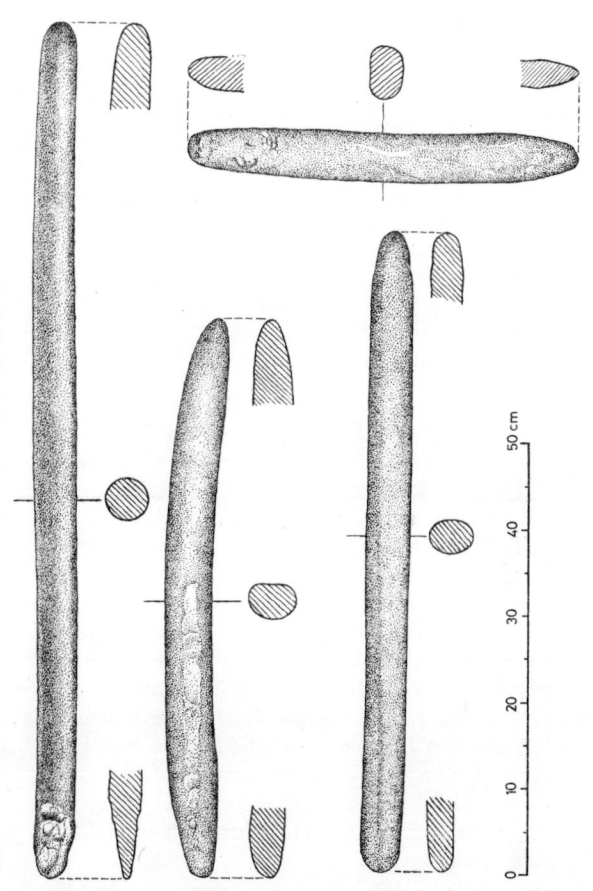

Fig. 12 Viele Artefakte bleiben in ihrem Gebrauchswert rätselhaft. Diese Stangen aus dunkelgrauem körnigem Quarzit könnten zwar als Stößel für Holzmörser („pilons", vgl. AUMASSIP, 1973, und GAST, 1965) gedeutet werden, doch sind sie für diesen Zweck sicher nicht optimal. Die größte der Stangen ist 98,8 cm lang, besitzt einen etwa runden Querschnitt von 5 bis 5,5 cm und wiegt 5035 g. Das Gewicht der übrigen Stangen beträgt in der Reihenfolge von der längsten zur kürzesten: 2970 g, 3610 g und 2415 g. — Fundort: Endpfanne Bardagué (Fa 9).

Zeichnung: H. K. G. MAHNKE

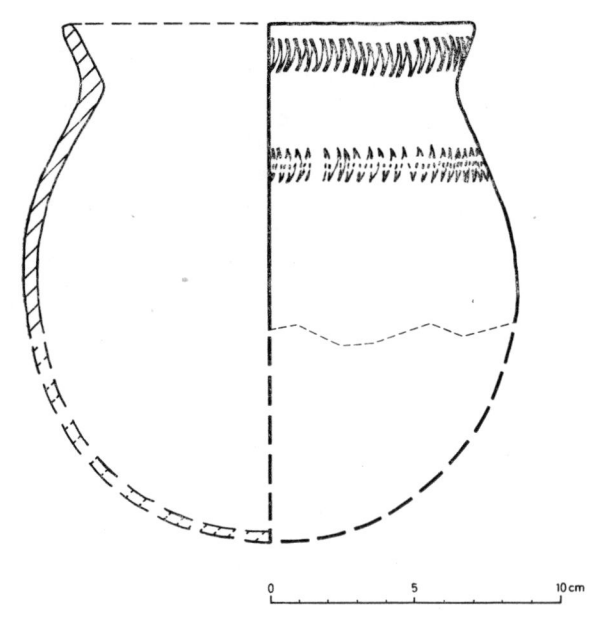

Fig. 13 Beispiel eines der zahlreichen Keramikgefäße, hier mit Wiegebandverzierung (vgl. Fig. 31), wahrscheinlich aus dem mittleren Neolithikum. Im frühen Neolithikum gab es noch keine Profilabweichung von der Kugelform, wie hier die Absetzung eines Randes durch einen Hals, und das Dekor bedeckte gewöhnlich flächenhaft auch Bauch und Unterseite des Gefäßes. — Fundort: Endpfanne Bardagué (Fa 9).
Zeichnung: B. GABRIEL

Ein Tier kann allein nicht existieren. Zum einen setzt es die Abstammung von einem Elternpaar voraus. Zum anderen handelt es sich ja bei allen hier gefundenen Pflanzenfressern um gesellig lebende Herdentiere. Zwar können sich von diesen Herden Einzelgänger absondern, z. B. alte Elefanten, die vor ihrem natürlichen Tod die Gemeinschaft verlassen, aber es ist nicht glaubhaft, daß solche Einzelgänger sich Hunderte von Kilometern weg allein in ein Gebiet begeben, das eigentlich nicht ihrem Habitat entspricht, und daß gerade ein solcher Einzelfall in so selten günstige Fossilisierungsbedingungen gerät, daß er später auch gefunden wird. Die Gefahr, daß singuläre Einzelfälle in unzulässiger Weise verallgemeinert werden, dürfte hier kaum bestehen. Man kann als gesichert annehmen, daß überall da, wo ein Elefant, eine Giraffe, ein Büffel nachgewiesen ist, nicht weit davon auch eine zumindest kleine Herde existiert hat.

Immer wieder wird von erstaunlichen Überlebensleistungen der Tiere bei Trockenheit und längerem Durst berichtet (vgl. z. B. SCHINKEL, 1970, 207 ff.). Doch können solche Beobachtungen unsere Interpretation nicht relativieren, denn hier haben nicht einmalige Ereignisse vorgelegen, nicht Extreme, unter denen ein Tier oder einige Tiere aus einer Herde gerade noch überlebt haben, sondern hier handelt es sich um die Existenz von Arten und Gattungen über längere Zeiträume. Hier haben nicht besonders widerstandsfähige Individuen gerade noch vegetiert, sondern hier haben ganze Herden gelebt und sich fortgepflanzt, wahrscheinlich Jahrhunderte lang.

Das besagt, daß man nicht am Rande des Existenzminimums sein Leben fristete. Das Überleben und die Fortpflanzung von Herden über mehrere Generationen hinweg setzt voraus, daß nicht extreme Randbedingungen für ihre Existenz herrschten, sondern mehr oder weniger normale Lebensbedingungen, vor allem, wenn man dazu noch bedenkt, daß genügend Ausweichmöglichkeiten bestanden und daß die menschliche Bevölkerungsdichte und die Jagdkultur noch nicht solche Höhe erreicht hatten, daß es zu einer Abdrängung des Großwildes in Ungunstgebiete gekommen wäre.

Schwerwiegender ist der Einwand, daß Elefanten und Giraffen aus dem hier infrage stehenden Zeitraum ja nur in der Umgebung der fossilen Endpfanne des Bardagué (Araye-Nord, Fa 9 und Fa 10), also nur 50 bis 60 km nördlich des Tibesti-Gebirgsrandes, gefunden wurden. Die beiden Vorkommen im Enneri Dirennao (Fa 12) und am Wadi Behar Belama (Fa 2) stammen hingegen aus späterer Zeit. Somit wäre es gar nicht bewiesen, daß Elefanten und Giraffen im Früh- und Hochneolithikum, zum Beispiel während der Hauptphase der Steinplätze, auch in den großen Ebenen der Zentralsahara existieren konnten.

Der Elefantenfund im Enneri Dirennao ist dabei relativ unproblematisch. Daß das Gebirge noch länger Überlebenschancen bot als die tiefer liegenden Ebenen, bedarf keiner ausführlichen Erläuterung. Gebirgsmassive in ariden Gebieten sind immer ökologisch begünstigt. Der Fund beweist lediglich, daß die Existenzbedingungen für Elefanten im Gebirge sogar noch um 2690 B. P. (= ca. 1000 v. Chr.) gegeben waren. Man darf als selbstverständlich annehmen, daß sie auch im Früh- und Hochneolithikum dort gelebt haben. Der Mangel an überkommenen Knochenresten ist mit Sicherheit nur eine Fundlücke oder aber eine Frage der Erhaltungsbedingungen.

Faßt man den allmählichen Austrocknungsprozeß der Sahara in den letzten Jahrtausenden v. Chr. ins Auge, so bereitet aber der Fund von Elefantenresten am Wadi Behar Belama — weit ab von jeglichem Gebirge — einige Schwierigkeiten. Das erste ^{14}C-Datum von 2385 ± 490 B. P. auf Kollagenbasis schien kaum glaubhaft, jedenfalls zu jung, zumal sich die Reste in ähnlicher Lagerung befanden wie die übrigen neolithischen Hinterlassenschaften, die auf Holzkohlebasis in einen ungefähr einheitlichen Zeitraum (6625 bis 5410 B. P., siehe Tab. 2) datiert werden konnten. Daher wurde eine weitere Probe analysiert, aber auch das zweite Ergebnis lag noch um 2000 Jahre unter den Erwartungen (Hv 5725 = 3420 ± 230 B. P., siehe PACHUR, 1974, 38).

Ob hier irgendein Kontaminationsfehler vorliegen kann oder ob die Daten größenordnungsmäßig als solche hingenommen werden müssen — eines steht jedenfalls fest: Die Knochenreste lagen eingebettet in die jüngsten fluvialen Sande im Taltiefsten des Wadis, in denen sich auch limnische Schneckenarten und an anderen Stellen neolithische Hinterlassenschaften vorfanden. Es kann kein Zweifel bestehen, daß sie n i c h t ä l t e r sind als der hier zur Diskussion stehende Zeitabschnitt.

Wenn nun eine in Schüben sich vollziehende Austrocknung der Sahara in den letzten Jahrtausenden v. Chr. als sicher gelten kann, so müßten Elefanten ihre Existenzmöglichkeit am Wadi Behar Belama eher im ökologischen Optimum gefunden haben als in einer späteren Phase. Alle Indizien sprechen zwar dafür, daß das letzte Jahrtausend v. Chr. wieder günstiger war als die beiden Jahrtausende davor (B. GABRIEL, 1972 a, GEYH und JÄKEL, 1974 b, PACHUR, 1975), aber ob wirklich das Leben von Elefantenherden in der Serir Calanscio wieder möglich war, mag bezweifelt werden. Nach MAUNY (1956, 260) ist der Elefant im Fessan noch in der historischen Überlieferung bezeugt (vgl. AURIGEMMA, 1940, 73 ff.). Wenn er hier tatsächlich noch in den letzten 3000 Jahren existieren konnte, so wird man es in früheren Phasen erst recht voraussetzen können, zumal Boviden „größer als Rind" durch Funde am Wadi Behar Belama aus jener Zeit unmittelbar belegt sind.

Die These, daß es sich bereits um einen gezähmten Elefanten handelte, der auf einem Zug durch die damals schon recht unwirtliche Wüste am Wadi Behar Belama verendete, wird man nicht ernsthaft in Erwägung ziehen. Nach ZEUNER (1967, 248 ff.) wurden afrikanische Elefanten frühestens nach 500 v. Chr. domestiziert, wobei der Einfluß von Indien über Ägypten nach Karthago gegangen sein soll. KREBS (1968) hält eine Zähmung des afrikanischen Elefanten erst seit der Ptolemäerzeit für möglich. Zwischen dem Beginn des Alten Reiches und dem 3. Jhdt. v. Chr. sei in Ägypten kein afrikanischer Elefant mehr in Erscheinung getreten (1968, 429, vgl. auch BRENTJES, 1961, 22 ff.).

Wenn man die verschiedenen Faunenarten einzeln mit ihrem heutigen Biotop vergleicht, so stellt man fest, daß sie einer Vegetationszone angehören, die in weiterem Sinne als Savanne bezeichnet wird (vgl. ähnliche Ergebnisse von A. GAUTIER, 1968, 97). Manche von ihnen vermögen noch in der Wüstensteppe zu existieren, wie Strauß und einige Arten von Antilopen bzw. Gazellen. Andere aber lieben die halboffene, mit Sträuchern, Bäumen und Galeriewald durchsetzte Savannenlandschaft oder brauchen sogar sumpfiges Gelände. Zu letzteren gehören Elefanten und einige Büffel.

WÜNSCHELMANN (in GRZIMEK, 1968, 395) schreibt zum Beispiel über den afrikanischen Büffel:

„Man findet Büffel in nahezu jeder afrikanischen Landschaft ... Kaffernbüffel sind anpassungsfähig wie kaum ein anderer Großsäuger Afrikas, doch benötigen sie Wasser zum Trinken und Suhlen ... Am liebsten bewohnt der Kaffernbüffel ein Gelände, in dem neben offenem Weideland auch schützende Dickichte, Waldungen oder Röhrichte, Sumpf und Wasser vorhanden sind ... Die Größe der Herden liegt für gewöhnlich bei dreißig bis sechzig Tieren ..."

Oder über die Pferdeböcke (Hippotragini, siehe Fa 9) heißt es (WÜNSCHELMANN in GRZIMEK, 1968, 451):

„Beide Arten von Pferdeantilopen sind Tiere des Buschwaldes, der Parklandschaft und allenfalls der Galeriewälder; sie können Wasser höchstens bis zu zwei oder drei Tagen entbehren. In der Trockenzeit trinken sie, wenn möglich, zwei- bis dreimal am Tag ..."

Ein plastisches Bild des heutigen Lebens in ostafrikanischen Savannengebieten entwirft BROWN (1972, vgl. auch KULZER, 1962). Unter anderem beschreibt er die durch Trockenzeiten bedingten saisonalen Wanderungen einer Anzahl von Tieren und macht deutlich, daß nur im Zusammenleben vieler Arten ein ökologisches Gleichgewicht zwischen Fauna und Umwelt bestehen kann. In dem Maße, wie die Artenzahl reduziert wird und die Anzahl der Individuen pro Art wächst, tritt eine Überbeanspruchung der Landschaft ein, die zu den bekannten Phänomenen der Vegetations- und Bodenzerstörung führt. Darin könnte man auch die Umkehrung eines der biozönotischen Grundprinzipien sehen, wonach eine Biozönose desto artenärmer und individuenreicher wird, je weiter sich die Lebensbedingungen in dem betreffenden Biotop vom Normalen und für die Organismen Optimalen entfernen (vgl. ILLIES, 1971, 20, und OSCHE, 1973, 39 ff.).

Ein solcher Vorgang wird gerade durch den Hirtennomadismus gefördert, denn Hirten sind auf eine, manchmal zwei, höchstens drei Arten eingestellt, deren Herden verständlicherweise möglichst groß sein sollen und die dann andere Arten aus dem Weidegebiet verdrängen.

Sogar in neuesten Publikationen noch wird es für möglich gehalten, daß über diesen Wirkungsmechanismus die Austrocknung der Sahara mit verursacht worden ist.

„... on pense aujourd'hui que les immenses troupeaux que nous suggèrent les nombreuses représentations rupestres ont largement contribué à la désertisation du Sahara.

Man glaubt heute, daß die gewaltigen Herden, an deren Existenz wir nach den zahlreichen Felsbilddokumenten kaum zweifeln können, weitgehend zum Wüstwerden der Sahara beigetragen haben." (CAMPS, 1974, 245)

Schon vor Jahrzehnten wurden ähnliche Meinungen geäußert [25].

Mögen diese Vorgänge auch eine verstärkende Rolle gespielt haben — die Ursache dafür, daß sich die Sahara im Laufe weniger Jahrtausende von einer Savannenlandschaft zur Voll- und Extremwüste entwickelt hat, können sie nicht sein.

---

[25] Z. B. ALIA MEDINA (1955, 9), GILLMANN (1937), GROVE (1973), JONES (1938), KNOCHE (1936), LE HOUEROU (1968), LHOTE (1955, 24), PELESSIER (1951), PROTHERO (1962), STAMP (1940), STEBBING (1935, 513). — Vgl. auch die Beiträge von DESPOIS, HAMDAN sowie MONOD und TOUPET in STAMP (1961) oder allgemeiner zur anthropogen bedingten Austrocknung von Landschaften u. a. die Arbeiten von RATHJENS (1959, 1961 und 1966).

Vielfach läßt sich nämlich nachweisen, daß die Pflanzendecke ohne Bodenzerstörung verschwunden ist; fossile Böden sind weit verbreitet in der Sahara. Trotzdem regeneriert sich die Pflanzendecke auch in den für Mensch und Tier unzugänglichen Gebieten nicht mehr, weil die Niederschläge nicht ausreichen. Über weite Teile der Sahara liegen sie heute unter 20 mm im Jahresmittel (DUBIEF, 1971). Das kann nicht eine Folge der Vegetationszerstörung durch Tier oder Mensch sein, denn nach CEYP (1976) und KELLER (1953) beeinflußt die Vegetationsdecke die Niederschlagsmenge kaum mehr als 1 bis 6 %, sondern hier hat eine Klimaänderung stattgefunden, wie sie zu allen Zeiten der Erdgeschichte und gerade im Pleistozän zur völligen Umgestaltung von Landschaftszonen führten.

Ob also das Argument etwas für sich hat, die Sahara sei „kahlgefressen" worden (KNOCHE, 1936) oder ob man es als bloße Kuriosität anzusehen hat, wie SCHWARZBACH glaubt (1953, 161), bleibe dahingestellt, denn es geht ja hier in erster Linie um die Rekonstruktion der Landschaftszustände und der Lebensbedingungen — des Ökosystems — in den zur Diskussion stehenden Zeiträumen.

Man kann aus den gefundenen Knochenresten nicht die Individuenzahlen abschätzen wollen, die dort gelebt haben müssen. Nicht einmal über die durchschnittliche natürliche Herdengröße der einzelnen Arten ließe sich dies bewerkstelligen. So muß auch eine überschlagsmäßige Berechnung der Biomasse für die pflanzenfressenden Großsäuger unterbleiben, die damals in dem Gebiet produziert wurde [26].

Wohl aber lassen sich über die Artenanzahl noch einige zusätzliche Interpretationen gewinnen. Zunächst muß man einmal davon ausgehen, daß die bei den Faunenbestimmungen Fa 1 bis 13 genannten Mindestartenzahlen in Wahrheit um 50 bis 100 % höher gelegen haben dürften, weil zum einen die Artendifferenzierung nur grob aufgrund der Größe vorgenommen wurde und es viele gleich oder fast gleich große Arten gibt und weil man zum anderen bei den ungünstigen Erhaltungsbedingungen mit erheblichen Fundlücken rechnen muß. Ein dritter Grund könnte eine Spezialisierung des Menschen auf bestimmte Jagdtiere gewesen sein; es ist ja auffällig, daß sich keine Equiden oder Schweineartigen unter den Speiseresten befanden.

Die höchsten Artenzahlen an pflanzenfressenden Großsäugern (Ungulaten und Proboscidier) traten bei folgenden Fundpunkten auf:

Fa 1: mindestens 6
Fa 9: mindestens 7
Fa 13: mindestens 4

---

[26] Unter „Biomasse" versteht man das Gewicht lebender Materie, das aus einer Landschaft erwächst. Meistens wird es in t/km² angegeben und für Flora und Fauna getrennt bzw. gar nach einzelnen Arten berechnet. Eine vergleichbare rechnerische Einheit ist die „standard livestock unit" oder „Großvieh-Einheit" in der Weidewirtschaft, in der die Ertragsfähigkeit der Weidegebiete angegeben wird. Vgl. BOURLIERE (1964), BROWN (1972, 68 f.), SCHINKEL (1970, 54 ff.) u. a.

Wenn man nach obigen Überlegungen von etwa 8 bis 12 verschiedenen Arten ausgeht — diese Annahmen erscheinen durchaus realitätsnah — und diese Werte mit den heutigen Verhältnissen in afrikanischen Savannen vergleicht (BOURLIERE, 1964, 51), so ergibt sich auch auf diese Weise, daß die damalige Landschaft deskriptiv zwischen einer „subdesertic steppe" und „open savannas and thickets" oder „thornbush steppe and savanna" einzureihen ist.

Der größte Artenreichtum für afrikanische Savannen wird bei BOURLIERE (1964, 51) mit 18 bis 20 Ungulaten angegeben. Daß jedoch diese Zahl letzten Endes nichts über die tatsächliche Fruchtbarkeit einer Landschaft aussagt, zeigt ein Vergleich der Biomassen: eine „subdesertic steppe" mit 4 Arten produziert 0,08 t/km², eine „thornbush steppe and savanna" bei 15 Arten ca. 5 t/km² und „open savannas and thickets" mit 7 bis 9 Arten je nach Grad der Überstockung zwischen 11 und 31 t/km². Hier spielen dann die Individuenzahlen doch eine große Rolle.

Dennoch wird in natürlichen Ökosystemen die THIENEMANNsche biozönotische Grundregel gelten: Je variabler die Lebensbedingungen eines Biotyps, um so größer die Artenzahl der zugehörigen Biozönose (ILLIES, 1971, 19, und OSCHE, 1973, 56). — Hiervon ausgehend wird man zwar nicht sagen können, in der östlichen Zentralsahara hätten im Neolithikum Verhältnisse geherrscht, wie man sie heute in den wildreichsten Savannengebieten Afrikas vorfindet, aber die Funde belegen eindeutig einen grundlegenden Wandel des ökologischen Milieus.

2.4 Zur Rekonstruktion der Pflanzenformation und der Florenzusammensetzung

Die Terminologie der halboffenen und offenen Gras- oder Gras-/Krautformationen ist sehr vielfältig. — Nach TROLL (1953) könnte man die damalige Landschaft vermutlich als „Galeriewald-Savanne" beschreiben, und nach MANSHARD (1960/61) würden die Bezeichnungen „Strauchsteppe" oder „Gras- und Krautsteppe mit Galeriewald" wohl am ehesten gerecht. Nach SCHMITHÜSEN (1968, 115) müßte es wahrscheinlich „Dornsavanne" oder „Dornstrauchsteppe" heißen und nach WALTER (1973, 325 und 422 ff.) je nach edaphischen Bedingungen und Niederschlagshöhen entweder „regengrüner Trockenbusch" bzw. „Zwergstrauch-Halbwüste" oder aber lediglich „Savanne" bzw. „Grasland". Die ökologisch vergleichbaren, in Mittel- und Südeuropa beheimateten „Trockenrasen" und „Steppenheiden" (G. SCHMIDT, 1969, 268 ff.) sind im afrikanischen Raum jedenfalls nicht zu erwarten.

Ohne sich auf ein bestimmtes Begriffsschema festzulegen, kann die damalige Landschaft als „Savanne" bezeichnet werden, wobei eine offene Kurzgrasformation gemeint ist, deren Krautanteil unbestimmt ist und die lokal von höherem Baum- und Strauchwuchs durchsetzt gewesen war; dies etwa im Sinne von WALTER (1973, 333), wonach in einem Sommerregengebiet mit 250 bis 500 mm Jahresniederschlag bei feinkörnigem Boden eine Savanne entsteht, in der die Gräser überwiegen, aber Holzpflanzen nicht fehlen [27].

Nur kurz soll das Problem gestreift werden, welche Pflanzenarten denn jene Savannenformationen hauptsächlich ausgemacht haben. — Grundsätzlich bieten sich zur Rekonstruktion folgende Möglichkeiten an:

Man untersucht die Elemente, die heute noch als Reliktflora in einigen Gunstlagen des Gebietes anzutreffen sind, sowie auch die Florenzusammensetzung der Nachbarregionen; denn hierhin müssen sich die Arten bei fortschreitender Austrocknung zurückgezogen haben. Ein zweiter Weg führt über die Pollenanalyse, wobei aber eine Reihe von Schwierigkeiten gerade in ariden Gebieten bestehen (vgl. COUR et al., 1971, MALEY, 1972, SCHULZ, 1974). — Eine dritte Möglichkeit, nämlich über fossilisierte Makro-Reste, Blattabdrücke oder Holzkohle die Arten nachzuweisen, hat mangels geeigneter Funde in der östlichen Zentralsahara bisher keine Ergebnisse gebracht. Als Beispiele aus Nachbarräumen seien die Arbeiten von COUVERT (1972), GARDNER (1935) und von SANTA (1960) genannt.

Der heutige Florenbestand ist relativ gut erforscht (KASSAS, 1971, OZENDA, 1958, QUEZEL, 1958, 1965, 1971, u. a.), obwohl auch in der östlichen Zentralsahara immer wieder einzelne Arten oder Gattungen auftauchen, die bisher entweder in Nordafrika, in ganz Afrika oder aber überhaupt unbekannt waren (z. B. JANY, 1969, SCHOLZ, 1966 und 1971, SCHOLZ und B. GABRIEL, 1973).

An pollenanalytischen Untersuchungen liegen vor allem aus den Gebirgen einige Arbeiten vor [28]. Aus den großen Ebenen der östlichen Zentralsahara sind durch PACHUR (1974) erstmals derartige Ergebnisse bekannt geworden, und zwar aus den limnischen Sedimenten vom Dj. Coquin sowie aus den jungen Alluvionen des Wadi Behar Belama.

Den Hauptbestandteil machen dort erwartungsgemäß die Gramineen aus, aber es wurden neben Farnen und zahlreichen Kräutern auch Pollen von einer ganzen Reihe von Bäumen identifiziert: *Pinus, Betulaceae, Ostrya/Carpinus, Quercus pubescens*-Typ, *Quercus ilex*-Typ, *Juglandaceae, Oleaceae, Salvadoraceae, Fraxinus ornus* und *Pistacia*. (Zu deutsch also etwa: verschiedene Arten von Kiefer, Birke, Buche, laubwerfender und Hartlaub-Eiche, Walnuß, Ölbaum, Salvadore, Esche und Pistazie.) Das Verhältnis von Baumpollen zu Nicht-Baum-Pollen (BP : NBP) liegt zwischen 1 : 4 und 1 : 12. Unsere eigenen Proben von der fossilen Endpfanne Bardagué-Arayé sowie vom Enneri Tihai (Dj. Eghei) ergaben lediglich einzelne Pollenkörner von Gramineen, Kräutern und von Pinus (Bestimmung durch Herrn E. SCHULZ, Würzburg).

2.5 Interpretation von Mollusken-Funden

Bisher wurden unter „Fauna" nur die großen Vertreter der Vertebraten diskutiert. Diese sind ja auch die auffälligsten Funde und einer Interpretation — zumindest vordergründig — am leichtesten zugänglich. Dennoch gibt es unter den Kleinsäugern und Invertebraten zahlreiche Arten, die nur unter ganz bestimmten Umweltfaktoren zu leben vermögen, die also einem eng definierten Ökosystem angepaßt und gegen jede Änderung empfindlich sind. Man bezeichnet sie in der Biologie als stenök.

Beobachtungen liegen jedoch nur über die zahlreichen fossilen Mollusken vor, die besonders in den limnischen Sedimenten vorkommen (BÖTTCHER et al., 1972, GERMAIN, 1936, JÄKEL, 1971, MOLLE, 1971, PACHUR, 1974, SANDFORD, 1936, SPARKS und GROVE, 1961). Unsere eigenen Funde sind z. gr. T. bei BÖTTCHER et al. (1972) mit ausgewertet worden. Zu diesen und den bei PACHUR (1974) mitgeteilten Ergebnissen kann noch einiges ergänzt werden.

Der Liste aus dem Wadi Behar Belama, wie sie bei PACHUR (1974, 20) wiedergegeben ist, sind nach unseren eigenen Aufsammlungen hinzuzufügen [29]:

11 × *Bulinus truncatus* (SAVIGNY, 1817)
5 × *Gyraulus costulatus* (KRAUSS, 1848)
2 × *Melanoides tuberculata* (O. F. MÜLLER, 1774)
1 × *Biomphalaria pfeifferi juv.* (KRAUSS, 1848)
1 × *Succinea elegans* (RISSO, 1826)

Außer diesen Arten (ohne *Succinea elegans*) waren schon *Valvata tilhoi, Lymnaea natalensis* und *Anisus dallonii* in jeweils mehreren Exemplaren identifiziert worden. *Succinea elegans* war bisher in diesem Raum noch nicht bekannt.

Die Fundstellen in und am Rande der Serir Tibesti (Dj. Coquin, Dj. Nero, Enneri Eghei am Nordzipfel des Dj. Eghei) weisen bei Hunderten von ausgezählten Individuen die gleichen Artenzusammensetzungen wie am Wadi Behar Belama auf, nur daß jeweils *Anisus dallonii, Gyraulus costulatus* und *Succinea elegans* fehlen.

Von diesen Populationen leben die meisten Arten im Wasser. Nur *Succinea elegans* ist eine landbewohnende Lungenschnecke, die jedoch sehr eng an das Wasser gebunden ist: Sie lebt im Schilf und auf anderen Wasserpflanzen mit nicht submersen Teilen.

---

[27] Zur Terminologie, Ökologie und Entstehung, allgemein zur Problematik von Steppen und Savannen siehe u. a. AUBREVILLE (1962), BAKKER (1954), JAEGER (1945), LAUER (1952), MANSHARD (1960/61), RATTRAY (1960), RAWITSCHER (1952), G. SCHMIDT (1969, 421 ff.), SCHMITHÜSEN (1968, 111 f.), SEAVOY (1975), TROLL (1953), WALTER (1965 und 1973, 323 ff.).

[28] Zum Tibesti siehe insbesondere JÄKEL und SCHULZ (1972), MALEY et al. (1970), SCHULZ (1972, 1973, 1974).

[29] Herrn Dr. H. SCHÜTT, Düsseldorf, bin ich für die Artenbestimmung und zusätzlich zu den von JAECKEL in BÖTTCHER et al. (1972) gegebenen Informationen über die ökologische und systematische Zuordnung der Arten sehr zu Dank verpflichtet.

Bei *Anisus dallonii, Biomphalaria pfeifferi, Bulinus truncatus* und *Gyraulus costulatus* handelt es sich um limnische Süßwasser-Pulmonaten, die für flaches, stagnierendes oder wenig fließendes Wasser mit großem Pflanzenreichtum am Ufer und auf dem Seeboden charakteristisch sind.

Lediglich *Melanoides tuberculata* ist euryök. Sie verträgt den Aufenthalt in oligo- bis mesohalinem Wasser sowie in Thermen, lebt aber wie die vorigen hauptsächlich im stagnierenden Wasser.

Über *Lymnaea natalensis* und *Valvata tilhoi* liegen keine spezifischen Angaben vor, außer daß es Schnecken sind, die in ruhigen Gewässern leben.

Auf die Frage, ob die Vorkommen am Wadi Behar Belama permanente Wasserführung voraussetzen und demnach aus dem Individualalter der Schnecken die Mindestzeit abgelesen werden kann, in der dort offenes Wasser existiert haben muß, oder ob das Wadi zeitweise ganz trocken fallen konnte, schrieb Herr Dr. H. SCHÜTT (briefl. Mitt. am 20. 8. 1972):

„Es sind Arten darin enthalten, die vorübergehendes Austrocknen der Gewässer überstehen können, besonders Gyraulus und Anisus. Selbst dann ist aber eine gewisse Bodenfeuchtigkeit obligatorisch. Die anderen Arten vertragen zeitweise Erwärmung der Gewässer, wie sie bei weitgehender, aber unvollständiger Austrocknung eintritt: sie sind typisch eurytherm, im Gegensatz zu sehr vielen stenothermen Süßwasserprosobranchiern, die hier ganz fehlen. Die Arten dieses Fundortes werden wohl ein bis drei Jahre alt. Sie benötigen zum Leben Wasser, welches aber vielleicht ein bis zwei Monate im Jahr — nicht vollständig — austrocknen darf."

Die Entwicklung dieser Populationen setzt also eine permanente Wasserführung — mit jahreszeitlich möglicher Reduzierung — wenigstens über mehrere Jahre oder Jahrzehnte voraus. Eine vollständige Austrocknung und spätere Wiederbesiedlung (bei Regenperioden über wenige Jahre) infolge Verschleppen der Mollusken durch Wasservögel ist in hohem Grade unwahrscheinlich. Erstens erfordert nämlich die Vermehrung eines Individuums bis zu einer festen Population einen gewissen Zeitraum, der nicht unterbrochen sein darf, und zweitens zeigen — wie gesagt — die Fundstellen überall die gleichen Zusammensetzungen von mindestens fünf Arten. So zufällig wie durch Wasservögel kann das kaum zustande kommen. Hier muß eine längere Entwicklung, eine Angleichung stattgefunden haben; die Lokalitäten waren optimale Habitate für die gleiche Schneckenvergesellschaftung. Man kann in ihr fast so etwas wie eine Klimax vermuten.

Im Gegensatz zu diesen limnischen Arten stehen die xerothermen Landschnecken *Zootecus insularis* und *Pupoides coenopictus hoggarensis*, die in mächtigen, ausgedehnten, sandigen Sedimenten des Enneri Tihai gefunden wurden. *Zootecus insularis* ist eine afrikanisch-orientalisch weit verbreitete Gesamtart, die aride und semiaride Biotope Nordafrikas bis Vorderindiens auch rezent bewohnt [30].

Der Rassenkreis *Pupoides coenopictus* liegt aus dem Enneri Tihai in besonders schlanken Exemplaren vor, die der von PALLARY (1934) aus dem Hoggar beschriebenen Rasse *hoggarensis* angehören. Sie unterscheiden sich augenfällig von den breiten und etwas größeren Stücken der Rasse *senegalensis*, die im Enneri Dirennao gefunden wurden. Die Anzahl der ausgezählten Individuen vom Enneri Tihai beträgt:

65 *Zootecus*
8 *Pupoides*

Beide Arten sind Felsbewohner, die starke Temperaturschwankungen im Tagesverlauf vertragen. Sie können je nach ökologischen und klimatischen Gegebenheiten aber auch den Mulmboden zwischen den Felsen bewohnen.

Die leicht verfestigten, bräunlichen, homogenen Sande bilden im Enneri Tihai die Unterlage der Sandschwemmebenen beiderseits des Flußbettes. Vom Habitus und von der stratigraphischen Lagerung her die gleichen Akkumulationen finden sich sowohl im Tibesti wie in den Becken, Tälern und auf den Hochflächen von Dj. Ben Ghnema und Dor el Gussa (siehe Steinplatzzählung 3, Bemerkung zu km 36).

Auf einer Sandschwemmebene am Enneri Dirennao im Tibesti, ca. 400 m NW von Gabrong (siehe Karte 2), waren diese Sande über 3 m mächtig, ohne daß eine wesentliche fazielle Änderung zu erkennen gewesen wäre. Sie unterlagern dort die limnischen Sedimente der unteren Mittelterrasse (uMit) und führen lokal ebenfalls *Zootecus insularis*.

Das Fehlen von gröberen Partikeln, von jeglicher Korngrößendifferenzierung (soweit makroskopisch sichtbar) und jeglicher Schichtung läßt darauf schließen, daß es sich nicht um vom Wasser transportierte Sande handelt, sondern um äolisches Material. Da aber auch keine Anzeichen für Dünenstrukturen vorliegen (z. B. Kreuzschichtung), muß man daran denken, daß die äolisch bewegten Sande von dichter Bodenvegetation — von einer Grasnarbe — aufgehalten und festgelegt wurden. (Zur Genese der Sandschwemmebenen siehe jedoch BRIEM, 1977, und HÖVERMANN, 1967 b).

Zu diesem Schluß führen noch zwei weitere Beobachtungen: Zum einen kann man in den bräunlichen Färbungen und in der Verfestigung der Sande die schwachen Spuren einer Bodenbildung erkennen (vgl. FÜRST, 1965, 408 ff.), zum anderen deuten die (im Enneri Tihai recht zahlreichen) Schneckenschalen darauf hin, daß das Gelände nicht völlig vegetationslos war, sondern wenigstens einer Schneckenfauna Nahrung bot. Aus den Ablagerungen am Enneri Tihai stammen die erwähnten einzelnen Pinus- und Gramineen-Pollenkörner, doch sind es zu wenige, um aus ihnen irgendwelche Schlußfolgerungen abzuleiten.

---

[30] Dies und das folgende nach Dr. H. SCHÜTT, in litt.

DOKUMENTATION II

Faunenlisten Fa 1—13 mit kurzer Charakteristik der Fundpunkte

Fa 1

Kurzbeschreibung:

Am Wadi Behar Belama in der Serir Calanscio, 27° 25' N — 21° 10' E [31].

Das nur 5 bis 8 m in die Umgebung eingeschnittene, fast 1 km breite Wadi verläuft von SW nach NE. Auf 1 m hohen Sandbänken im Flußbett sowie auf den flachen Talhängen fanden sich über mehrere Kilometer Länge zahlreiche neolithische Lagerplätze mit zerschlagenen und verbrannten, teilweise auch spatelförmig zugerichteten Knochen, mit Holzkohle und Asche, darin Exkremente von Ziegen (?), mit Artefakten aus sandigem Kalkstein, Quarz und Moosachat (z. B. einige Mikrolithen und viele Läufersteine für Handmühlen), mit wenig Keramik und mit einer ganzen Anzahl von Steinplätzen. Im einzelnen sind folgende Lokalitäten ausgegliedert:

A: Sandbank im Flußbett, Fundschicht ca. 40 cm mächtig. Holzkohle von dort ergab ein ^{14}C-Alter von 6625 ± 750 Jahren B. P. (Hv 4115).

B: 1 km NE von A, ca. 30 cm mächtige Fundschichten am linken flachen Uferhang.

C: 500 m W von A, ebenfalls am linken flachen Uferhang: ausgedehnte bis 40 cm mächtige Fundschichten. Holzkohledatierung ergab 5410 ± 250 B. P. (Hv 4117).

D: Fundschichten mit viel Asche, im Wadi-Bett zwischen den Punkten A und B gelegen, nach Holzkohledatierung 5680 ± 95 B. P. (Hv 4116).

E: Steinstreu an der Oberfläche in der Nähe von Punkt D.

Faunenlisten (Bearbeiter: H. REICHSTEIN, Kiel):

Lokalität A:

Bovide, kleiner als Schaf/Ziege:
  6 Wirbelfragmente
Bovide, Schafgröße:
  stark abgekauter Molar
Bovide, größer als Rind:
  1. Phalange
  Felsenbeinpyramide

Lokalität B:

Bovide, wesentlich kleiner als Schaf/Ziege:
  li (= linkes) Scaphocuboid
  li Talus (Rollbein)
  re (= rechtes) distales Tibia-Fragment
Bovide, etwa Schaf-/Ziegengröße:
  angebrannter Brustwirbel
Bovide, Größe zwischen Schaf und Rind:
  re Talus
  2. Phalange
  li proximales Radiusfragment
  Fußwurzelknochen

---

[31] Vgl. Fig. 7, Fig. 8 und Abb. 17 bei PACHUR (1974). Die unterschiedlichen Gradzahlangaben beruhen darauf, daß es außerordentlich schwierig ist, den Fundpunkt auf den ungenauen und wenig detaillierten Karten zu lokalisieren.

Lokalität C:

Bovide, wesentlich kleiner als Schaf/Ziege:
  re und li distale Epiphysen der Tibia
  distale Epiphyse des Metapodiums
  re und li distale Humerus-Fragmente
  2. Halswirbel (2 Exemplare!)

Bovide, klein und schlankgliedrig:
  zahlreiche 1. und 2. Phalangen, Calcanea (Fersenbeine) und Fußwurzelknochen

Bovide, etwa Schaf-/Ziegengröße:
  re und li distale Humerus-Fragmente
  re und li proximale Ulna-Fragmente
  re Scapula-Gelenk (Sc. = Schulterblatt)

Bovide, klein, aber wohl nicht Ziege/Schaf:
  re und li Frontale mit Hornzapfenbasis

Bovide, Größe zwischen Schaf und Rind:
  re Talus

Bovide, größer als Rind:
  Fragment der 1. Phalange

Lokalität D:

Bovide, sehr jung (Größe nicht abschätzbar):
  li Mandibula (Unterkiefer)

Lokalität E:

Bovide, wesentlich größer als Schaf, aber deutlich kleiner als Rind:
  re distales Humerus-Fragment
  Atlas-Fragment (1. Halswirbel)

Fa 2

Kurzbeschreibung:

Wie Fa 1, zwischen den dortigen Lokalitäten A und B. Die Reste lagen im Taltiefsten, bis 40 cm in die sandigen Feinakkumulationen eingebettet: Teile des Unterkiefers und 30 m talabwärts die noch zusammenhängende Wirbelsäule mit Rippen und Femur. ^{14}C-Datierungen: Hv 4037-Koll. = 2385 ± 490 B. P. und Hv 5725-Koll. = 3420 ± 230 B. P. — Siehe Photo 20.

Faunenliste (Bearbeiter: V. EISENMANN, Paris):

Elefant (Loxodonta):
  Mandibula-Fragmente
  mehrere Wirbel
  Rippen
  Femur-Fragmente

Fa 3

Kurzbeschreibung:

Am „Geologencamp" auf der Serir südlich von Majedoul/Fessan, 10 km östlich der Schichtstufe des Dj. Ben Ghnema, 25° 40' N — 14° 55' E. — Ein großer Steinstreufleck mit Tausenden von Artefakten und einer 20 cm mächtigen Fundschicht, die auch Keramik enthielt.

Faunenliste (Bearbeiter: H. REICHSTEIN, Kiel):

Bovide, größer als Rind:
  Zahnfragmente
  distale Epiphyse

Fa 4

Kurzbeschreibung:

Auf der Serir südlich von Djanet, 24° 2' N — 9° 31' E, in der Nähe großer Steinplatzvorkommen, in einer 25 cm tiefen Brandgrube. ^{14}C-Datierung der Holzkohle: 4715 ± 295 (Hv 5617). — Siehe Photo 21.

Faunenliste (Bearbeiter: H. REICHSTEIN, Kiel):

Bovide, größer als Rind:
 Zähne des Oberkiefers

Fa 5

Kurzbeschreibung:

An den Ufern des Enneri Tihai im westlichen Dj. Eghei, 23° 40' N — 19° 20' E, im Zusammenhang mit vielen Steinplätzen und sehr viel Steinstreu auf intermontanen Sandschwemmebenen, mit großen Mengen an Artefakten und Keramik.

Faunenliste (Bearbeiter: H. REICHSTEIN, Kiel):

Bovide, klein:
 re Mandibula-Fragment

Vogel (?):
 Phalange

Fa 6

Kurzbeschreibung:

Am „Kathedralberg" (KLITZSCH 1967: 82) im östlichen Dj. Eghei, 23° 10' N — 19° 50' E, in einer geringmächtigen Fundschicht mit Holzkohle und Keramik; auf einer intermontanen Sandschwemmebene, am Fuße eines Sandsteinfelsens mit Ritzzeichnungen und Handmühlen im Anstehenden.

Faunenliste (Bearbeiter: H. REICHSTEIN, Kiel):

Bovide, wesentlich kleiner als Ziege/Schaf:
 Atlas
 distales Humerus-Fragment

Bovide, etwa Schaf-/Ziegengröße:
 2. Phalange
 re distale Epiphyse einer Tibia

Fa 7

Kurzbeschreibung:

Auf offener Serir in der Nähe einer ehemaligen Endpfanne des Enneri Yebbigué am Nordrand des Tibesti-Gebirges, 23° 10' N — 17° 40' E, eingebettet in feinsandige Akkumulationen: ± vollständiges Skelett ohne Begleitfunde (Photo 22).

Faunenliste (Bearbeiter: H. POHLE, Berlin):

Büffel: ± vollständiges Skelett

Fa 8

Kurzbeschreibung:

Offene Serir am Nordrand des Tibesti (23° 05' N — 17° 33' E), Oberflächenfund im Zusammenhang mit Artefakten und Keramik (nach H. J. PACHUR, frdl. mündl. Mitt.).

Faunenliste (Bearbeiter: H. REICHSTEIN, Kiel):

Bovide, kleiner als Schaf/Ziege:
 re Mandibula-Fragment

Bovide, Rindergröße:
 li Mandibula-Fragment

Fa 9

Kurzbeschreibung:

Fossile Endpfanne des Bardagué (Araye-Nord), 60 km nördlich des Tibesti-Gebirges, am Fuße einer ca. 40 m hohen Basaltstufe, 22° 52' N — 16° 40' E (siehe B. GABRIEL, 1970 a und 1972 a, HERRMANN und B. GABRIEL, 1972, sowie JÄKEL, 1971). — Eine der (nach unseren Erfahrungen) fundreichsten Lokalitäten der östlichen Zentralsahara mit präislamischen Gräbern auf der Basaltstufe, neolithischen Hockerbestattungen in den Endpfannensedimenten sowie einer Unmenge an Artefakten (z. B. Walzenbeile, Handmühlen mit Läufersteinen, Pfeilspitzen usw.), Keramik verschiedener Stilrichtungen und Knochenresten, die z. T. bearbeitet sind. Diese Relikte sind vielfach in die lakustren Sedimente eingebettet und werden nun durch Wind wieder ausgeblasen; andere finden sich verstreut an den Ufern dieses einstigen Sees oder Sumpfes, dort auch zahlreiche Steinplätze (B. GABRIEL, 1970 a, Fig. 30).

^{14}C-Datierungen:
a) Tierknochenreste: Hv 2775-Koll. = 7455 ± 180 B. P.
b) neol. Hockerbestattung (menschl. Skelett): Hv 2195-Koll. = 6930 ± 370 B. P.
c) Straußeneischerben: Hv 5482 = 5220 ± 160 B. P.

Faunenliste (aus dem Französischen übersetzt und ergänzt; Bearbeiter: Y. COPPENS, Paris):

Gazelle (Gazella cf. setifensis masc.):
 li Hornzapfen

Schaf (Ovis):
 li vollständige Hemandibula
 Fragment einer Schädelkalotte ohne Hornzapfen

Antilope (? cf. Hippotragus):
 re distales Humerus-Fragment
 re proximales Metatarsus-Fragment
 li distales Metatarsus-Fragment
 distales Tibia-Fragment (?)
 2 erste Phalangen (? ein wenig gedrungen)
 2 li Calcanea (von unterschiedlicher Größe)
 li Astragalus
 li Cubonaviculaneus

Rind (Bos):
 li Mandibula-Fragment mit M 1, M 2, M 3
 li Mandibula-Fragment mit P 4, M 1, M 2, M 3
 li Mandiblua-Fragment mit M 3
 2 Mandibula-Fragmente (aufsteigende Äste)
 1 Nasofrontale (?)
 2 li distale Tibia-Fragmente

Büffel (Bubalus cf. brachycerus fem., von geringerer Größe):
 2 1/2 li und re Mandibulae
  li mit M 1, M 2, M 3 (?)
  re mit P 4, M 1, M 2 (?)
 2 li distale Humerus-Fragmente von unterschiedlichen Ausmaßen
 Metacarpus
 re distales Metatarsus-Fragment

Büffel (Bubalus, von starkem Wuchs):
 re Calcaneum
 re distales Humerus-Fragment

Giraffe (Giraffa camelopardalis):
 li Hornzapfen
 distales Fragment eines Metapodiums

Elefant (Loxodonta africana):
 Femur-Fragment
 Beckenfragment (?)

Strauß:
 zahlreiche Eierschalen

Fa 10

Kurzbeschreibung:
Etwa 20 km südlich von Fa9, 22° 40' N — 16° 40' E, in die lakustren Sedimente einer fossilen Endpfanne des Bardagué-Arayé eingebettet und durch Deflation wieder freigelegt (Photo 23), ohne Begleitfunde.
^{14}C-Datierung: Hv 2773-Koll. = 6435 ± 225 B. P.

Faunenliste (Bearbeiter: Y. COPPENS, Paris):

Elefant (Loxodonta africana):
± vollständiges Skelett

Fa 11

Kurzbeschreibung:
Wadi am Westrand des Dj. Eghei, 22° 40' N — 18° 30' E, abgerollte Knochen zusammen mit Artefakten eingebettet in jüngere Alluvionen. Insgesamt drei ^{14}C-Datierungen, wobei die Kollagenbestimmung als am zuverlässigsten gelten kann (siehe PACHUR, 1974, 34).
a) Hv 3766-Koll. = 5125 ± 185 B. P.
b) Hv 3765-Apat. = 2350 ± 410 B. P.
c) Hv 3763-Apat. = 3755 ± 335 B. P.

Faunenliste (Bearbeiter: V. EISENMANN, Paris):

Gazelle:
Mandibula-Fragment

Antilope:
Zahnfragmente

Bovide, sehr groß (wahrscheinlich Büffel):
li Hälfte des 6. Halswirbels

Fa 12

Kurzbeschreibung:
In den Schotterakkumulationen der Niederterrasse (NiT, B. GABRIEL, 1972 b) des Enneri Dirennao/Tibesti, 21° 32' N — 17° 10' E, wahrscheinlich einige km verschwemmt, ohne Begleitfunde (siehe Photo 24).
^{14}C-Bestimmung: Hv 2260 = 2690 ± 435 B. P.

Faunenliste (Bearbeiter: H. POHLE, Berlin):

Elefant:
Femur-Fragment

Fa 13

Kurzbeschreibung:
Fundpunkt Gabrong am Enneri Dirennao/Tibesti, 21° 30' N — 17° 07' E. Limnische Sedimente und Kulturschichten unter einem Abri. Die meisten Knochenreste waren aber nicht mehr im ursprünglichen Schichtverband, sondern herausgewittert und herausgewaschen, so daß die **Basisschicht das Maximalalter** (Hv 2748 = 8065 ± 100 B. P.) und die jüngste Schicht das Minimalalter (Hv 2198 = 1440 ± 150 B. P. sowie Gif 1316 = 1570 ± 100 B. P.) angeben dürfte (siehe Fig. 20 und Photos 30 bis 33 sowie B. GABRIEL, 1972 a/b und 1974 a).

Faunenliste (Bearbeiter für Schicht d: H. POHLE, Berlin, und V. EISENMANN, Paris; sonst H. REICHSTEIN, Kiel):

Schicht d:
Gazelle:
Mandibula-Fragment

Büffel (Bubalus cf. cafer?):
li Scapula

Schicht b:
Bovide größer als Rind:
re Scaphocuboid

Oberfläche (bzw. stratigraphisch nicht einzuordnen):

Bovide, wesentlich kleiner als Schaf/Ziege:
li Mandibula-Fragment
Oberkiefermolar
Scaphocuboid
li Scapula-Gelenk
2. und 3. Phalange
re Talus
li distales Humerus-Fragment
distale Epiphyse eines Metapodiums

Bovide, Ziegengröße oder kleiner:
re Hornzapfen (im Querschnitt drehrund)
re proximales Scapula-Fragment

Bovide, Ziegen-/Schafgröße:
1. und 2. Phalange
re Scaphocuboid
re Talus
distale Epiphyse eines Metapodiums
re distales Humerus-Fragment
re distales Tibia-Fragment
li distales Tibia-Fragment

Bovide, wesentlich größer als Schaf, aber deutlich kleiner als Rind:
2. Phalange
re Handwurzelknochen

Bovide, Rindergröße:
distale Epiphyse eines Metapodiums

Bovide, größer als Rind:
distale Epiphyse eines Metapodiums
Oberkiefermolar

Raubtier (?), Fuchsgröße:
proximales Femur-Fragment

Katze (wahrscheinlich eine der afrikanischen Wildkatzenarten von der Größe europäischer Hauskatzen):
re distales Humerus-Fragment
re proximales Femur-Fragment ohne Epiphyse
Wirbel (?)

Vogel (?):
Femur

Reptil (großer Waran? großer Fisch?):
Schädeldach-Fragment

Zusammenfassung der Faunenlisten

Durch Knochenfunde sind für den hier zur Diskussion stehenden Zeitraum mindestens folgende Individuen-Zahlen in den verschiedenen Gebieten von uns nachgewiesen (zusätzlich ist bei fast allen Fundpunkten der Strauß durch Eierschalen belegt):

I. In der Serir Calanscio

um 6625 B. P.: 1 Bovide kleiner als Schaf/Ziege
1 Bovide Schafgröße
1 Bovide größer als Rind
um 5680 B. P.: 1 sehr junger Bovide
um 5410 B. P.: 2 Boviden kleiner als Schaf/Ziege
1 Bovide Schaf-/Ziegengröße
1 Bovide Größe zwischen Schaf und Rind
1 Bovide größer als Rind

um 3420 B. P.
bzw. 2385 B. P.: 1 Elefant
ohne nähere Zeitangabe:
    1 Bovide kleiner als Schaf/Ziege
    1 Bovide Schaf-/Ziegengröße
    2 Boviden Größe zwischen Schaf und Rind
insgesamt: 4 Boviden kleiner als Schaf/Ziege
    3 Boviden Schaf-/Ziegengröße
    3 Boviden Größe zwischen Schaf und Rind
    2 Boviden größer als Rind
    1 Bovide unbestimmter Größe
    1 Elefant

II. Im südlichen Fessan bei Majedoul
ohne nähere Zeitangabe:
    1 Bovide größer als Rind

III. Südlich von Djanet/Algerien
um 4715 B. P.: 1 Bovide größer als Rind

IV. Im Djebel Eghei
um 5125 B. P.: 1 Gazelle
    1 Antilope
    1 großer Bovide (wahrscheinlich Büffel)
ohne nähere Zeitangabe:
    1 Bovide kleiner als Schaf/Ziege
    1 Bovide Schaf-/Ziegengröße
    1 kleiner Bovide
    1 Vogel (?)
insgesamt: 5 kleinere und mittelgroße Boviden
    1 großer Bovide (Büffel?)
    1 Vogel (?)

V. In der südl. Serir Tibesti (Endpfanne Yebbigué)
ohne nähere Zeitangabe:
    1 Bovide kleiner als Schaf/Ziege
    1 Bovide Rindergröße
    1 großer Bovide (Büffel)

VI. In der südl. Serir Tibesti (Endpfanne Bardagué-Arayé)
um 7455 B. P.: 1 Gazelle (Gazella cf. setifensis)
    1 Schaf (Ovis)
    2 Antilopen (cf. Hippotragus)
    3 Rinder (Bos)
    2 kleine Büffel (Bubalus cf. brachycerus)
    1 großer Büffel (Bubalus)
    1 Giraffe (Giraffa camelopardalis)
    1 Elefant (Loxodonta africana)
um 6435 B. P.: 1 Elefant (Loxodonta africana)
um 5220 B. P.: Strauß (Strutho, nur durch Eierschalen belegt)

VII. Im Tibesti-Gebirge (Enneri Dirennao-Gabrong)
um 8065 B. P.: 1 Gazelle
    1 Büffel (Bubalus cf. cafer?)
ohne nähere Zeitangabe:
    1 Bovide kleiner als Schaf/Ziege
    1 Bovide Schaf-/Ziegengröße
    1 Bovide Größe zwischen Schaf und Rind
    1 Bovide Rindergröße
    1 Bovide größer als Rind
    1 Raubtier Fuchsgröße
    1 Katze
    1 Vogel (?)
    1 Reptil

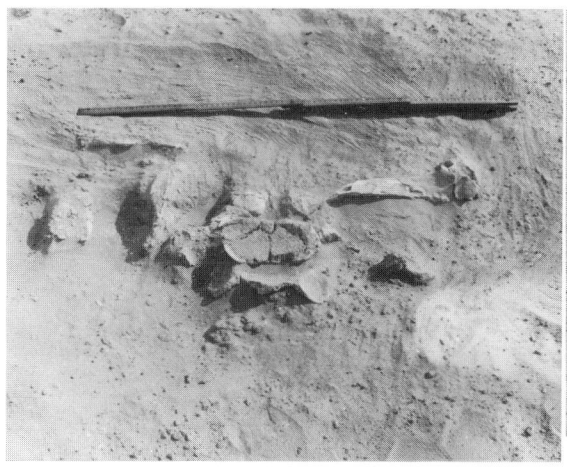

Photo 20 Elefantenreste in den Akkumulationen des Wadi Behar Belama (Fa 2). In der Bildmitte ist ein Wirbel zu erkennen. Mehrere Wirbel, Rippen und Femurteile sind hier mehr oder weniger noch in ihrem ursprünglichen Verband, Schädelteile waren ca. 30 m talauf in die gleichen Sedimente eingebettet. Länge des Zollstocks = 80 cm.   2. 1. 1971

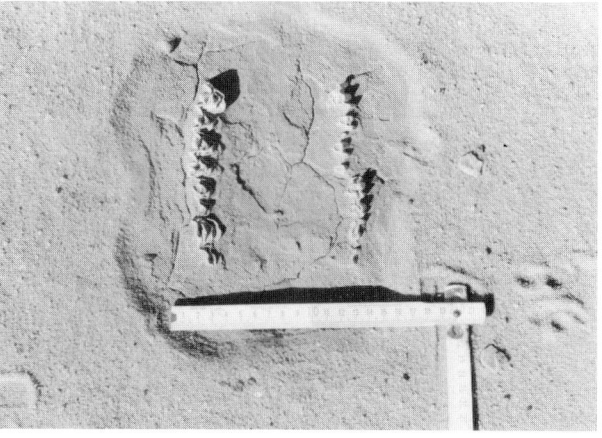

Photo 21 Oberkiefergebiß eines Boviden größer als Rind (Büffel) an den Steinplätzen ca. 60 km südlich von Djanet/Algerien (Fa 4, vgl. Photos 14 bis 17). Nach Abfegen der Flugsanddecke erscheint die Polygonstruktur des Serirbodens, die also jünger ist als die Einlagerung der Knochenreste. Darunter wurde eine 25 cm tiefe Brandgrube sichtbar (vgl. Hv 5617 in Tab. 2).   7. 4. 1973

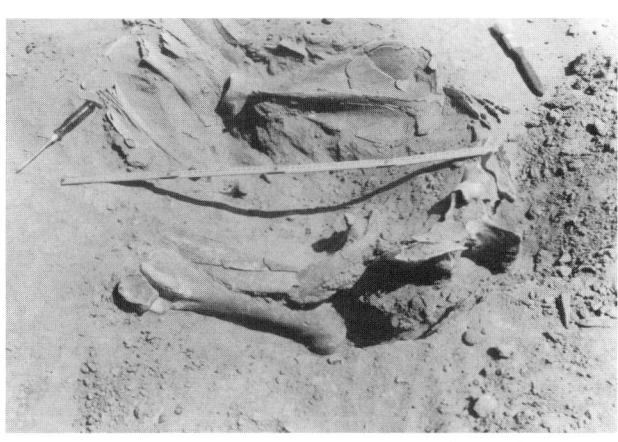

Photo 22 Skelett eines Büffels in den Sedimenten der fossilen Endpfanne Yebbigué (Fa 7). — Zollstock = 80 cm.   7. 6. 1967

Photo 23 Teil eines Elefantenskeletts (Femur), eingebettet in lakustre Sedimente der fossilen Endpfanne Bardagué (Fa 10) und durch Deflation wieder freigelegt. — Hammer als Maßstab.   16. 12. 1966

Photo 24 Femur eines Elefanten in den Schottern der Niederterrasse (NiT) des Enneri Dirennao/Tibesti (Fa 12, siehe Karte 2: km 18).   16. 8. 1967

Photo 25 Nest von insgesamt 5 Straußeneiern (der größte Teil noch unter dem Sand), nordwestlich von Wau en Namus in der Nähe größerer Steinplatzvorkommen (siehe Hv 4801 und Hv 4802 in Tab. 1 sowie die Bemerkungen zu km 82 in Steinplatzzählung 4). — Kugelschreiber zum Größenvergleich.   15. 1. 1972

Photo 26 Siedlungsreste an den Ufern des Enneri Tihai/Dj. Eghei. Die eingesandeten runden Steinsetzungen sind deutlich zu erkennen. Genaue Altersangaben sind schwierig; über Begleitfunde (Keramik) kann man aber meistens eine neolithische Einstufung vornehmen. 18. 1. 1972

Photo 27 Neben tragbaren Reibeplatten als Handmühlen (vgl. Fig. 10) finden sich im Gebirge allenthalben Felder von Mahlflächen im anstehenden Gestein, die selten so stark eingetieft sind wie hier am Leclerc-Felsen in Zouar. Das hohe Alter läßt sich aus den Verwitterungsprozessen erschließen, die seither gewirkt haben: Nach der Eintiefung in den Sandstein muß eine Krustenbildung die Oberfläche verhärtet haben; dann ist diese Kruste teilweise wieder zerstört und abgetragen worden, und die Hartrindenauskleidungen der Reibelöcher ragen nun über die heutige Oberfläche hinaus (deutlich sichtbar am oberen Bildrand rechts von der Mitte und am unteren Rand). — Ein Gazellengehörn von 23 cm Länge als Größenmaßstab. — Dies Photo ist ein weiteres Beispiel dafür (vgl. Photos 2, 4, 9, 11 und 21), wie prähistorische und geomorphologische Beobachtungen sich gegenseitig ergänzen und dadurch zum Verständnis von der Genese der Phänomene und der chronologischen Einordnung der Prozesse beitragen.
12. 4. 1967

Photo 28 Vier pleistozäne Schotterterrassen im Enneri Dirennao/Tibesti. Blick vom rechten Ufer, km 11, talabwärts nach SSW (vgl. Fig. 14 sowie Photo 40 und Karte 2). Am gegenüberliegenden Ufer die NiT (in einem kleinen Rest rechts von der Bildmitte), die oMiT, die oObT (= obere Oberterrasse) und schließlich die uHöT (= untere Höhenterrasse, nur in der rechten Bildhälfte). Die uMiT fehlt hier noch, sie tritt erst 5 km weiter unterhalb auf. Außer der NiT haben alle einen Sandsteinsockel, der das Niveau der nächstniedrigeren Terrasse jeweils überragt. Das Gelände hinter der oObT und uHöT liegt größtenteils tiefer als diese, so daß sie zur uferparallelen Wasserscheide werden. Die höheren Gipfel in der rechten Bildhälfte und der Berg am linken Bildrand tragen noch Basaltdeckenreste. 24. 6. 1967

Photo 29 Drei Schotterterrassen am Enneri Asger Ulelá, einem linken Nebenflußlauf des Enneri Dirennao (vgl. Karte 2 und Photo 41). Blick nach N. Die drei Niveaus fallen von rechts nach links im Sinne des Flußgefälles ab. Darüber am rechten Bildrand noch Reste älterer Schotterterrassen (HöT) des Enneri Dirennao. Vom linken Bildrand ragt ein Trachyt-Andesit-Dyke ins Bild, ein zweiter — parallel dazu — mit einem markanten Durchbruch des Enneri Dirennao bei km 3,5 — ist in Bildmitte im Hintergrund zu erkennen. Darüber erhebt sich der höchste Berg im Einzugsbereich des Dirennao (= ca. 1950 m ü. M.), ein von einer tertiären Flächenbildung gekappter Belonit der älteren Hellen Serie (VINCENT, 1963), der die flachlagernden Basaltdecken durchstößt. 11. 7. 1967

3. Indizien zur Paläökologie im Gebirge (Mittel- und Niederterrassen)

3.1 Einführung

Die Umweltverhältnisse im Tibestigebirge für den Zeitraum nach 7000 B. P. zu rekonstruieren, bietet noch einige Schwierigkeiten, da nicht so viele gut datierte Indizien vorliegen, wie es auf den Serirebenen die Steinplätze und die Faunenfunde sind. Lediglich die großen Mengen an Felsbildern und die Oberflächenfunde von Keramik, Artefakten, Steinsetzungen und anderer Kulturreste, an deren neolithischer Zeitstellung kein Zweifel besteht, geben Kunde von dem vielfältigen Leben, das in diesen Jahrtausenden im Tibesti herrschte.

3.2 Neolithische Kulturgruppen im Gebirge

Die meisten dieser Funde lassen sich aber bisher weder absolut noch relativ chronologisch genauer bestimmen; ihre Gliederung in zeitlich oder faziell voneinander getrennte Einheiten sowie Herkunft und Verbleib der Völker sind noch offene Fragen.

Erste Schritte in dieser Richtung wurden über die Keramik versucht, deren Herstellung hier bereits vor 8000 B. P. einsetzte. Keramik ist ja in der Archäologie einer der empfindlichsten Kulturindikatoren. Sie vermittelt den größten Aussagewert über den technologischen Entwicklungsstand, das materielle Lebensniveau und über das ästhetische Empfinden eines Volkes, zugleich auch über soziologische Differenzierungen, kulturelle Beeinflussung, Handelsbeziehungen usw. (vgl. CAMPS, 1974, 235 f., und allgemein SHEPARD, 1971, 334 ff.). Daher ist eine stilistische und chronologische Gliederung der vorhandenen Keramikarten und deren eingehende Charakterisierung von grundlegender Bedeutung in einem unerforschten Gebiet, wie es das Tibesti ist.

Fragmente von mehr als 1000 Gefäßen aus dem Tibesti wurden stilistisch und formal untersucht, um zu einer derartigen Systematik zu gelangen. Parallel dazu wurden die physikalischen und mineralogisch-petrographischen Eigenschaften analysiert, um über die technische Qualität und die Herkunft des Rohmaterials weitere Informationen zu erhalten (OKRUSCH et al., 1973, STRUNK-LICHTENBERG et. al., 1973; eine spezielle Publikation zur Keramikgliederung befindet sich in Vorbereitung). Ein Ergebnis der Untersuchungen war zum Beispiel, daß sich im Neolithikum offenbar kein eigenes Töpferhandwerk im Tibesti herausgebildet hat, denn eine kontinuierliche Verbesserung zu höherwertigen Produkten ist nicht zu erkennen. Außerdem konnte wahrscheinlich gemacht werden, daß die Keramik ihr jeweiliges lokales Herstellungsgebiet nicht verlassen hat, woraus auf Seßhaftigkeit der Menschen und auf geringen Warenaustausch zu schließen ist.

Vor allem auf den intermontanen Sandschwemmebenen und auf den die Flußläufe begleitenden Terrassenflächen häufen sich die neolithischen Funde. Man wohnte entweder in primitiven kleinen Rundhütten aus Trockensteinmauern, deren Ruinen dort allenthalben anzutreffen sind (Photo 26) und deren Begleitfunde (Keramik u. a.) sie als neolithisch erweisen, oder hinter Schutzmauern an Felswänden bzw. unter Felsüberhängen (Abris) der aus den Ebenen aufragenden Inselberge. Dort wie auch an geeigneten Felsflächen der Talhänge haben die Menschen zahlreiche Bilder in den Stein geritzt, geschliffen oder gepunzt. Ihr Inhalt gewährt detaillierte Einblicke in die damaligen Verhältnisse, und die verschiedenen Stile deuten wie die Keramik auf zeitlich oder räumlich differenzierte Kulturgruppen hin (vgl. z. B. B. GABRIEL, 1972 b, 118, und 1974 a, 101 f.).

Die neolithischen Fundplätze im Gebirge zeichnen sich durch den Mangel an Pfeilspitzen, die häufige Verwendung von Obsidian und die große Fülle von Keramik aus. Läufersteine sind zahlreich (Fig. 27 und 28), aber mobile Handmühlen fehlen gewöhnlich. Dafür findet man überall in den Basalt- und Sandsteinfelsen Reibeflächen, auf denen die Menschen ihr Korn mahlen konnten (Photo 27). Wahrscheinlich ernährten sie sich vom Ackerbau und von der Sammelwirtschaft und besaßen daneben auch kleinere Rinder- oder Kleinviehherden. Jedenfalls waren sie mehr oder weniger seßhaft, und die Jagd spielte eine untergeordnete Rolle bei der Nahrungsbeschaffung. Rassisch dürften sie eher dem negroiden Typus angehört haben (HERRMANN und B. GABRIEL, 1972, vgl. BRIGGS, 1955, 76 ff., CAMPS, 1974, 221 ff. und 258 ff., CHAMLA, 1968, FORDE-JOHNSTON, 1959, 55 ff., LHOTE, 1970, OBENGA, 1973, 43 ff.).

Da neolithische Kulturerscheinungen sehr früh einsetzten und lange anhielten, ist eine zeitliche Einordnung der verschiedenen Gruppen noch mit großen Unsicherheiten behaftet. Der Übergang zu protohistorischen und präislamischen Epochen mit den großen Gräberfeldern (B. GABRIEL, 1970 a) ist vermutlich fließend. Der Mangel an exakten chronologischen Daten macht es schwierig, die neolithischen Kulturreste im Tibesti unter dem Gesichtspunkt des ökologischen Wandels zu interpretieren.

3.3 Die untere Mittelterrasse (uMiT) und ihre stratigraphische Einordnung

Ein geomorphologisch-sedimentologisches Phänomen hat sich aber als Schlüssel zum Verständnis des paläökologischen Wandels im Gebirge erwiesen: die untere Mittelterrasse (uMiT) bzw. Seeterrasse, Hauptterrasse oder — wie sie in der Literatur zu den Flußterrassen im Tibesti meistens genannt wird — lediglich Mittelterrasse (MT). Diese Literatur ist inzwischen auf über 30 Titel angewachsen, die vornehmlich aus der Forschungsstation Bardai des Geomorphologischen Labors (II. Geogr. Institut) der Freien Universität Berlin hervorgegangen sind [32].

Die uMiT, wie sie im folgenden kurz bezeichnet wird, ist für die paläökologische Interpretation deshalb so entscheidend, weil sich in ihr geeignetes Material für ^{14}C-Datierungen sowie für Pollenanalysen findet, weil sie die fluviale Akkumulation mit dem stärksten Fossilgehalt ist, weil sie eine weite Verbreitung besitzt und weil sie schließlich von ihrer Fazies her leicht und eindeutig bestimmten Sedimentationsbedingungen — nämlich limnischen — zugeordnet werden kann. Die Genese dieser Seen und ihre stratigraphische Position im Verlauf der fluvialen Erosion und Akkumulation im Tibesti birgt aber einige Probleme.

Neben den lakustren Sedimenten, die HÖVERMANN (1967 b) und JÄKEL (1967) als „Mittelterrasse" bezeichneten, hatte bereits DALLONI (1934, 135 ff.) eine weit verbreitete 6-m-Terrasse erkannt und lokal ein 30-m-Niveau festgestellt. GROVE (1960) beschrieb darüberhinaus noch eine Hochterrasse, die vorwiegend aus hellen feinkörnigen vulkanischen Tuffen bestand.

In den Terrassenuntersuchungen der Forschungsstation Bardai (ab 1965, siehe vor allem die Arbeiten von BÖTTCHER, 1969, BRIEM, 1970 und 1976, ERGENZINGER, 1969, B. GABRIEL, 1970 b und 1972 b, GRUNERT, 1972 und 1975, HAGEDORN und JÄKEL, 1969, JÄKEL, 1967 und 1971, MOLLE, 1969 und 1971, sowie OBENAUF, 1967 und 1971) schien sich diese stratigraphische Gliederung in höchstens vier unterschiedliche Akkumulationen zunächst zu bestätigen: Man erkannte eine aus Grobschottern bestehende Niederterrasse (NT), eine feinkörnige, weitgehend limnische Mittelterrasse (MT) und wiederum eine grobe Oberterrasse (OT). Hinzu trat lokal die bereits genannte Hochterrasse (auch „hohe Verschüttungen" oder „Verschüttungsterrasse" genannt), und nur gelegentlich wurden noch einzelne hochgelegene Schotter registriert (z. B. BÖTTCHER, 1969, 20, oder MOLLE, 1969, 24), die aber nirgends als durchgängiges Terrassenniveau oder als überregionale eigene Akkumulation zu erkennen waren. OT, MT und NT konnten noch durch einzelne Erosionsniveaus untergliedert sein.

Die Untersuchungen im Enneri Dirennao (B. GABRIEL, 1970 b, 1972 b), einem ca. 35 km langen Nebenflußlauf des Bardagué nördlich von Bardai, ergaben jedoch ein erheblich differenzierteres Bild vor allem in der älteren Terrassenfolge. Mit den 5 bzw. 6 vor der feinkörnigen uMiT liegenden Akkumulationen war hier die bisher vollständigste Serie quartärer Flußterrassen in der Sahara erhalten. Unbeeinflußt von jungen tektonischen und vulkanischen Störungen hatte sich der Flußlauf etwa 400 m tief in die endtertiären Basaltdecken des Tarso Ourari eingeschnitten. Heute verläuft er weitgehend in den paläo- oder mesozoischen Sandsteinen, die die Basalte unterlagern [33].

Daß die älteren Akkumulationen in den anderen Enneris grundsätzlich fehlen, ist zumindest anzuzweifeln. Mehrfach wurden ähnliche Terrassen gesehen und beschrieben, aber anders interpretiert: als untere, mittlere und obere Erosionsniveaus in einem genetisch einheitlich gedachten Sedimentkörper der OT. — Dies ist jedoch besonders in solchen Fällen unwahrscheinlich, wenn die oberen Niveaus als dünne Auflage auf einem Sockel des Anstehenden — also auf einer Felsterrasse — ruhen und die niederen bis tief hinunter durchgehende Sedimente aufweisen (vgl. z. B. JÄKEL, 1971, Profile 8 und 13, oder OBENAUF, 1971, Profile M4 und M5). Eine Erklärung als völlig voneinander unabhängige Terrassenphänomene entspricht dann eher der Vorstellung von einem rhythmischen Wechsel von Einschneidungs-, Stillstands- und Aufschüttungsphasen bei insgesamt kontinuierlicher Tieferlegung des Flußbettes.

Die uMiT war also weder stratigraphisch noch chronologisch eigentlich eine „Mittel"-Terrasse, sondern stand fast am Ende des quartären Erosions- und Akkumulationsgeschehens in den Enneris. Hier ist K. KAISER (1973, 355) beizupflichten, der die Seebildungen der Mittelterrassenzeit sinnvoller in ein „Niederterrassen-System" eingliedern möchte. Ihr stratigraphisches Verhältnis zu den unteren Niveaus der OT und den oberen der NT war nicht immer einwandfrei zu klären, da diese häufig in ungefähr gleicher Höhe über der Talsohle (= ü. T.) auftraten und eindeutige Anlagerungsdiskordanzen selten zu beobachten waren. Bei Tjolumi im Enneri Dirennao konnte sogar nachgewiesen werden, daß die Feinsedimente der uMiT die ältere Grobschotterakkumulation der oMiT zunächst überdeckt hatten; dann wurden die Feinsedimente teilweise wieder abgespült und die alte Schotterfläche erneut herauspräpariert, so daß nun die ältere Terrasse eine geringere Höhe ü. T. aufweist als die jüngere (Fig. 15, siehe B. GABRIEL, 1970 b). Derartige Überlagerungen eines unteren Niveaus der OT durch die Sedimente der MT hat auch MOLLE (1971, 14) bei Ouanafou und Kamai im Enneri Zoumri festgestellt.

Diese morphologischen Besonderheiten haben dazu geführt, daß im Bereich der MT stratigraphisch einige Mißverständnisse existieren. — Wenn die charakteristischen Sedimente der feinkörnigen MT im Flußlauf fehlten, war es offenbar sehr schwer, die unteren Niveaus der OT von den oberen der NT überhaupt zu

---

[32] Sie werden bei B. GABRIEL (1973 a, 60 ff. und 1974 b, 122 f.) bibliographisch erfaßt, weshalb an dieser Stelle auf eine ausführliche Nennung aller Arbeiten verzichtet werden kann. Die pleistozänen Flußterrassen des Enneri Dirennao in ihrer Gesamtheit wurden bereits bei B. GABRIEL (1970 b und 1972 b) dargestellt, dort jedoch vornehmlich unter anderen Fragestellungen als die hier im Vordergrund stehenden. Aus den genannten Arbeiten stammen (in gleicher oder nur wenig modifizierter Form) die Tab. 7 bis 9, die Fig. 14 bis 20, die Photos 28 bis 31 und 37 bis 41 sowie die Karte 2.

[33] Zur Geologie des Gebietes siehe vor allem K. KAISER (1972 a), ROLAND (1973) sowie VINCENT (1963 und 1969).

unterscheiden (OBENAUF, 1971, 32 f., oder JÄKEL, 1971, Profile 30, 54 und 56). Eine Zuordnung mag in solchen Fällen mit einigen Zweifeln behaftet sein, zumal von fast allen Bearbeitern die Gleichartigkeit der Sedimente bei OT und NT betont wird.

Vielfach besaß die MT in ihrem Top eine mehr oder weniger mächtige Lage gröberer Schotter. Wenn nun das darunter liegende Feinmaterial nicht aufgeschlossen war und wenn sie die gleiche Höhe haben konnte wie hohe NT- oder niedrige OT-Reste, wenn sich gar die Oberflächennivellements verschneiden konnten (B. GABRIEL, 1970 b, MOLLE, 1971, Profil VIII), so war es praktisch ausgeschlossen, in jedem Einzelfall die Zugehörigkeit exakt anzugeben.

Im Misky und Yebbigué wurde dieser stratigraphische Komplex „Hauptterrasse" (HT) genannt. Er konnte den Berichten zufolge teils in limnischer, teils in Grobschotter-Fazies ausgebildet sein (BÖTTCHER, 1969, 16, ERGENZINGER, 1968 a, 102 f., und 1969, 421 ff., GRUNERT, 1972, 106 ff., JANNSEN, 1970, 10 ff.). Das deutet eher darauf hin, daß auch hier zeitlich und genetisch unterschiedliche Akkumulationen vorliegen, die von den Bearbeitern nicht getrennt werden konnten, weil ihre geomorphologischen Formen zusammenfielen.

In gleichem Sinne ist wohl die Annahme von ZIEGERT (1969, 124) zu interpretieren, der die verschiedene Ausbildung als Stromstrich- und Talrandfazies des mäandrierenden Flusses erklärt.

Die wiederholte Bildung von Aufschüttungsflächen in demselben Niveau führte dazu, daß diese Form im Gelände als „Hauptterrasse" besonders markant in Erscheinung tritt. Schon DALLONI (1934, 135 ff.) hatte ja — wie erwähnt — die weite Verbreitung einer 6-m-Terrasse hervorgehoben, und auch im Enneri Dirennao nehmen oMiT und uMiT zusammen die größten Areale ein.

Einheitliche Bezeichnungen in den Terrassenuntersuchungen können also sehr verschiedenen Inhalten entsprechen, und andererseits werden die gleichen Phänomene häufig unterschiedlich benannt. Daß Terrassenreste, die als NT kartiert wurden, in Wahrheit gleich alt oder älter sind als die mittlerweile gut und zuverlässig datierte MT, läßt sich an einem Beispiel bei Gonoa (21° 18' N — 16° 53' E) zeigen. Dort liegen auf der von OBENAUF (1971, 26 f.) als NT bezeichneten, ca. 6 m hohen Schotterterrasse große Ignimbritblöcke mit Felszeichnungen der ältesten Stilepochen, die mehr als 8000 Jahre alt sein dürften (HUARD, 1952, 1953 und 1959, sowie HUARD in BECK u. HUARD, 1969, 149 ff.). Ausdrücklich fügt OBENAUF hinzu (1971, 27), daß die NT sich also zur Zeit der Felszeichner bereits in Zerschneidung befunden habe. Nun ist aber — wie im folgenden näher ausgeführt — durch ^{14}C-Datierungen einerseits nachgewiesen, daß der Aufbau der MT in vielen Enneris noch bis um 7000 B.P. vor sich ging und daß andererseits die NiT im Enneri Dirennao in das letzte Jahrtausend v. Chr. zu stellen ist. Es muß sich demnach bei der 6-m-Terrasse von Gonoa um eine Schotterterrasse älter als die MT oder die uMiT handeln, und gemäß ihrer Höhe ü. T. sowie ihrer faziellen Ausprägung ist anzunehmen, daß sie mit der oMiT des Dirennao-Systems identisch ist.

3.4 Die obere Mittelterrasse (oMiT)

Diese oMiT im Enneri Dirennao besteht grundsätzlich aus ca. 4 m geschichteten Kiesen und Schottern auf einem 2-m-Sockel des Anstehenden. Bei Einmündungen von Nebenflüssen und im Quellbereich des Enneri Dirennao kann dieser Sockel auch fehlen, so daß die vorangegangene Erosionsphase zumindest linienhaft bis unter das heutige Flußbett gereicht haben muß. Der Aufbau der in den oberen Teilen rotbraun verwitterten Akkumulation erfolgte parallel zur letzten Phase starker Schuttproduktion an den Hängen, denn die jüngste Schutthanggeneration ist überall auf das Niveau der oMiT eingestellt. Darin liegt ein weiterer Hinweis dafür, daß die oMiT verschiedentlich der OT, HT oder NT anderer Bearbeiter entspricht, wenn nämlich deren Verzahnung mit der letzten Schutthanggeneration berichtet wird [34].

Rezent (oder bereits zur Zeit der NiT-Akkumulation?) werden die „schuttbedeckten Glatthänge" (HÖVERMANN, 1967 b, 9), die als geschlossene Flächen in parabelförmigen langen Hangschleppen gesteinsunabhängig in gleichmäßiger, stetiger Kurve (ohne Hangknick) von den Gipfeln oder von der Stufenstirn ins Tal ziehen und sich dort mit den Terrassen verzahnen, durch linienhafte Erosion wieder zerrachelt und zerrunst. Dabei tritt eine Entblößung des Anstehenden und Herauspräparierung widerständiger Schichten ein; die Reliefenergie in den Meterdistanzen wird erhöht, und die unteren Teile der Hänge werden gelegentlich von den oberen durch tiefe Einschnitte abgetrennt. Gleichzeitig mit einer allgemeinen Hangversteilung bleiben oftmals solche verselbständigten Reste in den unteren Hangpartien als Schuttrampen erhalten, wie sie u. a. von BLUME und BARTH (1972) beschrieben wurden. Die gleiche Auffassung, daß die heutigen Pro-

---

[34] Zur Verzahnung der Hänge mit Terrassen sowie allgemein zur Hangentwicklung im Tibesti vgl. BRIEM (1970 und 1977), BUSCHE (1972, 102, und 1973), ERGENZINGER (1972, 97), B. GABRIEL (1972 b, 121 und 128), HÖVERMANN (1967 a, 152 f., 1967 b, 9, und 1972), JANNSEN (1970, 24 ff.), K. KAISER (1970, 175 ff., und 1972 b), MESSERLI (1972), MOLLE (1971, 16 ff.), PACHUR (1970), VILLINGER (1967). Ähnliche Beobachtungen aus dem Hoggar siehe bei BÜDEL (1955, 108 f.) und ROGNON (1967).

zesse lediglich zu einer Entblößung der Hänge von Schutt oder zur Reliefversteilung führen, vertritt BRIEM (1977, 19 f.) [35].

Wenn man die Bildung des fossilen scherbigen Hangschutts in den Höhen über 1200 m tatsächlich der Frostsprengung zuschreiben könnte, wären hier die Überreste einer letzten, in den Hochregionen des Tibesti wirksamen Kaltzeit gegeben. Eine Parallelisierung mit dem europäischen Hochwürm läge in diesem Falle nahe (vgl. B. GABRIEL, 1972 b, 128).

Obwohl eine solche Annahme einleuchtend erscheint, muß man mit der klimatischen Interpretation und zeitlichen Einordnung von Akkumulationen vorsichtig sein, wenn sie sich nur auf sedimentologische oder stratigraphische Indizien stützt. Tatsächlich existieren ja aus der oMiT im Enneri Dirennao sowie von OT und NT in den anderen untersuchten Enneris weder irgendwelche Fossilien noch zur ^{14}C-Datierung geeignetes Material. Aus den erkennbaren Sedimentationszyklen konnte MOLLE (1971) lediglich auf eine episodische Wasserführung schließen. Eine absolut-chronologische Fixierung muß daher ebenso offen bleiben wie eine paläökologische Interpretation. Zudem liegt die oMiT mit Sicherheit außerhalb des hier gesteckten zeitlichen Rahmens, da dieser von den folgenden uMiT und NT eingenommen wird. Wichtig ist nur, daß sie von der feinkörnigen limnischen uMiT als stratigraphisch älter abzutrennen ist und daß die letzte Schutthanggeneration auf sie eingestellt ist. Wichtig ist ferner, daß ihr offenbar häufig die niederen Niveaus der OT oder die hohen Niveaus der NT anderer Terrassenuntersuchungen im Tibesti entsprechen.

3.5 Der Aufbau der uMiT

Nach einer Ausräumungsphase erfolgte die Akkumulation der uMiT. Wenn auch die Aufschlußbeschreibungen recht verschieden sein können und selbst im gleichen Flußlauf keineswegs einheitlich sind, so lassen sich doch einige charakteristische, immer wiederkehrende Merkmale ausscheiden, anhand derer diese Akkumulationen leicht zu erkennen sind [36].

---

[35] Die Schuttrampen-Bildung wäre demnach kein spezielles Phänomen der Schichtstufen-Morphodynamik, sondern allgemeiner der Hangentwicklung in ariden Gebieten. Sie ist abhängig von ererbten Ausgangsformen und nur bei einem Wechsel der klimageomorphologischen Formungsdynamik zu erwarten. Vermutlich liegt hier der gleiche Prozeß vor, der andernorts zur Ausbildung von Randfurchen bei Inselbergen geführt hat, siehe HAGEDORN (1967) und HÖVERMANN (1967 a, 145 ff.). Danach wären die höheren Wälle außerhalb der Randfurche nichts anderes als letzte Reste ehemaliger Pedimenthänge und späterer Schuttrampen.

[36] Vgl. vor allem die Arbeiten von B. GABRIEL (1970 b), GRUNERT (1975, 75 f.), JÄKEL (1967, 1971 und 1974), JÄKEL und SCHULZ (1972), K. KAISER in BÖTTCHER et al. (1972, 184 ff.), K. KAISER (1973, 344 f. und 354 ff.), MALEY et al. (1970, 142 ff.), MESSERLI (1972, 54 ff.), MOLLE (1969 und 1971), ZIEGERT (1969 a, 123 ff.).

Vielfach ist ein dreiteiliger Aufbau festzustellen: Über geschichteten braunen Sanden und Kiesen liegt ein Paket dünner Lagen von grauen und manchmal rosafarbenen Schluffen und Tonen, die mit vulkanischen Aschen, mit Gipslagen, Kalkkonkretionen, ja sogar massiven Kalkkrusten durchsetzt sein können. Abschließend folgen dann an manchen Stellen grobe Kiese oder Schotter, an anderen jedoch gehen die feinen Schluffe und Tone allmählich nach oben über in verkalkte Rhizomhorizonte. Die mittleren Feinsedimente und die Rhizomhorizonte enthalten gewöhnlich fossile Mollusken und Blattabdrücke, manchmal auch torfartige Mudden, und insgesamt erweisen sie sich bei Pollenanalysen als die Sedimente mit dem stärksten Pollengehalt.

Abweichungen von dem regelhaften Aufbau sind häufig. Unter den Basissanden treten zum Beispiel bei Billegoy im Enneri Dirennao intensiv rotbraun verwitterte Schotter auf, die von der vorangegangenen Akkumulation der oMiT stammen dürften. Die mittleren Schluffe und Tone können große Mächtigkeiten erreichen, und bei konkordanter Lagerung können die Schichten in stark differenzierter Fazies entwickelt sein. Bisweilen sind Sand-, Kies- und Schotterpakete dazwischengeschaltet, die aber wie der Abschlußkies im Top immer unverwittert sind, so daß sie bei überwiegendem Basaltanteil graublau erscheinen. Desgleichen können mehrere Rhizomhorizonte in Wechsellagerung mit Kieslinsen ausgebildet sein, oder die Rhizomhorizonte können selbst sehr viele gröbere Schuttpartikel enthalten. Immer sind sie aber stark kalkhaltig und daher verbacken.

3.6 Altersfragen

Der Profilschnitt bei Gabrong (Photo 30) in einem kleinen Seitental des Enneri Dirennao lieferte im Oktober 1966 erstmals den Hinweis, daß die lakustren Sedimente der MT noch in neolithische Zeiten hineinreichten. Im Sommer 1967 kamen weitere Beobachtungen hinzu, als nämlich sowohl im Enneri Kudi an der Yedri-Piste nördlich des Arogoud (ca. 21° 39' N — 16° 56' E) wie auch am unteren Yebbigué nördlich von Orda (ca. 22° 05' N — 17° 50' E) neolithische Keramik in den oberen Schichten solcher Stillwasserablagerungen gefunden wurden. Im Enneri Dirennao steckten neolithische Siedlungsreste in den Abschlußkiesen bei Billegoy und bei km 16,7 (siehe Karte 2); und schließlich wurden in den fossilen Endpfannen von Bardagué und Yebbigué große Mengen an neolithischen Hinterlassenschaften gefunden, eingebettet in die gleichen hellgrauen, gebankten Tone und Schluffe, aus denen sich ein Großteil der MT im Tibesti aufbaute.

Zahlreiche ^{14}C-Datierungen bestätigten ab 1969 diese Beobachtungen. Inzwischen sind über 35 Daten aus MT-Sedimenten oder anderen limnischen Ablagerungen bekannt, die ein recht einheitliches Bild vom Alter der Seenphase im Tibesti vermitteln (siehe vor allem die Zusammenstellung bei GEYH und JÄKEL, 1974 a). Die Daten wurden häufig aus Kalkkrusten oder aus fossilen Schneckenschalen gewonnen und können daher nicht vorbehaltlos als zuverlässig gelten [37]. Da sie aber in größerer Zahl vorliegen und außerdem durch zuverlässigere, aus Blattpolstern, Mudden und Holzkohle gewonnenen Daten bestätigt werden, ist an ihrer größenordnungsmäßigen Richtigkeit nicht zu zweifeln.

Die Daten beginnen frühestens bei 14 000 bis 12 000 B. P. Sie reichen in der Mehrzahl bis 7000 B.P., wobei aber einzelne Werte sowohl im Tibestigebirge wie in den nördlichen Ebenen auch noch zwischen 5000 und 6000 B. P. liegen.

Annähernd gleichzeitig mit dieser lakustren Phase im Tibesti haben in vielen Teilen des nordafrikanischen Trockengürtels von Mauretanien bis zum Sinai und bis zur Danakil-Wüste zahlreiche Seen existiert, deren größter das riesige Paläotschadmeer darstellte, das in der Bodelé-Depression bis an den Südrand des Tibestigebirges reichte und von dem nur noch der heutige Tschadsee übrig ist.

Von den vielen Publikationen zu den fossilen Seen und limnischen Sedimenten seien hier — regional aufgeschlüsselt — nur solche genannt, die zum Thema dieser Arbeit wichtige Ergänzungen oder Parallelen bieten, ohne daß aber diese einzeln diskutiert werden können. Die faziellen und chronologischen Fakten und die damit zusammenhängenden genetischen, geomorphologischen und paläoökologischen Probleme zeigen teilweise frappierende Ähnlichkeiten, besonders in den Gebirgen des Trockengürtels, wie im Hoggar und im Sinai, so daß bereits BÜDEL (1955, 109) den Gedanken äußerte, hier müßten „nicht nur die Spuren einer bloß morphologisch analog wirksamen sondern wirklich der gleichen fossilen Klimaperiode" vorliegen [38].

3.7 Fossilien- und Pollengehalt der uMiT

Wie bereits erwähnt, enthalten die limnischen Sedimente der MT fast als einzige der quartären Akkumulationen (neben denen der Hochterrasse und der limnischen Calderenfüllungen) einen nennenswerten Gehalt an organischen Fossilien: Schneckenschalen meist limnischer Arten (zusammengestellt bei BÖTTCHER et al., 1972), kalkverkrustete Rhizome von Sumpfgewächsen (Schilf: *Typha, Phragmites*) und Blattabdrücke, zahlreiche Pollenkörner (= PK) von heute im Tibesti nicht mehr vorkommenden Arten (BUSCHE, 1973, 68, B. GABRIEL, 1970 b, JÄKEL, 1971, 40, JÄKEL und SCHULZ, 1972, SCHULZ, 1972, 1973 und 1974) und gelegentlich Diatomeen (EHRLICH und MANGUIN, 1970). Nur im Enneri Dirennao wurden auch Knochenreste in der uMiT gefunden, und zwar im Abschlußkies bei Billegoy einige unbestimmbare Frag-

---

[37] Zur Problematik von Altersanalysen aus organogenen und limnischen Kalken siehe GEYH (1971), GEYH et al. (1970), MÜNNICH und VOGEL (1959).

mente größerer Röhrenknochen und in den Schluffen bei km 16,7 die Epiphyse von einem Langknochen eines etwa fuchsgroßen Säugetiers (best. durch Prof. NIETHAMMER, Bonn).

Als besonders aufschlußreich erwies sich ein Profilschnitt in den limnischen Sedimenten unter dem Abri von Gabrong (Fig. 20 bis 32 und Photos 30 bis 34). Die braunen kalkhaltigen Sande an der Basis enthielten zahlreiche Kulturreste: den angebrannten Unterkiefer einer Gazelle, das Schulterblatt eines großen Büffels (Photo 33), Gehäuse einer xerophilen Landschneckenart *(Zootecus insularis)*, Obsidianabschläge, Handmühlen- und Reibesteinfragmente, Keramik vom Typ „dotted wavy line" (Fig. 31, 32 und Photo 34) und

---

[38] Zu Mauretanien und West-Sahara vgl. BEUCHER und CONRAD (1963), CHAMARD (1972 und 1973), CHAMARD et al. (1970), GALLAY (1966), MONOD (1958, 117 ff., und 1962), ROUBET (1972), TROMPETTE und MANGUIN (1972). — Hoggar, Aïr und Tassili: ARAMBOURG und BALOUT (1955), BÜDEL (1952 und 1955), CLARK et al. (1973), DELIBRIAS und DUTIL (1966), ROGNON (1961, 1962 und 1967, 514 ff.), WILLIAMS (1970). — Ténéré: FAURE (1959 und 1966 b), FAURE et al. (1963), LLABADOR (1962), MANGUIN (1962). — Paläotschad: COPPENS (1969), GROVE (1959), SCHNEIDER (1969), M. SERVANT (1970), M. SERVANT et al. (1969), M. und S. SERVANT (1970), S. SERVANT (1970), TILHO (1925). — Fessan, libysche Sahara: BELLAIR (1949), DALLONI und MONOD (1948, 50 ff.), HAGEDORN und PACHUR (1971), JODOT (1953), MONOD (1948, 50 ff.) PACHUR (1974 und 1975), ZIEGERT (1969 a, 17 ff.). — Libysche Wüste und Nilgebiet: BAGNOLD et al. (1939), BALL (1952), BEADNELL (1933), BUTZER (1964), BUTZER und HANSEN (1968), CATON-THOMPSON (1952), CATON-THOMPSON und GARDNER (1932 und 1934), DI CESARE et al. (1963), FAIRBRIDGE (1963), GARDNER (1932 und 1935), DE HEINZELIN und PAEPE (1965), HUCKRIEDE und VENZLAFF (1962), SAID et al. (1972), WENDORF et al. (1976), WILLIAMS und ADAMSON (1973 und 1974), WILLIAMS et al. (1975). — Sinai: AWAD (1953), BÜDEL (1954, 83 f., und 1955, 109), ISSAR und ECKSTEIN (1969), NIR (1970). — Danakil/Afar: GASSE (1974 und 1976), GASSE und ROGNON (1973), GROVE et al. (1975), ROGNON und GASSE (1973 und 1974), SEMMEL (1971). Allgemein zu quartären Seen in der Sahara: ALIMEN (1971), FAURE (1966 a und 1969), GROVE und WARREN (1968), ROGNON (1976 a-c), VAN ZINDEREN BAKKER (1972), vgl. SCHIFFERS (1951/52). — Mittel- bis spätpleistozäne sowie frühholozäne Seeablagerungen sind auch aus dem Damaskus-Becken und Talverbauungen durch Karbonatsinter aus dem teilweise schluchtartigen oberen Barada-Tal im Antilibanon (ca. 800 bis 1100 m ü. M.) bekannt (KAISER et al., 1973). Wie weit aber dort über die deutlichen phänomenologischen Parallelen hinaus tatsächlich gemeinsame genetische Ursachen vorliegen, bedürfte gesonderter Untersuchungen.

schließlich Holzkohle, die mit 8065 ± 100 B. P. (Hv 2748) ¹⁴C-datiert werden konnte ³⁹. Darüber folgte ein Paket hellgrauer bis weißer Schluffe und Tone in lamellenartig dünnen Lagen, die nach oben immer stärker mit verkalkten Wurzelröhren durchsetzt waren (Photo 31). Eine Kalkkruste aus diesem Teil des Profils ergab ein Alter von 6130 ± 90 B. P. (Hv 3709). Kulturreste fanden sich aber erst wieder im obersten Teil der Ablagerungen, in der Verlandungsphase des Gewässers: zahlreiche Artefakte, Holzkohle, Knochen, Keramik usw. (Fig. 21 bis 30). In diese oberste Schicht war eine mit Kulturschutt gefüllte Grube eingelassen (Photo 32), aus welcher eine Holzkohleprobe mit 1440 ± 150 B. P. (Hv 2198) bzw. 1570 ± 100 B. P. (Gif 1316, Paralleldatierung in Gif-sur-Yvette, Frankreich) altersmäßig bestimmt wurde.

Der Pollengehalt der Sedimente bei Gabrong ist vergleichsweise hoch (Tab. 7). Vor allem sind größere Mengen an PK von Baumarten enthalten, die heute in den temperierten Breiten Mitteleuropas wachsen: Kiefer, Erle, Birke, Ahorn, Hainbuche, laubwerfende Eiche und einzelne PK von Linde, Buche und Weide. Mediterrane Elemente (Zypresse, Ölbaum, immergrüne Eiche, Baumheide) sind weniger vertreten, desgleichen tropische Arten (Akazie, Salvadora, Tamariske).

Das Verhältnis der Baumpollen zu den Nichtbaumpollen (BP : NBP) beträgt in den sandigen Schichten an der Basis der Akkumulation (Proben VI und V) größenordnungsmäßig etwa 1 : 10. Während der limnischen Phase (IV—II) steigt es auf ca. 1 : 1 und sinkt gegen Ende (I) wieder auf 1 : 3. Die Hauptmasse der NBP machen Gramineen und Cruziferen (Gräser und Kreuzblütler) aus.

Ähnlich reichhaltig war eine Probe aus den limnischen Sedimenten bei Billegoy (Tab. 7), die mit 7590 ± 120 B. P. in die gleiche Zeit gehören wie die mittleren Horizonte von Gabrong. Das Verhältnis BP : NBP beträgt hier fast 3 : 1, und wiederum sind hauptsächlich Baumarten gemäßigter Breiten repräsentiert. Die Artenliste des Profils von Gabrong wird durch Ulme, Haselnuß und Pistazie ergänzt. Der Pollengehalt der übrigen Schichten war allerdings spärlich, so daß keine ausreichende Grundlage für eine Interpretation gegeben ist.

Weniger inhaltsreich waren ebenso die uMiT-Akkumulationen bei Tjolumi und bei km 16,7, wo nur einzelne BP von Kiefern, Eichen und Zypressen und im übrigen NBP von Gräsern und Kräutern gefunden wurden (Tab. 7). Die pollenanalytischen Resultate von dort tragen jedenfalls wenig zur paläökologischen Ausdeutung bei. — Allenfalls könnte man noch die fossilen Quelltuffe mit heranziehen, die am Hang bei Tagadiré in 25 m Höhe über dem heutigen Flußbett hingen. Der Quellaustritt hatte ehemals unmittelbar an der Basalt-Sandstein-Diskordanz gelegen und einen Kalksinterblock — durchsetzt mit Pflanzenabdrücken und mit Hangschutt — von mehreren Kubikmetern hinterlassen. Zwar ist eine genaue Datierung dieses Vorkommens nicht möglich; faziell und dem Pollengehalt nach entspricht es aber durchaus den uMiT-Ablagerungen. Wichtig ist es vor allem auch deshalb, weil es zeigt, daß aus dem Basalt genügend Kalk für eine Sinterbildung herausgelöst werden konnte.

Aus anderen MT-Profilen des Tibesti treten noch einige weitere Arten hinzu (Tab. 6), z. B. einzelne BP von Walnuß (*Juglans*), Esche (*Fraxinus*), Flügelnuß (*Pterocarya*), Zeder (*Cedrus*), Myrte (*Myrtus*), Judasbaum (*Cercis*) und Johannesbrotbaum (*Ceratonia*). Aber grundsätzlich garantieren einzelne Pollenvorkommen nicht die tatsächliche Existenz der Art am Fundort oder in dessen unmittelbarer Umgebung. Nachdem sogar unter heutigen Bedingungen im Pollenniederschlag dieses Raumes sich einzelne PK von Arten gemäßigter Breiten vorfinden (COUR und DUZER, 1976, SCHULZ, 1974, VAN CAMPO, 1975), muß

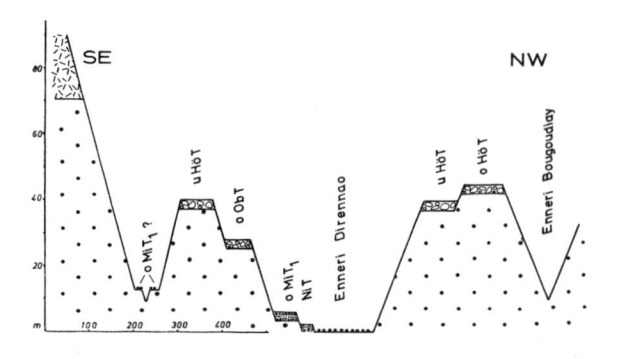

Fig. 14 Idealisiertes Querprofil im Enneri Dirennao/Tibesti, hier zwischen km 11 und 12,5 (vgl. Photo 28).

Die bis über 1 m mächtigen Basalt-, Andesit- und Phonolith-Gerölle der unteren und oberen Höhenterrassen sowie der oberen Oberterrasse haben sich als morphologisch bedeutend härter erwiesen als der unterlagernde Sandstein, so daß die ehemaligen Fließrinnen heute als herausgehobene Terrassendämme 40 bis 50 m über dem rezenten Flußbett liegen und über längere Strecken flußparallele, untergeordnete Wasserscheiden bilden. Am linken Profilrand die Diskordanz zwischen dem Sandstein und den auflagernden Basaltdecken. Zur Terrassenchronologie und -morphologie siehe B. GABRIEL, 1970 b und 1972 b. — Die Profile sind alle talwärts gesehen.

Zeichnung: B. GABRIEL

---

³⁹ Eine spezielle Publikation zu dieser Grabung, in der auch die kulturhistorischen Probleme vor allem der frühen Keramik erörtert werden sollen, befindet sich in Vorbereitung; siehe dazu bereits B. GABRIEL (1972 a/b und 1973 a, 33) sowie zur frühen Keramik in Afrika, besonders zur „dotted-wavy-line"-Keramik, die Arbeiten von ARKELL (1949, 1953, 1962 a und 1966), BAILLOUD (1969), CAMPS (1969 und 174), CAMPS et al. (1973), COURTIN (1966), HAYS (1974), HUARD und MASSIP (1964), MAITRE (1972, 126 f.), PITTIONI (1950), SMOLLA (1957). Eine beispielhafte Auswahl der Funde bei Gabrong sei aber hier bereits vorab mitgeteilt: Fig. 20 bis 32 und Photos 30 bis 34.

Tabelle 6   Die Gehölzvegetation im Tibesti um 10—6000 B. P. nach Pollenanalysen*

			800—1300 m				2800 m	
Höhe ü. M.								
¹⁴C-Jahre B. P.		10—9000	9—8000	8—7000	7—6000	ca. 8000	MT allg.
temperiert	Abies	Tanne					—	—
	Acer	Ahorn	—			+		+
	Alnus	Erle	+	+	×	×	+	×
	Betula	Birke	×	×	+	×	+	×
	Betulaceae			—				—
	Carpinus bet.	Hainbuche	—	+			+	+
	Corylus	Haselnuß		+	+			+
	Fagus	Buche			+	—		+
	Ostrya/Carpinus	Hopfenbuche	—	+			—	+
	Pinus	Kiefer	×	×	×	×	+	×
	Quercus pubesc.	laubw. Eiche	×	×	×	×	×	×
	Salix	Weide			—			—
	Tilia	Linde	×	×	×	×	×	×
	Ulmus	Ulme	—		+		+	+
mediterran	Anacardiaceae					+		+
	Cedrus	Zeder	—	—				—
	Ceratonia	Johannisbrotbaum	—	+			×	×
	Cercis	Judasbaum	—					—
	Cistaceae	Cistrosen				—	—	—
	Cupressaceae	Zypressen	—	+		+	+	+
	Erica	Baumheide				—	+	+
	Fraxinus ornus	Manna-Esche	+	+	+		+	+
	Juglandaceae		+	+		—	+	+
	Juglans	Walnuß	—					—
	Juniperus	Wacholder	—					—
	Myrtus	Myrte	—					—
	Oleaceae	Ölbäume	×	+		×	—	×
	Pistacia	Pistazie	×		+		—	×
	Pterocarya	Flügelnuß	—					—
	Quercus ilex	immergrüne Eiche	+	+	+	+	+	+
	Rosaceae	Rosengewächse	—			+		+
tropisch-subtropisch	Acacia	Akazie		×	×		×	×
	Combretaceae					×		×
	Mimosaceae	Mimosengewächse		+				+
	Salvadoraceae	Salvadora	×	+	—	—	×	×
	Tamarix	Tamariske	×	—				×

— = einzelne PK nachgewiesen

+ = mehrere PK nachgewiesen

× = zahlreiche PK nachgewiesen (bei den entomogamen Arten Akazie und Linde nur geringere Mengen)

* Die Tabelle beruht auf den bei B. GABRIEL (1970 b), GRUNERT (1975), JÄKEL und SCHULZ (1972) und SCHULZ (1974) mitgeteilten Spektren sowie auf ergänzenden Untersuchungen aus dem Enneri Dirennao (siehe Tab. 7). Weitere z. B. bei BUSCHE (1973), JÄKEL (1971) oder MALEY et al. (1970) abgedruckte Ergebnisse sind entweder chronologisch nur vage als „mittelterrassenzeitlich" eingestuft oder enthalten zu geringe Pollenmengen, als daß sich eine Interpretation anbietet. Sie sind aber in der Spalte „MT allg." berücksichtigt. — Bis auf die von MALEY et al. (1970) beschriebenen Vorkommen wurden die Analysen ausschließlich von Herrn E. SCHULZ, Würzburg, an Proben verschiedener Mitarbeiter der Forschungsstation Bardai durchgeführt.

Tabelle 7   Pollenanalysen an Proben aus dem Enneri Dirennao/Tibesti *

	I	II	Gabrong III	IV	V	VI	Billegoy b	c	d	Tjolumi b	e	km 16,7 c	Tag
Acacia					1		2						
Combretaceae		1	109										
Salvadoraceae		1					6						3
Cupressaceae	1	2	1	6	4	1				1			
Pinus		8	2	1			48	3	2		1	9	2
Alnus	3	4		10		3	33	1	1				
Betula	16	40	6	2	1		6						1
Carpinus bet.	3	1	5				12						
Corylus							5						
Salix					1								
Acer		7	1		1								
Ulmus							3						
Tilia		1					3		1				
Fagus	1						5						
Quercus-pub.-Typ	1	12	7	4	1	7	34		2			1	
Quercus-ilex-Typ	1	9					14	1				1	
Oleaceae		2	2										2
Fraxinus							2						
Juglandaceae				1			1						
Cistaceae		1	1										
Pistacia							3						
Erica		1											
Rosaceae		2	1										
Anacardiaceae		2											
Gramineae	20	44	16	2	11	34	42		3	3	7	27	11
Caryophyllaceae	1		1									Anth.	2
Labiatae							3						21
Liliaceae	1		1				4						
Papaveraceae		1											
Papilionaceae							13				1		
Ranunculaceae		3											
Cruciferae	40	4	4	20	103	68	3						
Ephedra-Frag.	1		1				2						
Chenopodiaceae		1					2						
Compositae lig.							1						
Compositae tub.	3	1	1				118			1			1
Artemisia							6						
Plantaginaceae	1				1		2						
Typha/Sparg.	1	5	1		1		10						2
Polypodiaceae	2	5			3		12	1				3	
varia	49	17	16	16	21	10	23	5	8		2	10	4
Summe PK	145	175	176	63	148	123	418	11	21	5	11	51	49
BP/NBP (abgerundet)	1/3	3/2	5/1	1/1	1/15	1/10	7/8						

* Die Proben wurden von Herrn E. SCHULZ, Würzburg, bearbeitet, wofür ihm an dieser Stelle besonders gedankt sei.

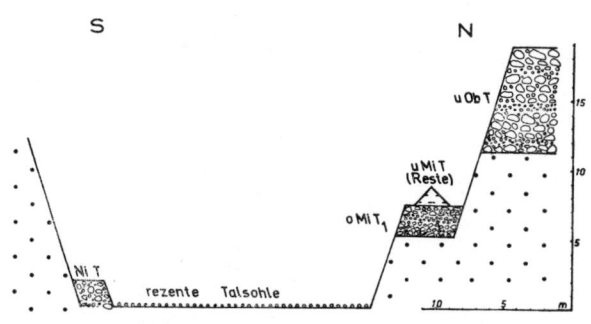

Fig. 15 Idealisiertes Querprofil bei km 21.
Die Reste der uMiT auf den Schottern der oMiT bestehen aus kalkigen Rhizomhorizonten mit Schneckenschalen und aus Basaltkiesen. Sie überragen die wieder freigelegte Oberfläche der oMiT stellenweise noch bis über 1 m.
Zeichnung: B. GABRIEL

der Fernflug als ein schwierig abzuschätzender Unsicherheitsfaktor angesehen werden [40].

Trotzdem kann der Fernflugeinfluß nicht alle Aussagen relativieren. Zum einen kann er nur einen gewissen Anteil ausmachen, der in der Zentralsahara kaum 5 % überschreiten dürfte. Zum andern ist nicht anzunehmen, daß größere Mengen von PK einer einzigen Art über weitere Entfernung durch die Luft herangeführt werden; der Wind selektiert immerhin nicht. Sehr unwahrscheinlich ist der Ferntransport bei einer zahlenmäßigen Überrepräsentation einer Art. Dies tritt beispielsweise ein, wenn ganze Blütenstände oder Antheren in das Sediment geraten. Schließlich werden auch die PK von entomogamen (= insektenbestäubenden) Arten nicht verdriftet, da sie bei der ersten Berührung

Die Proben für Pollenanalysen der Tab. 7 stammen aus folgenden Sedimenten:

G a b r o n g (siehe Fig. 20 sowie Photos 30 bis 33):

I = Schicht b, obere Kulturschicht   ca.   0— 40 cm

II = Schicht c, oberer Teil d. Seeablag. = ca. 40— 80 cm
(Eine ^{14}C-Analyse an Kalkkrusten aus diesem Bereich ergab 6130 ± 90 B. P. = Hv 3709)

III = Schicht c, mittl. Teil d. Seeablag. = ca. 80—130 cm

IV = Schicht c, unt. Teil d. Seeablag. = ca. 130—170 cm

V = Schicht d, ob. Teil d. Basissande = ca. 170—220 cm
(Eine ^{14}C-Analyse an Holzkohle ergab 8065 ± 100 = Hv 2748)

VI = Schicht d, mittl. Teil d. Basissande = ca. 220—300 cm

B i l l e g o y b c d: siehe entsprechende Schichten in Fig. 17
Kalkkonkretionen aus Schicht b hatten ein ^{14}C-Alter von 7590 ± 120 B. P. = Hv 4664.

T j o l u m i b e: siehe entsprechende Schichten in Fig. 18
Kalkkonkretionen aus Schicht c hatten ein ^{14}C-Alter von 5845 ± 80 B. P. = Hv 4665.

k m 16,7 c: siehe entsprechende Schicht in Fig. 16

T a g : Quelltuffe von Tagadiré. Der ca. 1 m³ große Kalktuffblock hing ca. 20 m über dem heutigen Flußbett an der Basalt-/Sandstein-Diskordanz.

mit einem Festkörper an diesem haften bleiben und somit der Wind sie nicht vom Boden aufwirbelt. Hierzu gehören Linde und Akazie.

Im übrigen sind sowohl aus der Reliktflora der zentralsaharischen Gebirge wie aus Makroresten in Sedimenten Rückschlüsse auf die frühere Vegetation zu gewinnen [41]. Wichtig erscheint in diesem Zusammenhang die Feststellung, daß unter der Reliktflora von Hoggar und Tibesti noch Arten von Ölbaum, Feige, Zypresse und Baumheide anzutreffen sind und daß in MT-Sedimenten des Tibesti Kiefernholzstückchen gefunden wurden.

Man kann zusammenfassend folgende Kriterien für den palynologischen Nachweis der Gehölz-Arten im Tibesti während der MT-Zeit annehmen:

1. Die PK einer Art machen mindestens 10 % des gesamten Spektrums aus.

2. Die PK einer Art machen mindestens 30 % des BP-Spektrums aus. Hier wie bei dem vorigen Punkt muß eine gewisse Mindestzahl an ausgezählten PK vorausgesetzt sein [42].

3. Es handelt sich um entomogame Arten.

4. Die heutige Reliktflora in den zentralsaharischen Gebirgen weist noch Bestände der betreffenden Art auf.

5. Die Art ist durch Makroreste in datierten Akkumulationen belegt.

3.8 Die Vegetation im Tibesti zur Zeit der MT

Eine chronologische und hypsometrische Differenzierung der Vegetation zur Zeit der MT im Tibesti ist aus den bisherigen Pollenspektren noch nicht abzulesen (vgl. Tab. 6). Möglicherweise war eine klimatische Höhenstufung auch gar nicht deutlich ausgeprägt, wie MESSERLI (1972, 66) vermutet. Ein zeitlicher Wandel ließe sich bestenfalls lokal an Einzelprofilen aufzeigen, wie es bei Gabrong vorliegt. Das Verhältnis BP : NBP (= ca. 1 : 10) in den Basisschichten in Verbindung mit der faziellen Ausbildung der Sedimente (= äolische

---

[40] Zur allgemeinen Interpretation der Pollenanalysen aus dem Tibesti sowie zu den dabei auftretenden Fehlerquellen siehe SCHULZ (1972, 1973 und 1974). — Frühere Ergebnisse vornehmlich aus der westlichen Sahara und deren Interpretationen vgl. z.B. VAN CAMPO (1975), VAN CAMPO et al. (1964, 1965 und 1967) sowie PONS und QUEZEL (1957), QUEZEL (1960) und QUEZEL und MARTINEZ (1960).

[41] Zusammenstellungen für das Tibesti bei SCHOLZ (1967) und SCHULZ (1973).

[42] In erster Annäherung darf man vielleicht von einer Untergrenze von 6 bis 10 ausgezählten PK der betreffenden Art ausgehen, bei Gesamtzahlen von wenigstens 60 bis 100 ausgezählten PK (vgl. COUR und DUZER, 1976, 184), auch wenn nach mitteleuropäischen Maßstäben solche Mengen viel zu klein sind, um eine Interpretation als einigermaßen zuverlässig erscheinen zu lassen. Bei der unterschiedlichen Forschungs- und Quellenlage muß man hier andere Maßstäbe anlegen (vgl. SMOLLA, 1957, 51 f.).

Sande?) und den xerophilen Mollusken deutet darauf hin, daß zu Beginn der Akkumulation (vor 8000 B. P.) eine offene Gras- und Krautvegetation in der näheren Umgebung vorherrschte. Dies ist insofern erstaunlich, als einmal um diese Zeit nach zahlreichen ^{14}C-Datierungen das Optimum der Seenphase im Tibesti (wie auch in anderen Bereichen fossiler Seevorkommen der Sahara) erreicht ist und zum zweiten andere etwa zeitgleiche Pollenprofile eine üppige Gehölzvegetation mit einer BP : NBP-Relation von 1 : 3, 1 : 2 oder gar 4 : 3 aufweisen.

Wie wenig verläßlich derartige Deduktionen sind, die aufgrund singulärer Pollenspektren vorgenommen werden, zeigt sich an einem Beispiel von Billegoy im Enneri Dirennao. Aus den stratigraphisch und zeitlich identischen limnischen Schichten der uMiT wurden im Horizontalabstand von ca. 100 m (auf gleicher Höhe des Flußlaufes) zwei Proben entnommen und untersucht (Probenbezeichnungen: „Billegoy oliv" und „4yb"); die eine davon hatte ein BP : NBP-Verhältnis von fast 3 : 1, die andere dagegen nur 1 : 50.

Bei dem gegenwärtigen Stand der Kenntnisse wird man daher die Interpretation nicht an Einzelspektren ansetzen, sondern die bisherigen palynologischen Ergebnisse aus MT-Sedimenten des Tibesti eher insgesamt betrachten (Tab. 6), um zu statistisch besser abgesicherten Resultaten zu gelangen und lokale Besonderheiten auszuschalten. Zusätzlich müssen die Aussagen durch weitere paläoökologische Indizien untermauert werden.

In den Tälern des Tibesti existierte demnach in jenen Jahrtausenden wahrscheinlich eine Baum- und Strauchvegetation, deren Artenzusammensetzung auf Klimaverhältnisse hinweist, wie sie heute etwa in manchen Teilen Mittel- bis Südeuropas anzutreffen sind. Sie bestand aus Birke, Erle, Linde, laubwerfender Eiche, Manna-Esche, Johannesbrotbaum, Salvadora und wahrscheinlich Hainbuche, Haselnuß, Ahorn, Ulme und Buche; vielleicht kamen noch Weide, Walnuß, Tanne, Judasbaum und Flügelnuß hinzu. Wie weit sich diese höhere Vegetation auf die Talaue beschränkte oder auch die intermontanen Ebenen und die Tarso-Hochflächen überzog, läßt sich nicht feststellen. Die trockneren und wärmeren Standorte wie die oft recht steilen Talhänge und die schuttbedeckten Pedimente trugen aber wohl höchstens eine macchienartige Formation, die sich aus Kiefer, Zypresse, Akazie, immergrüner Eiche, Ölbaum, Pistazie, Baumheide und Rosengewächsen zusammensetzte und vielleicht auch schüttere Bestände von Zeder, Wacholder, Myrte und Cistrose aufwies.

Eine flächenmäßige Abschätzung des Verhältnisses dieser Baum- und Strauchvegetation zu einer gewiß vorhandenen niederen Gras- und Krautdecke stößt auf große Schwierigkeiten. Dennoch gibt es Indizien, die dafür sprechen, daß die anspruchsvollere Gehölzformation auf die Talauen beschränkt war.

Ein die Hänge und die Sandschwemmebenen überziehender Wald hätte im Laufe von Jahrhunderten zu einer beachtlichen Bodenkrume führen müssen, die aber tatsächlich nur in den Talauen nachzuweisen ist. Neben älteren roten Böden auf den Hängen und höheren Geländeteilen existiert im Talgrund des Enneri Dirennao an mehreren Stellen (besonders gut ausgeprägt erhalten bei Tjolumi) ein bis zu 1 m mächtiger brauner Boden auf Feinsedimenten, der mit hoher Wahrscheinlichkeit in die Zeit der MT zu datieren ist (Photo 36). Es spricht wenig dafür, daß eine solche intensive Verwitterungsdecke auch die Hänge und die Sandschwemmebenen überkleidet hat. Letztere sind vielmehr — wie bereits erwähnt — weitgehend nur von einer schwachen Bodenbildung betroffen. Andererseits hat BRIEM (1977, 53) mehrfach auf Sandschwemmebenen bei Bardai bis 35 cm mächtige dunkelbraune homogene Lehmböden angetroffen, denen er ein postoberterrassenzeitliches Alter zuschreibt.

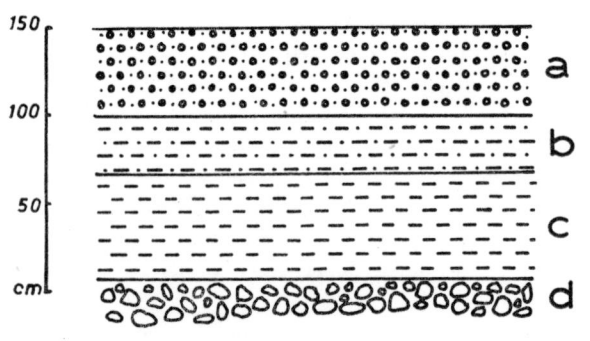

Fig. 16 Aufbau der uMiT bei km 16,7
a = graubraune Grobkiese mit Feinstaub
b = brauner Staub
c = verfestigte Tone mit bunten Schichten und Kalkkonkretionen
d = Schotter der oMiT

Zeichnung: B. GABRIEL

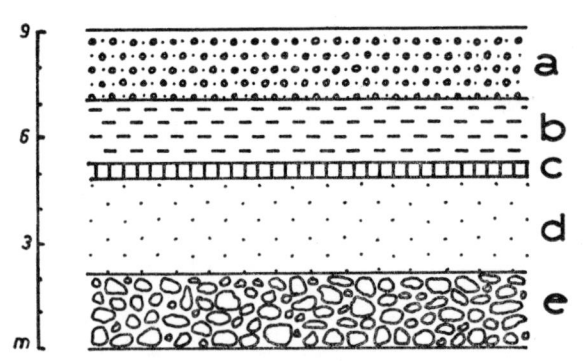

Fig. 17 Abfolge der Billegoy-Verschüttungen
a = Grobkiese mit Feinstaub
b = Feinmaterial mit bunten Schichten, Kies und Kalkkonkretionen
c = sehr leichte, verfestigte Schicht, körnig-porös, wie sehr feiner Bims-Tuff
d = gut geschichtete braune Kiese und Sande
e = stark verwitterte rotbraune Schotter, sandig-lehmig vergrust

Zeichnung: B. GABRIEL

Die Abfolge der fossilen Böden im Tibesti ist bisher noch nicht untersucht worden. Trotzdem stimmen die wenigen Beobachtungen darin überein (vgl. z. B. BRIEM, 1970 und 1977, BUSCHE, 1971, 61 ff., oder B. GABRIEL, 1970 b), daß vor und nach dem Aufbau des Basaltschildes sich zunächst ockerfarbene oder rote bis rotbraune Böden bildeten. Die verschiedenen Phasen lassen sich durch vulkanische Aktivitäten (Basaltdecken), durch Hangbildungsprozesse und Flußterrassen zeitlich gliedern und sind wenigstens teilweise noch in das Tertiär zu datieren. Eine letzte pedogenetisch wirksame Feuchteperiode hinterließ dagegen braune Verwitterungsdecken, deren Relikte bis heute erhalten sind, ohne von Basaltergüssen oder nennenswerten Mengen an quartären Sedimenten überdeckt oder von jüngeren Klimaphasen merklich verändert worden zu sein. Die Lage auf den unteren Niveaus der heutigen Flußtäler beweist ihr junges Alter.

Als weiteres Indiz für zumindest halboffene Landschaft kann das vielfältige menschliche und tierische Leben gelten, wie es nach den großen Mengen an überkommenen Zeugnissen damals im Tibesti herrschte. Dicht bewaldete enge Gebirgsmassive sind weder der Entfaltung afrikanischer Tiergesellschaften noch einer menschlichen Kulturentwicklung förderlich.

Man wird also am ehesten eine linien- und fleckenhafte Buschvegetation annehmen dürfen, während die flächenmäßig größeren Areale wohl von niederer Gras- und Krautvegetation eingenommen wurden. Diese mögen zusätzlich durch die Wildfauna und später durch domestizierte Herden künstlich offen gehalten worden sein. Steilhänge, felsige Gipfelpartien oder edaphisch ungünstige Standorte waren vermutlich auch zu damaliger Zeit schon vegetationslos. Die große Menge an Quarzsanden in den Basisschichten der uMiT des

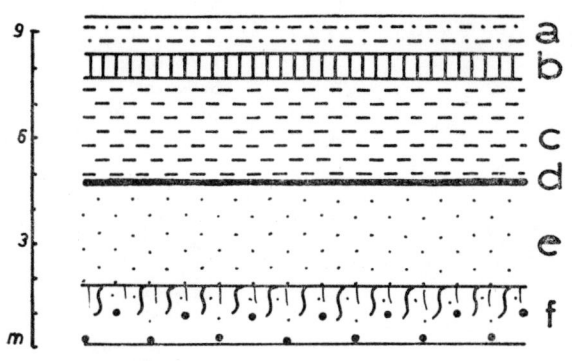

Fig. 18 Aufbau der uMiT bei Tjolumi
a = graubrauner Feinstaub
b = wie c in Fig. 17, hier aber mit Rhizomresten und Eisenkonkretionen
c = bunte Staubschichten
d = harte, graue Kalkkonkretionsschicht
e = Sande und Kiese mit Lehm- und Tonlamellen
f = Verwitterungsboden auf anstehendem Sandstein

Zeichnung: B. GABRIEL

Eine in etwa gleiche Serie unterschiedlich gefärbter Verwitterungsdecken ist im Hoggar ausgebildet, wo die braunen Böden von KUBIENA (1955) als tropische bis subtropische Braunlehme beschrieben werden, die auf ein extrem feuchtes Klima ohne jahreszeitliche Trockenperioden während eines letzten großen Pluvials hindeuten, das allerdings im Mittelpleistozän vermutet wird (siehe auch BÜDEL, 1955, 114). Ausführlich werden sie von ROGNON (1967, 190 ff.) diskutiert. Er hält hingegen ihre Bildung in einem mediterranen Gebirgsklima für wahrscheinlicher (1967, 198) und in einem mitteleuropäischen kühl-humiden Klima immerhin für möglich (1967, 200). Aufgrund von ^{14}C-Analysen und stratigraphischen Argumenten datiert er sie in den gleichen Zeitraum wie unsere uMiT, nämlich nach 12 000 B. P. (1967, 520 f.).

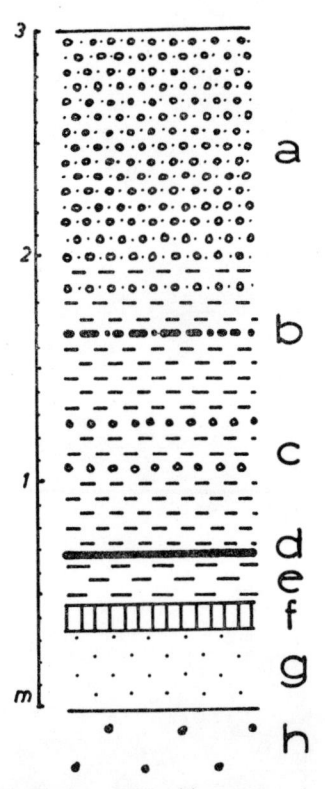

Fig. 19 Profil der uMiT-Ablagerungen im mittleren Teil der Billegoy-Schlucht (km 19,1, rechtes Ufer. Siehe Karte 2)
a = abschließende Kiese
b = Schicht von harten grauen einzelnen Kalkkonkretionen
c = feingeschichteter grauer unverfestigter Staub in Wechsellagerung mit einzelnen Sand- und Kiesschichten (bis 2 cm Durchmesser)
d = graue zentimeterdicke Kalkkruste
e = staubfeine, auch bunte Schichten, oft nur millimeterdünn, z. T. viel Glimmer enthaltend
f = körnig-poröses, sehr leichtes, verfestigtes Material, feiner Bims-Tuff? (vgl. Fig. 17 und 18)
g = verfestigte Rotsande
h = anstehender Sandstein

Zeichnung: B. GABRIEL

Tabelle 8 Karbonatgehalt und Farbwerte von Sedimenten und Verwitterungsschichten im Enneri Dirennao/Tibesti

Bestimmungen des Karbonatgehaltes nach SCHEIBLER, der Farbwerte in trockenem Zustand der Proben nach MUNSELL'S SOIL COLOR CHARTS. — In den Spalten ist angegeben: I = Art der Probe, Schicht, mit Bezug auf Fig. im Text, II = CaCO₃-Gehalt in %, wobei die Werte unter 3 % von der Meßmethode her als unsicher gelten müssen, III = Farbwert-Nummer nach MUNSELL, IV = Farbwert.

I		II	III		IV
Fig. 15:	Rhizomhorizont der uMiT-Reste	**32,2**			grau
Fig. 16:	Schicht a	1,4	10	YR 5/2	graubraun
	Schicht b	0,6	7,5	YR 5/4	braun
	gelbe Lage aus Schicht c	0,6	10	YR 6/4	gelbbraun
	Konkretionen aus Schicht c	62,5			hellgrau
	Schicht d	2,9	5	YR 4/6	gelbrot
Fig. 17:	Schicht a	2,2	10	YR 7/2	hellgrau
	Schicht b	0,8	10	YR 5/3	braun
	Schicht c	0,6	7,5	YR 6/2	graurosa
	Schicht d	0,6	7,5	YR 6/4	hellbraun
	Schicht e	0,6	5	YR 5/4	rotbraun
Fig. 18:	Schicht b	4,5	10	YR 6/6	gelbbraun
	Schicht c	2,3	2,5	Y 6/2	hellbräunlich-grau
	Schicht e	0,4	7,5	YR 6/4	hellbraun
	Schicht f	0,5			buntfleckig
Fig. 19:	Schicht d	76,2			hellgrau
	Schicht e	0,6	7,5	YR 5/4	braun
	Schicht g	2,0	5	YR 6/6	rötlich-gelb
Fig. 20:	Schicht b				
	10 cm Tiefe	23,1	10	YR 5/2	graubraun
	30 cm Tiefe		5	YR 5/1	grau
	50 cm Tiefe		7,5	YR 7/2	graurosa
	Schicht c				
	70 cm Tiefe	21,3	7,5	YR 6/4	hellbraun
	90 cm Tiefe		10	YR 7/2	hellgrau
	110 cm Tiefe		10	YR 6/2	hellgraubraun
	130 cm Tiefe	1,9	10	YR 7/1	hellgrau
	150 cm Tiefe		10	YR 8/2	weiß
	170 cm Tiefe	2,3	10	YR 8/1	weiß
	Schicht d				
	190 cm Tiefe		10	YR 6/2	hellgraubraun
	210 cm Tiefe	10,4	10	YR 6/2	hellgraubraun
	230 cm Tiefe	bis	10	YR 5/2	graubraun
	250 cm Tiefe	17,5	7,5	YR 7/2	graurosa
	270 cm Tiefe		10	YR 6/2	hellgraubraun
	290 cm Tiefe		10	YR 5/3	braun
	310 cm Tiefe		10	YR 8/4	sehr hellbraun

Proben von Staubschichten

auf anstehendem Basalt:
km 0,0 (Coquille)

1650 m ü. M. Probe 1		0,6	5	YR 4/2	dunkelrotgrau
Probe 2 (= 1 m von Probe 1 entfernt)		0,9	2,5	YR 3/4	dunkelrotbraun
Tagadiré, 1450 m ü. M. Probe 1		0,5	5	YR 4/2	dunkelrotgrau

Bodenproben

km 0,0 (Coquille), auf einem Terrassenrest in 30 cm Tiefe		0,5	7,5	YR 4/2	braun-dunkelbraun
km 3,6 auf einem Terrassenrest in 60 cm Tiefe		0,6	10	YR 4/3	braun-dunkelbraun
in 70 cm Tiefe		1,1	7,5	YR 4/2	braun-dunkelbraun

Enneri Dirennao, dessen Einzugsgebiet vorwiegend im Basalt liegt, sowie der offensichtlich hohe äolische Anteil in den untersten Schichten von Gabrong warnen davor, eine allzu üppige Pflanzendecke zu postulieren. Zumindest dürfte sie innerhalb der Jahrtausende gewissen Schwankungen unterworfen gewesen sein, die sich aber noch nicht näher festlegen lassen.

3.9 Entstehungsmechanismen der uMiT

Es ist nicht leicht zu erklären, wie in Gebirgsflußläufen mit relativ starkem Gefälle (bis über 1°) plötzlich Seen auftreten können. Verschiedene Deutungen wurden angeboten[43]. Häufig wird ein Aufstau der Flüsse durch Wanderdünen, Schlipfe, Lavaströme oder durch von Nebentälern plötzlich eingeschwemmte Schuttmassen angenommen. Aber derartig singuläre Zufälle können nicht die räumlich weite Verbreitung und die zeitliche Beschränkung auf wenige tausend Jahre erklären.

Oder es wird vermutet, die Stillwassersedimente wären nur in Totarmen, in abgeschnittenen Mäandern oder im „talfernen Bereich" (ZIEGERT, 1969, 124) der im übrigen normal strömenden Flüsse akkumuliert worden. Warum aber gab es sie dann nicht zu Zeiten der anderen Terrassenakkumulationen? Und wo sind die zugehörigen Ablagerungen der Hauptstromrinnen? Ganz abgesehen davon, daß vielfach das Feinmaterial quer über die gesamte Talbreite nachzuweisen ist!

Nach ROGNON (1967, 523) soll es im Aïr und im Adrar der Iforas noch rezent zur Bildung ähnlicher Sedimente kommen, jedoch nicht in Seen, sondern in seichten Flußläufen, in deren Betten eine üppige Vegetation das Wasser am schnellen Fließen hindert. Dadurch können trotz stoßweiser Wasserführung nur feine Partikel transportiert und abgelagert werden. — Doch ist auch eine solche Erklärung unbefriedigend, da es sich großenteils um eindeutig limnische Sedimente handelt und die Anzeichen für Vegetation im Flußbett erst gegen Ende der Feinakkumulation auftreten (vgl. Photo 31). Die Rhizomhorizonte im Top der Schichtpakete sprechen für eine allmähliche Verlandung der ursprünglich freien Wasserflächen.

Eine Verstopfung der Täler durch vulkanische Tuffe, indem also bei Vulkanausbrüchen plötzlich anfallende Tuffmassen beispielsweise durch Starkregen zusammengespült werden und die Flußläufe auf diese Weise überlastet und zur Akkumulation gezwungen werden, ist ebenfalls nicht sehr wahrscheinlich. Einmal handelt es sich um feingeschichtete laminare, manchmal warvenartige Stillwasserablagerungen, also um langsame Akkumulation über sehr lange Zeiträume hinweg, und zum anderen ist nur ein kleiner Teil des Materials erkennbar vulkanischer Herkunft.

Ein anderer Teil sind limnische Kalke, Seekreiden, Diatomite oder staubfeine Verwitterungsprodukte, die wahrscheinlich vom Basalt stammen. Auf allen Basaltplateaus findet man ebensolchen weißlichgrauen Staub zusammengeschwemmt in ausgetrockneten Pfützen. In den Höhen zwischen 1400 und 1800 m ist der anstehende Basalt im Quellgebiet des Enneri Dirennao auch oft überzogen von einer 20 bis 30 cm mächtigen Staubschicht, die gewiß nicht als sekundär aufgelagert zu erklären ist, wie KANTER (1963, 29) von Basalten des NE-Tibesti beschreibt. Der Staub geht vielmehr nach unten über in Grus und schließlich in das Anstehende (vgl. Tab. 8).

Ebenso aus dem Basalt stammt offensichtlich der hohe Kalkgehalt der Sedimente. Nach DALLONI (1934, 1, 236 und 238) bestehen die Basalte des Tibesti zu ca. 8,6 bis 12,7 % aus Ca O. In den Profilen der Trappdecken finden sich zahlreiche Lagen von Basalten mit Kalkspatausfüllungen in blasigen Hohlräumen. Zudem bestätigen ja die erwähnten Quelltuffe von Tagadiré, daß die zirkulierenden Grundwässer durchaus in der Lage waren, genügend Kalk für Krusten- und Sinterbildungen aus dem Basalt herauszulösen. DELIBRIAS und DUTIL (1966) sowie ROGNON (1961) gelangen für die Vorkommen im Hoggar zu der gleichen Ansicht, und auch SEMMEL (1971, 200) betont die Rolle des Basaltes als Kalklieferant bei der Bildung von Krusten.

Am einfachsten läßt sich die Seenbildung in den Gebirgstälern als Stau hinter Kalksinterdämmen oder Kalktuffbänken verstehen[44], wie es in jüngerer Zeit und noch heute vor allem in jahreszeitlich trockenen Klimaten in anderen Erdräumen geschieht, z. B. in Afghanistan (BOUTIERE, 1969, JUX und KEMPF, 1971, DE LAPPARENT, 1966), in Südafrika (MARKER, 1971 und 1973), Kalifornien (BARNES, 1965), in Jugoslawien (GAVAZZI, 1904, MAULL, 1915, PEVALEK, 1935) oder auch während des postglazialen Klimaoptimums in der Schwäbischen Alb (GROSCHOPF et al., 1952, GRÜNINGER, 1965, GWINNER, 1959, SCHÜRMANN, 1918, STIRN, 1964). Der Kalk wird jeweils in den Oberläufen der Flüsse

---

[43] Vgl. die Diskussion u. a. bei AWAD (1953, 26), BÜDEL (1955, 109), DALLONI (1934, 138), DELIBRIAS und DUTIL (1966), B. GABRIEL (1970 b und 1973 b, 42 f.), GEYH und JÄKEL (1974 b, 91), GRUNERT (1975, 75 ff.), HUCKRIEDE und VENZLAFF (1962, 98 f.), ISSAR und ECKSTEIN (1969), K. KAISER (1973, 344 und 355), K. KAISER in BÖTTCHER et al. (1972, 192 ff.), MALEY et al. (1970, 144), NIR (1970, 343 f.), PEEL in BAGNOLD et al. (1939, 306), ROGNON (1961 und 1967, 523), ZIEGERT (1969, 123 ff.).

[44] Bei Kalktuffen handelt es sich um poröse Kalke, deren Hohlräume meist durch Inkrustation organischen Materials verursacht wurden. Sinter nennt man dagegen dichte, schichtweise Kalküberzüge über ein Substrat. Im folgenden wird hauptsächlich von Sinterdämmen gesprochen, obwohl die Seen möglicherweise durch Tuffbänke oder wahrscheinlicher noch durch beides aufgestaut worden waren. — Wenn auch diese limnischen Akkumulationen von Talform und -gefälle mitgesteuert wurden, ist es — geomorphologisch gesehen — eigentlich nicht richtig, sie als fluviale „Terrasse" zu bezeichnen, da ihre Aufschüttung nicht ± parallel zum Flußgefälle erfolgte. Trotzdem sei der Terminus hier beibehalten, weil er sich in der Tibesti-Literatur fest eingebürgert hat.

gelöst und weiter unten bevorzugt an Wasserfällen oder an Talverengungen mit Stromschnellen ausgeschieden.

Dabei mögen im Tibesti die Höhen- und die daraus resultierenden Temperaturunterschiede eine Rolle gespielt haben: In den kühlen Höhenzonen zwischen 1500 und 3400 m wurde der Kalk aus den Basalten gelöst; beim Abfließen in niedere Luftschichten um 800 bis 1200 m erwärmte sich das Wasser und erreichte den Sättigungsgrad vor allem dann, wenn ihm durch Turbulenzen in Stromschnellen ein Teil des CO_2-Gehaltes entzogen wurde. Pflanzliche Organismen mögen durch zusätzlichen CO_2-Entzug bei der Kalkabscheidung mehr oder weniger von Bedeutung gewesen sein (vgl. K. KAISER in BÖTTCHER et al., 1972, 201 f., MARKER, 1973, 469, STIRN, 1964, 4 ff., WALLNER, 1935, u. a.) Vor allem müssen hohe Verdunstungswerte auf die Sättigung des Wassers hingewirkt haben (vgl. MAULL, 1937, WILHELMY, 1974, 152).

In dem für das Tibesti charakteristischen Wechsel von engen Schluchtstrecken und beckenartigen Talweitungen (vgl. Photo 38) mußten sich also girlandenförmige Kalksinterbarrieren quer zur Fließrichtung bevorzugt am Beginn der Schluchten bilden und auf diese Weise Durchlaufseen mit laminarer Strömung erzeugen, in denen nur Schweb abgelagert wurde. Von Zeit zu Zeit konnte ein solcher Damm brechen; durch den plötzlichen Wasserstoß wurden gröbere Kiese herangeführt, die oftmals das Sedimentpaket beschließen oder eingelagert sein können. Die Verlandung der Staubecken gegen Ende der Seephase mag zum einen durch deren Auffüllung mit Sedimenten bedingt gewesen sein, zum anderen durch die bereits verminderte Wasserzufuhr und erhöhte Verdunstung.

Bei Billegoy im Enneri Dirennao führte eine solche Talverbauung sogar zu einer Verlagerung des Flußlaufes um einige 100 m. Nach der Abdämmung des ehemals über 100 m breiten Bettes suchte sich das Wasser einen neuen Abfluß, der heute an seiner schmalsten Stelle auf einer Schluchtstrecke von kaum 2 m Breite und 6 bis 8 m Höhe düsenartig zusammengedrängt ist, bei einem Gefälle von 1°. Die relativ geringe Wasserführung seit der Mittelterrassenzeit findet darin ihren Ausdruck (Photo 39).

Die Deutung der Genese der MT durch Stau hinter Kalksinterdämmen wurde erstmals von B. GABRIEL (1970 b, 41, und 1972 b, 123) zur Diskussion gestellt, zu einer Zeit, als die Bewegungsfreiheit im Tibesti für die Mitarbeiter der Forschungsstation Bardai aus politischen Gründen bereits stark eingeschränkt war und die These daher kaum noch im Gelände zu überprüfen war. Vorher hatte man auf Relikte solcher Kalksinterdämme nie speziell geachtet, lediglich im oberen Yebbigué hatte GRUNERT (1972 und 1975) Kalktuffe festgestellt, die solche Barrieren gewesen sein konnten. Heute ist das Gebirgsmassiv erst recht unzugänglich.

Trotzdem fand JÄKEL (vgl. JÄKEL in GEYH und JÄKEL, 1974 b, 91) noch 1973 im Tal des Bardagué bei Bardai Relikte, die er als ehemalige Kalksinterdämme deutete.

Hinzuweisen wäre auch auf die Angaben von ROGNON (1961, 95 f.), nach denen im Hoggar offenbar fossile Kalksintertreppenseen existieren. Allerdings liegen dort die Höhenunterschiede der einzelnen Stufen nur im Dezimeterbereich. Eine morphogenetische und paläoklimatische Interpretation unterbleibt weitgehend; es wird lediglich der Zusammenhang der Kalkausfällung mit jungem Basaltvulkanismus hervorgehoben.

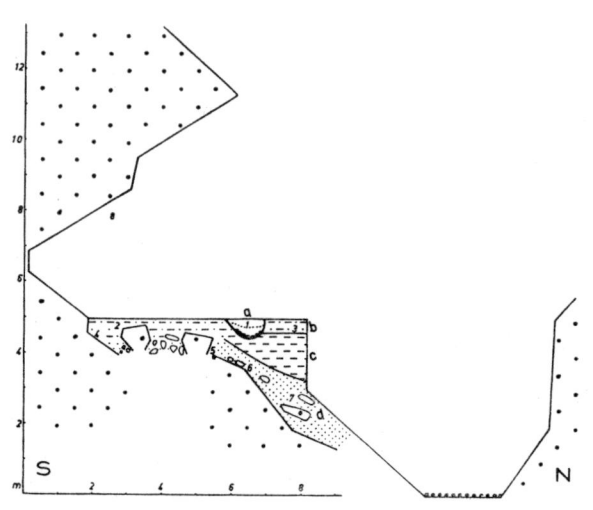

Fig. 20 Pofil der Grabung Gabrong

A. Stratigraphie:
a = 60 cm tiefe Grube, in zwei Niveaus gepflastert
b = dunkelbrauner feiner Staub, Aschen und Sand, 40 bis 60 cm
c = hellgraue gebankte Tone, fundleer, 120 cm
d = braune Sande ohne erkennbare Schichtung, im Hangenden lehmig und fundreich, nach unten steril

B. Funde:
1 = Keramik, Werkzeuge aus verschiedenen Gesteinsarten, Holzkohle
2 und 3 = Obsidian, Knochen, Keramik („Khartoum-Neolithikum")
4 = menschliche Schädel- und Röhrenknochenfragmente
5 = Schnecken
6 = Knochen, Zähne (Gazelle)
7 = großes Schulterblatt (Büffel), Keramik („dotted wavy line"), Mahlsteinbruchstück, Obsidian, Holzkohle
8 = Reste von Felsmalereien

C. Radiokarbondatierungen B.P.:
a = 1570 ± 100 (Gif 1316), 1440 ± 150 (Hv 2198), Holzkohle
c = 6130 ± 90 (Hv 3709), Kalkkruste
d = 8065 ± 100 (Hv 2748), Holzkohle

Zeichnung: B. GABRIEL

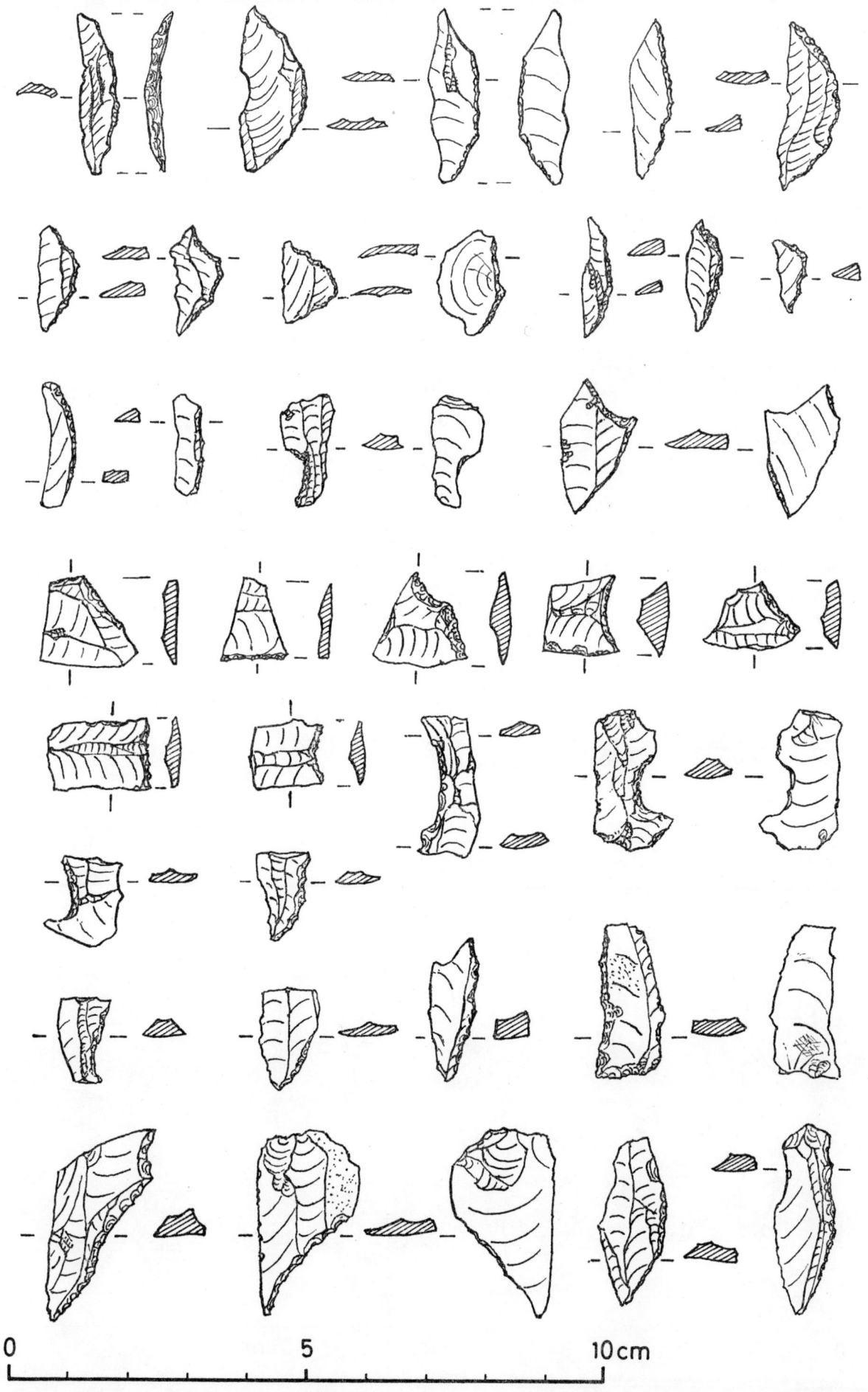

Fig. 21 Dirennao — Gabrong. Da nur ein schmaler Schnitt durch die Ablagerungen gelegt werden konnte, stammen die meisten Funde — so auch diese — aus Oberflächenaufsammlungen. Hier eine Reihe von Mikrolithen und mikrolithischen Klingenteilen aus Obsidian.
Zeichnung: E. HOFSTETTER

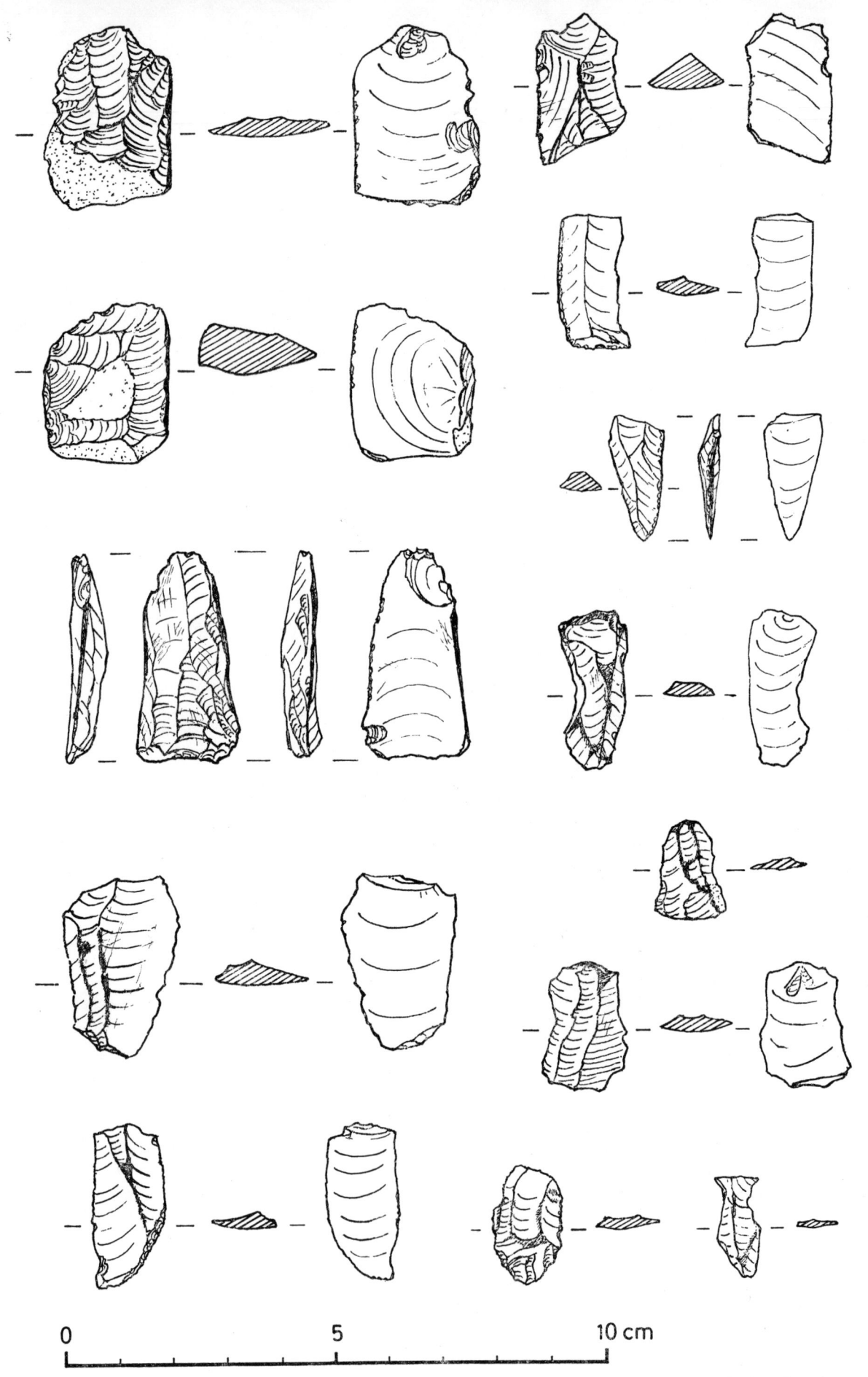

Fig. 22 Dirennao — Gabrong. Oberflächenfunde. Zahlreiche kleine Obsidian-Werkzeuge weisen durch Gebrauch stumpf gewordene Schneiden auf (in der Zeichnung schwarz hervorgehoben). Andere haben Abriebusuren auf den Kanten der Dorsalseiten oder Kratzspuren auf Dorsal- und Ventralflächen.
Zeichnung: E. HOFSTETTER

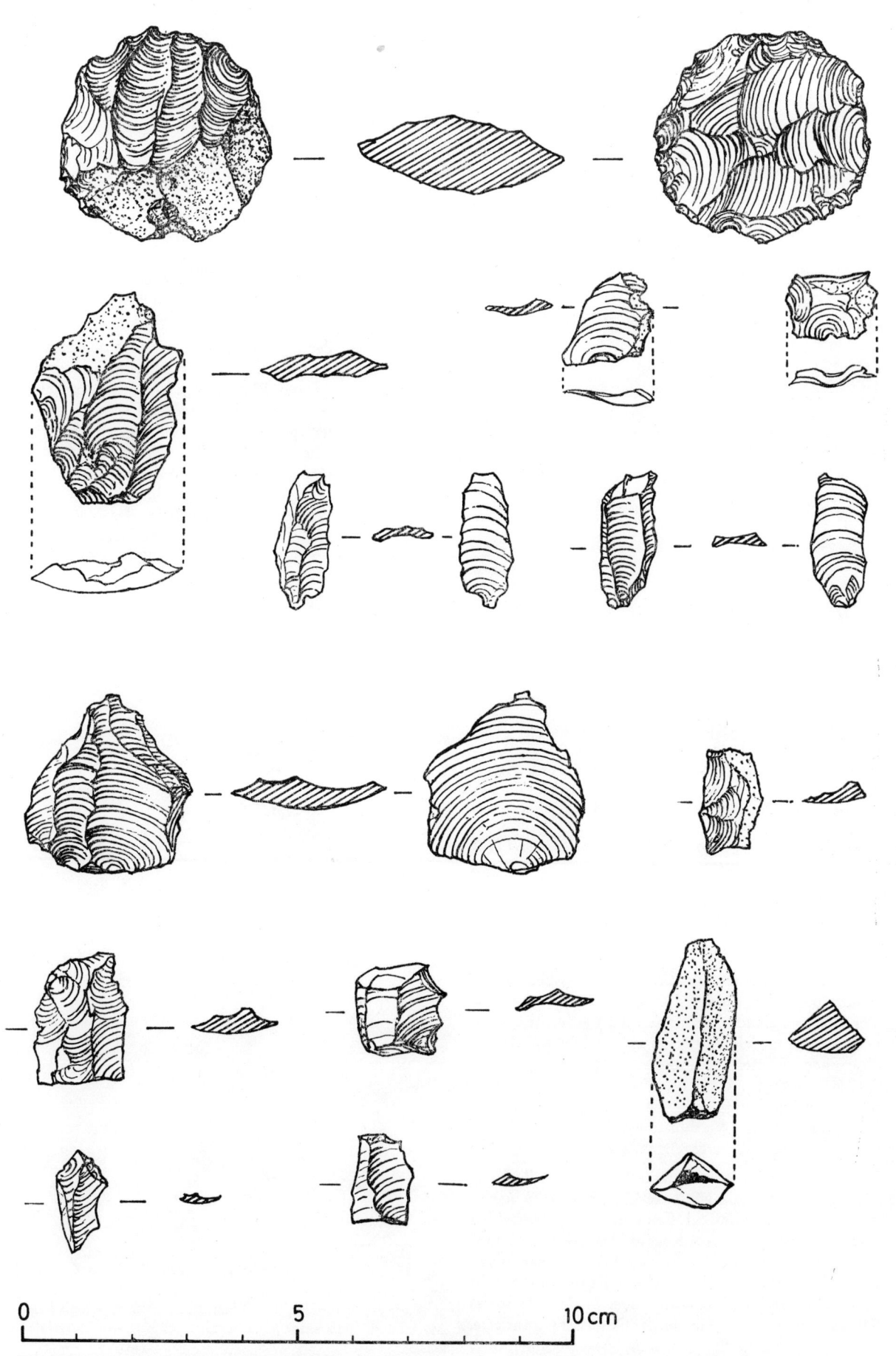

Fig. 23 Dirennao — Gabrong. Obere Hälfte der Tafel: Schicht b in Fig. 20. Untere Hälfte: Schicht d. Bis auf das Quarzitgerät mit Gebrauchsspuren (rechts unten) sind die Artefakte aus Obsidian.

Zeichnung: E. HOFSTETTER

Dennoch sind jahreszeitliche Schwankungen in der Wasserführung nicht ausgeschlossen.

In den Regenzeiten — wenn solche ausgeprägt waren — fielen die Niederschläge nicht in plötzlichen Starkregen, nicht als tropisch-monsunale Gewittergüsse, sondern eher in Form von schwächeren, über die Zeit verteilten Schauern oder als Landregen. Die Vegetationsdecke mag ein übriges dazu getan haben, den Abfluß zu verzögern und eine länger dauernde Wasserführung der Enneris zu sichern.

Im Verein mit der kühl-humiden Flora und den braunen Böden weisen derartige Niederschlagsbedingungen eher auf mediterrane Winterregen oder gar mitteleuropäische Klimaverhältnisse hin als auf tropisch-subtropische Sommerregen. Hohe Bewölkungsziffern und im Vergleich zu heute niedrige Temperaturen führten zu geringerer Verdunstung. Obwohl demnach alle Indizien für ein sogenanntes „Nordpluvial" sprechen (BALOUT, 1952), sei auf das Problem der Herkunft der regenbringenden Witterungseinflüsse hier nicht näher eingegangen (vgl. B. GABRIEL, 1972 b, 128).

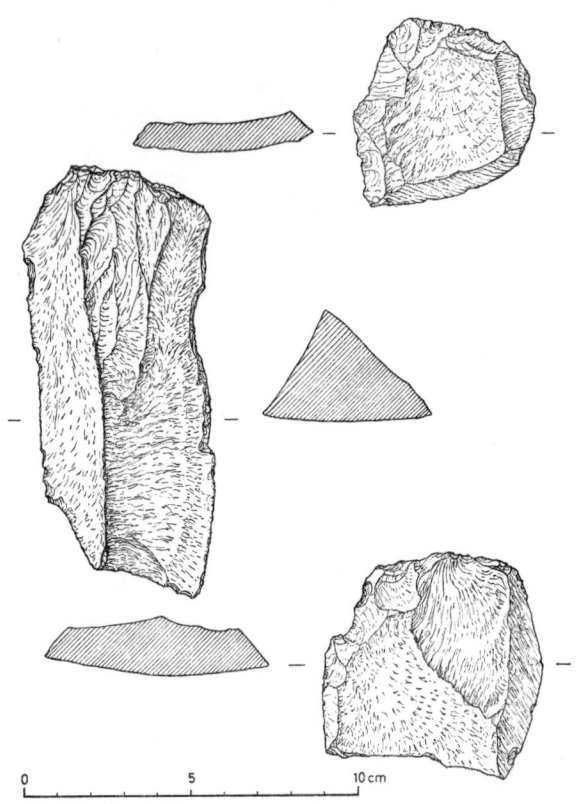

Fig. 24 Dirennao — Gabrong. Oberfläche. Zahlreiche grobe Werkzeuge, die an das Para-Toumbien Westafrikas (VAUFREY, 1947 und 1969, 109 ff.) oder an ein stjelloses Atérien erinnern, sind für das frühe Neolithikum der Sahara charakteristisch (vgl. CAMPS, 1969). Hier drei Klingenteile aus Basalt.

Zeichnung: E. HOFSTETTER

3.10 Abflußregime der uMiT und klimatische Interpretation

Auf die klimatische Signifikanz von fossilen Kalksinterdämmen hat bereits MAULL (1937) hingewiesen. Vor allem sei eine hohe sommerliche Verdunstungsrate vorauszusetzen, wie sie gerade in den subtropisch-mediterranen Winterregengebieten gegeben sei. Auch WILHELMY (1974, 152) hält eine Kalksinterstufenbildung in Flußläufen durch „Kalkabscheidung infolge hoher sommerlicher Verdunstung" für charakteristisch in mediterranen Winterregengebieten.

Die Sedimentationsverhältnisse im mittleren Teil der uMiT — horizontale laminare Lagerung warvenartig dünner Schichten von Schluffen und Tonen, Seekreiden und Diatomiten — lassen Rückschlüsse auf die Abflußbedingungen zu: Mindestens über Jahrhunderte, wenn nicht über Jahrtausende, muß ein Regime geherrscht haben, das ein langsames, aber über größere Teile des Jahres hinweg stetiges Fließen der Gewässer garantierte. Weder konnten die Seen vollständig austrocknen, noch wurden sie von plötzlichen Hochfluten beeinträchtigt.

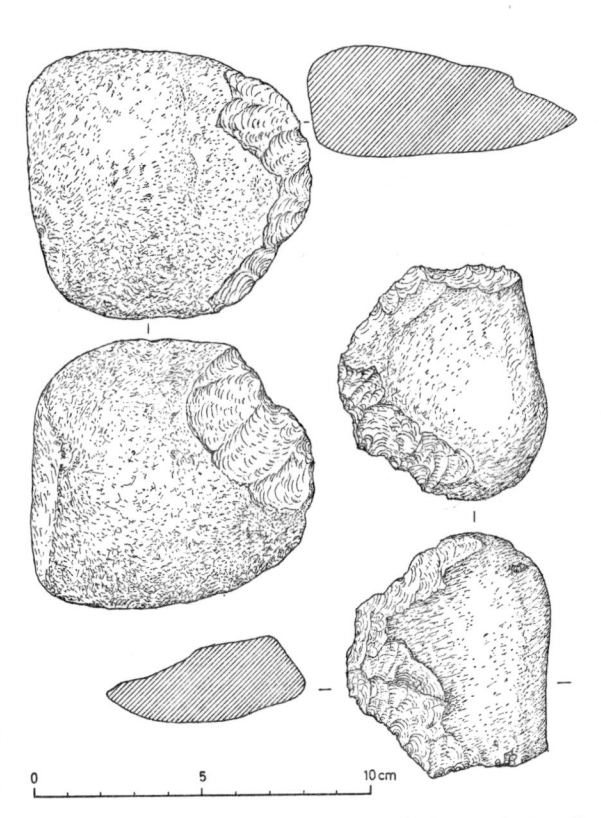

Fig. 25 Dirennao — Gabrong. Oberfläche. Auch Geröllgeräte („pebble tools") kommen noch im Neolithikum vor, so daß die chronologische Einstufung nach typologischen Merkmalen außerordentlich erschwert ist. — Material: Basalt.

Zeichnung: E. HOFSTETTER

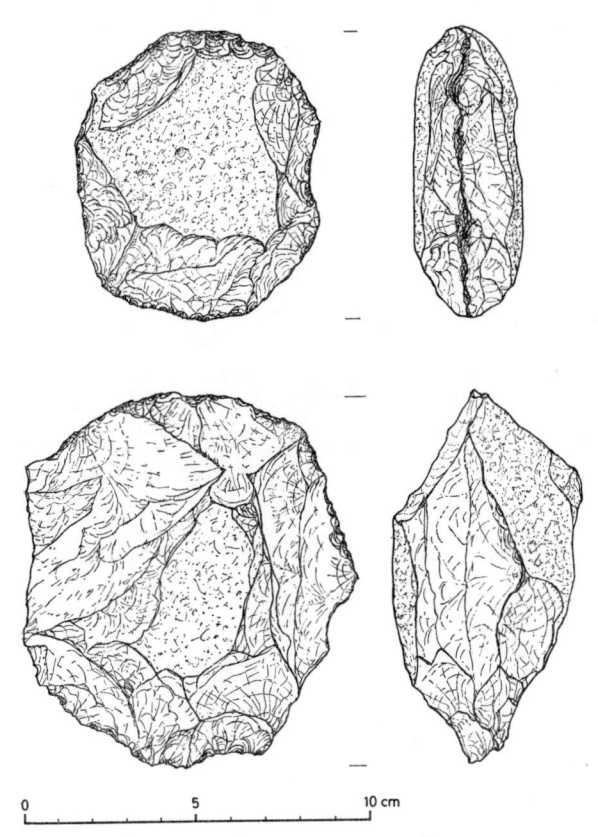

Fig. 26 Dirennao — Gabrong. Oberfläche. Derartige, sonst als Kernsteine (Nuclei) bezeichnete Artefakte sind im zentralsaharischen Neolithikum häufig. Daß sie nicht nur übriggebliebene Reste bei der Geräteherstellung waren, sondern in dieser Form einen eigenen Gebrauchswert besaßen, zeigen die Abnutzungsspuren an den Rändern. In der Endpfanne des Bardagué finden sich ganze Serien solcher Geräte mit fließenden Übergängen zu den Steinkugeln („boule", Bola-Kugeln, vgl. CLARK, 1955, LEBEUF, 1953, und MAUNY, 1953). Teilweise sind sie den altpaläolithischen Sphäroiden von Ain Hanech/Algerien (siehe VAUFREY, 1955, 21 ff. und vgl. die Bemerkungen von CAMPS, 1974, 14 f.) zum Verwechseln ähnlich. — Material: Basalt.

Zeichnung: E. HOFSTETTER

denbildung, Sedimentations- und Abflußbedingungen in den Enneris, Niederschlagsregime, fossile Periglazialerscheinungen (z. B. Erdfließen und Schollenrutschungen, siehe HÖVERMANN, 1972, 278 ff., vgl. auch HAGEDORN, 1971, 96 ff., JANNSEN, 1970, K. KAISER, 1970 und 1972 b, sowie MESSERLI, 1972), Ableitungen aus Seevorkommen in abflußlosen Calderen wie dem Trou au Natron (ERGENZINGER, 1968, 182, HAGEDORN, 1971, 94 ff., ROLAND, 1974), Vergleich mit Gebieten rezenter Kalksinterdammbildung (z. B. MARKER, 1973, 471) usw. — Heute empfängt das Gebirgsmassiv jährlich nur noch 10 bis 50 mm Niederschlag in den mittleren Regionen zwischen 700 und 1000 m ü. M. und etwa 100 mm in der Höhenzone um 2400 m (GAVRILOVIC, 1969, HECKENDORFF, 1969 und 1972).

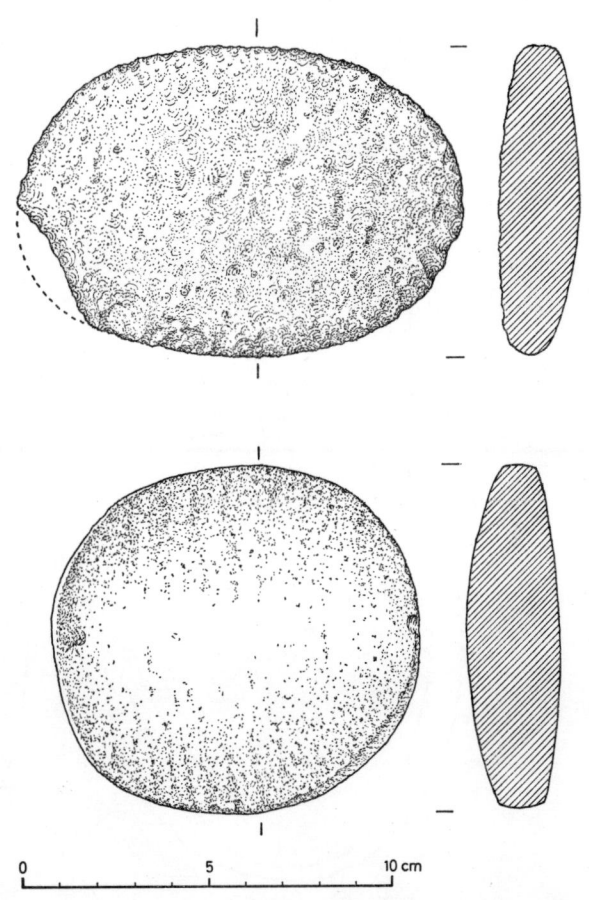

Fig. 27 Dirennao — Gabrong. Oberfläche. Das Material zum Zerreiben von Körnern gehört auch typologisch eindeutig ins Neolithikum. Hier zwei ovale Läufersteine für Handmühlen. Der obere ist durch Pickung aufgerauht, um ihn wieder wirkungsvoller zu machen. Auf dem unteren sind Striemungen zu erkennen, die auf die Technik des Mahlvorgangs schließen lassen. — Material: hellbrauner Sandstein.

Zeichnung: E. HOFSTETTER

Absolute Werte der jährlichen Niederschlagsmenge lassen sich nur schwer erschließen. Unter Zugrundelegung der Indizien, die zu einer derartigen Rekonstruktion beitragen können, wird man aber größenordnungsmäßig einen Jahresniederschlag zwischen 600 und 1000 m für die mittleren und höheren Teile des Tibesti annehmen dürfen. Indizien, auf denen solche Ableitungen beruhen, sind u. a. (vgl. auch PACHUR, 1974, 43): Vielfalt, Verbreitung und Art der nachgewiesenen Flora und Fauna, menschliche Kulturerzeugnisse, Bo-

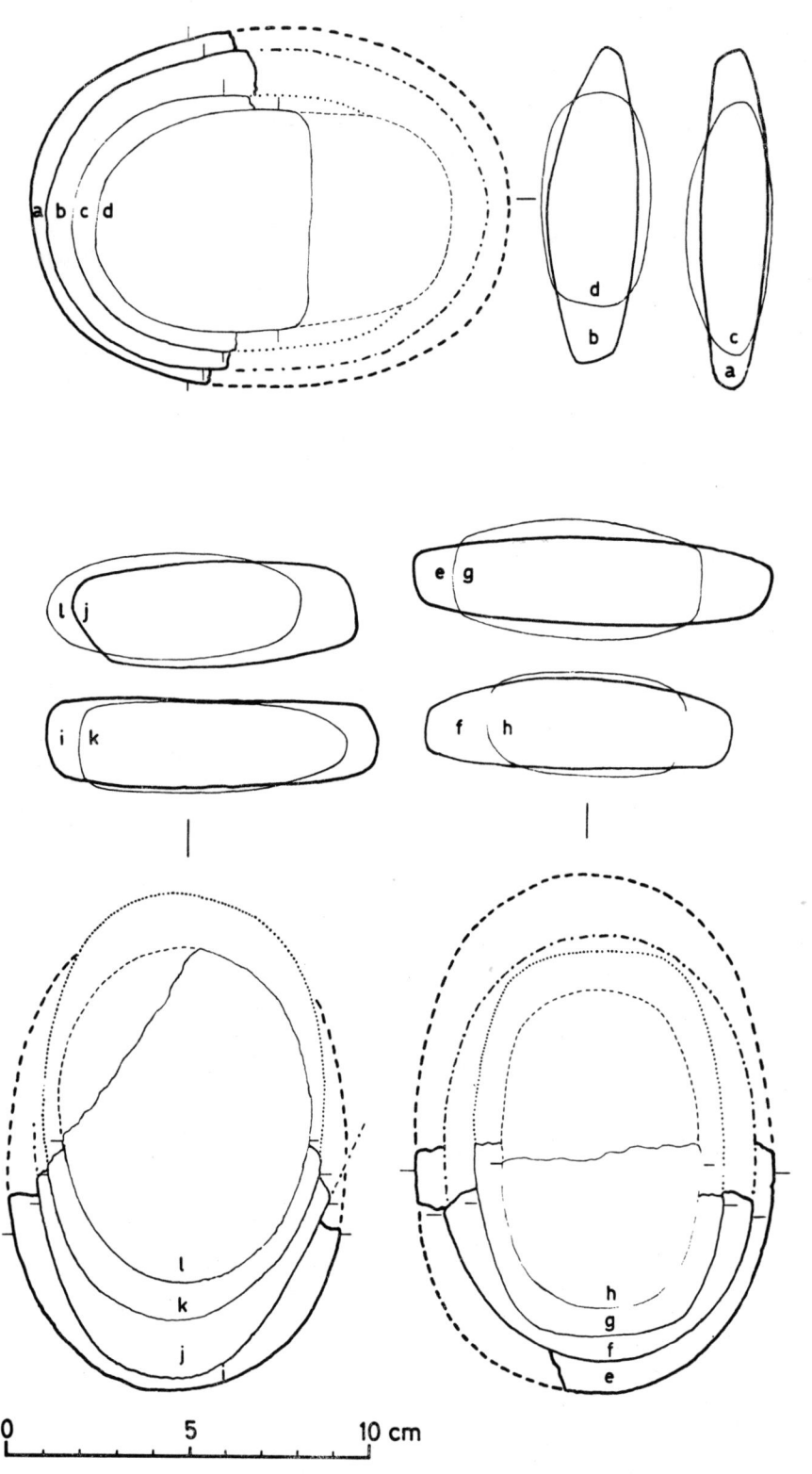

Fig. 28 Dirennao — Gabrong. Oberfläche. Die Vielzahl an Läufersteinen bei den neolithischen Fundstellen der Sahara macht deutlich, daß es alltägliche Gebrauchsgegenstände waren und nicht nur gelegentlich zum Zerreiben von Farben (Rötel) für kultische Zwecke benutzt wurden. Für die deutliche Überrepräsentanz an zerbrochenen Läufersteinen gibt es mehrere Deutungsmöglichkeiten: Zum Beispiel können die unversehrten Stücke von späteren Benutzern abgesammelt worden sein oder es kann ein absichtliches Zerschlagen aufgrund kultischer oder kriegerischer Ursachen vorliegen. — Material: meist heller Sandstein.

Zeichnung: E. HOFSTETTER

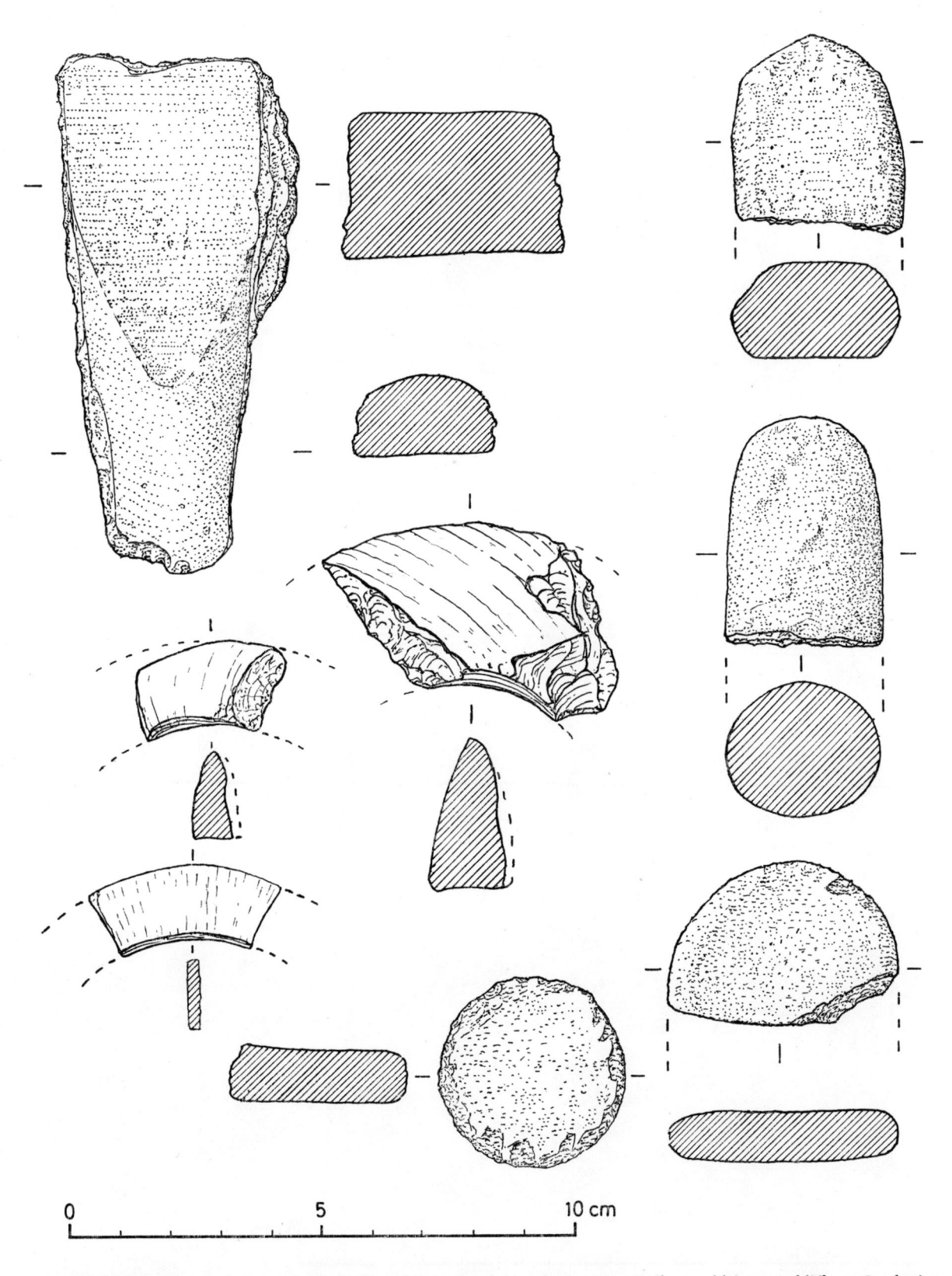

Fig. 29 Dirennao — Gabrong. Oberfläche. Unsicher ist der Gebrauchswert einer Reihe von kleinen geschliffenen Sandsteinfragmenten (oben, rechts und unten). Die drei Ringbruchstücke (links unten und mitte) sind dagegen Teile von Schmuckringen, wie sie in ähnlicher Weise noch bis in jüngste Zeit in der Sahara getragen wurden.

Zeichnung: E. HOFSTETTER

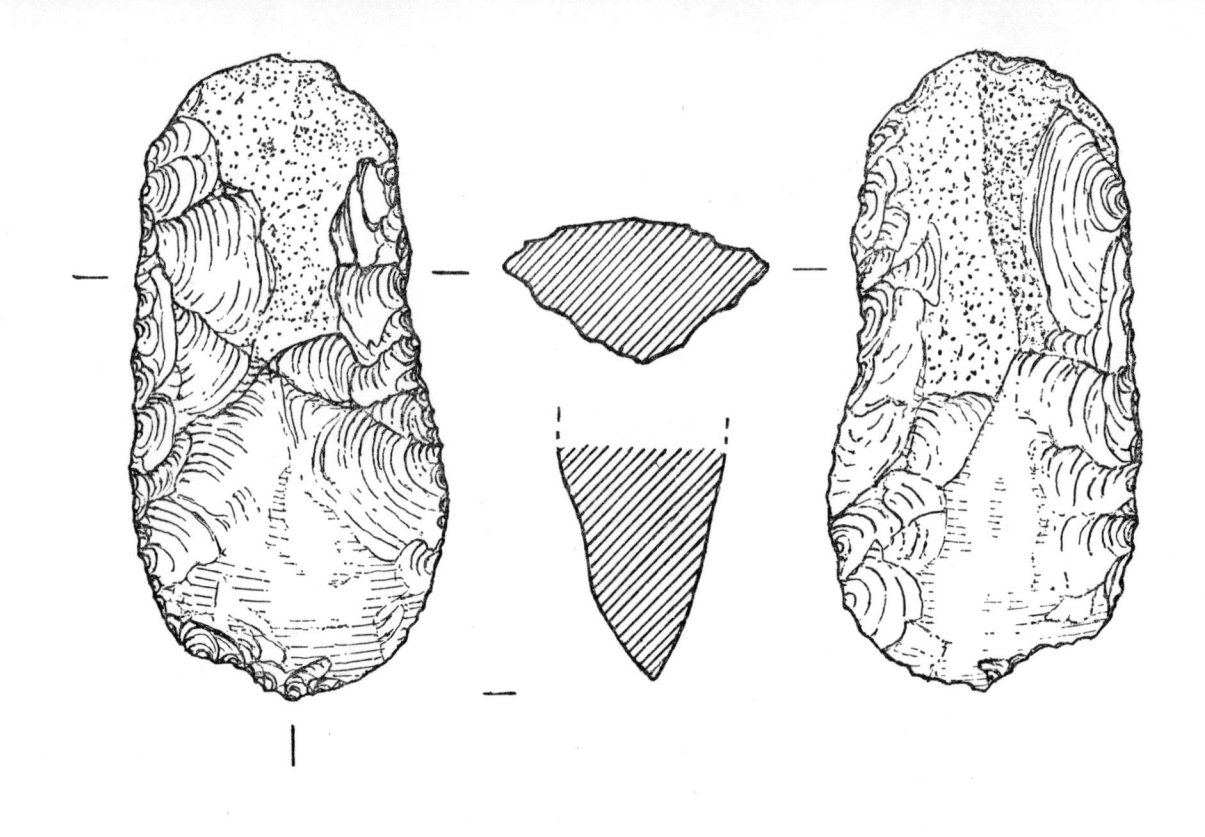

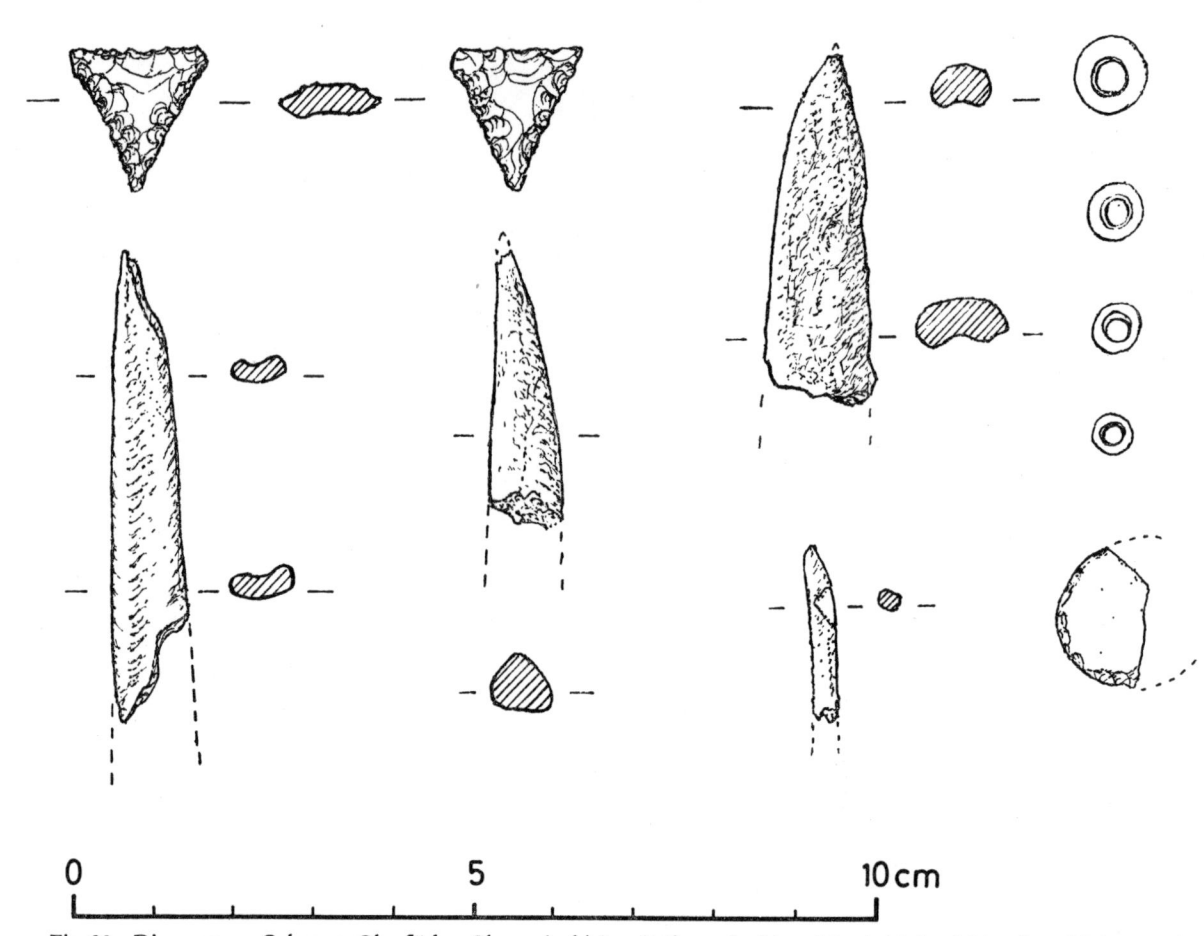

Fig. 30 Dirennao — Gabrong. Oberfläche. Oben: ein kleines Beil aus dunklem Kieselschiefer, leicht überschliffen. In der Mitte links eine Pfeilspitze aus Obsidian in der Form eines gleichseitigen Dreiecks. Rechts mitte und unten: vier Perlen und ein Teil eines runden Plättchens aus Straußeneischale. Unten: vier zugeschliffene Knochenspitzen.

Zeichnung: E. HOFSTETTER

Andererseits macht WUNDT (1955) darauf aufmerksam, daß zur Herstellung von pluvialzeitlichen Zuständen — zur Verfügbarkeit von größeren Wassermengen — oftmals gar keine Erhöhung der Niederschläge notwendig sei, sondern eine Temperaturerniedrigung und damit eine reduzierte Verdunstung ausreiche (= „Feuchtbodenzeiten"). Bei einer Absenkung der Jahresmittel von 24° auf 18° C schiebe sich die zugehörige Trockengrenze um ein Isohyetenintervall von 250 mm gegen das aride Gebiet hin vor (siehe in gleichem Sinne HAUDE, 1963 a/b). FLOHN (1952, 171, vgl. FLINT, 1971, 414 ff., und WOLDSTEDT, 1961, 313 ff.) berechnete die planetarische Temperaturabnahme während der Eiszeit tatsächlich auf 4° bis 5° C. Insofern können die hier genannten Niederschlagshöhen für die Mittelterrassenzeit im Tibesti lediglich als grobe Schätzwerte zu verstehen sein, die mit vielen Unsicherheiten behaftet sind.

3.11 Die Niederterrasse (NiT)

In den Jahrtausenden nach 7000 B. P. ist vermutlich ein Wandel in der klimageomorphologischen Formungsdynamik erfolgt. Die Seen verlandeten und trockneten vielfach aus. Die jüngsten mögen bis in die Hauptphase der Steinplätze (um 5600 B. P.) überdauert haben oder dann wieder kurzzeitig regeneriert worden sein. Das Niederschlagsregime, das zur Zeit der uMiT am ehesten der ektropischen zyklonalen Westwindzone mittlerer Breiten entsprach, wurde von einem tropischen, konvektiven Typus abgelöst (vgl. LAMB, 1968, 105). Periodische oder episodische Starkregenfälle zerstörten das labile System der Sintertreppenseen in den Flußläufen. Der schubweise Transport von Kiesen und Schottern führte zur Einschneidung in die weichen Feinsedimente der uMiT.

Erst im letzten Jahrtausend v. Chr. wurde die Erosion von einer kurzen Akkumulationsphase abgelöst, die zum Aufbau der NiT führte. Sie ist im Enneri Dirennao selten höher als 2,5 m und setzt sich zusammen aus einem unsortierten Gemisch von Sanden, Kiesen und gut gerundeten Fein- und Grobschottern bis über Kopfgröße, die fast alle aus unverwittertem Basalt bestehen und seine graublaue Farbe haben. Auf ungestörten Terrassenoberflächen ist aber eine dunkelbraune Patinierung bereits voll ausgebildet.

Faziell lassen sich die Schotter nicht von denen der rezenten Talsohle unterscheiden, und an vielen Stellen muß eine Differenzierung in NiT und Hochwasserbett willkürlich vorgenommen werden. Die Eigenständigkeit als Akkumulationsterrasse ergibt sich aber nicht nur aus ihrer Höhe ü. T. oder aus der Patina bei unversehrten Resten, auch nicht nur daraus, daß sie bereits einen Sockel des Anstehenden haben kann oder daß das eigentliche Hochwasserbett zusätzlich voll ausgebildet sein kann, sondern vor allem aus dem Alter der Ablagerungen. Bei km 18 des Enneri Dirennao lag nämlich in 1,5 m Tiefe der dort 2 m hohen NiT das Fragment eines Elefanten-Femurs (siehe Fa 12 in **Tab. 5** und Photo 24), das ein ^{14}C-Alter von 2690 ± 435 Jahren B. P. (Hv 2260) aufwies und somit aus dem Anfang oder der Mitte des letzten Jahrtausends v. Chr. stammte.

Es gibt daher sichere Anzeichen für das Vorhandensein einer Niederterrasse, d. h. einer Grobschotterakkumulation aus dem letzten Jahrtausend v. Chr. Deren Aufbau folgte auf eine Einschneidung in die uMiT mindestens bis zur heutigen Talsohle und wurde ihrerseits wiederum von einer Erosionsphase abgelöst, die zur Ausbildung des heutigen Flußbettes führte. Auf die Schwierigkeit, die NiT-Reste im Einzelfall von solchen der oMiT oder des Hochwasserbettes eindeutig zu trennen, wurde bereits hingewiesen, ebenso darauf, daß die NiT des Enneri Dirennao nicht mit der NT anderer Terrassenbearbeiter identisch sein muß.

Faziesgleichheit der Sedimente führt zu der Annahme, daß die Sedimentationsbedingungen zur Zeit der NiT-Akkumulation nicht wesentlich verschieden von den heutigen waren. Trotzdem muß aber die Vegetation noch savannenartig gewesen sein, da Elefanten sonst keine Lebensmöglichkeiten gefunden hätten. Das ist bei einem Abkommen der Enneris in geringerem zeitlichen Abstand als heute möglich, sowie bei größeren Grundwasservorräten aus der vorangegangenen Feuchtzeit der uMiT.

3.12 Ausblick: Protohistorische Zeit und rezente Austrocknung

Das letzte Jahrtausend v. Chr. dürfte aber grundsätzlich wieder lebensfreundlicher gewesen sein als die beiden Jahrtausende davor. Es war dies die Zeit, als im Fessan das Garamantenreich begründet wurde und bald darauf über griechische und später römische Quellen erste schriftliche Berichte überliefert sind. Umfangreiche Friedhöfe mit Tausenden von Gräbern finden sich in den begünstigten Oasengebieten Südalgeriens, des Fessan und des Tibesti [45].

Sonnenkult und entwickelte Herrschaftsstrukturen lassen sich bereits aus spätneolithischen komplizierten Grabbauten ablesen: Ein mit 4095 ± 210 B. P. (Hv 5480, Koll.) datiertes monumentales Grab vom Typ „mit birnenförmigem, gepflastertem Hof" (B. GABRIEL, 1970 a, 3 f.) aus dem Enneri Tihai/Dj. Eghei enthielt das Skelett eines etwa 40- bis 50jährigen Mannes in rechtsseitiger Hockerlage, der eine verheilte Femurfraktur aufwies. Für die Anlage des Grabes waren immerhin etwa 150 bis 200 Arbeitsstunden erforderlich gewesen [46].

---

[45] BELLAIR und PAUPHILET (1959), CAMPS (1961), B. GABRIEL (1970 a und 1974 a, Abb. 10), LHOTE (1967 b), MONOD (1932), PACE et al. (1951), REYGASSE (1950), ROSET (1974), SAVARY (1966) u. a. — Zur Geschichte von Germa und den Garamanten siehe z. B. AYOUB (1968), BOVILL (1956), DANIELS (1969, 1970 und 1973), DESANGES (1957), GOODCHILD (1950), LAW (1967), PACE et al. (1951).

[46] Ausführliche Publikation in Vorbereitung. — Anthropologische Bestimmung durch Herrn Dr. B. HERRMANN, Berlin, dem an dieser Stelle bestens gedankt sei.

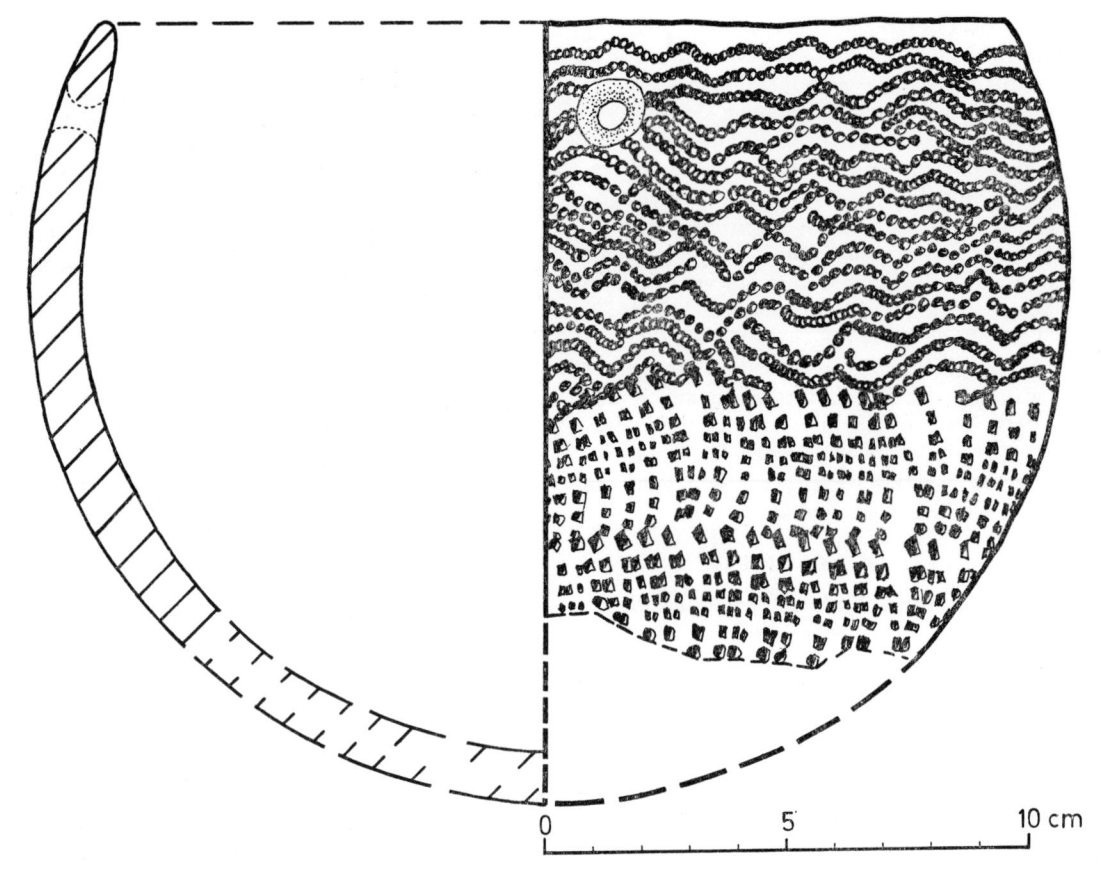

Fig. 31 Dirennao — Gabrong. Rekonstruktion des Kumpfes aus Schicht d (Fig. 20), die durch Holzkohle auf ein ^{14}C-Alter von 8065 ± 100 B. P. (Hv 2748) datiert ist. Zum Alter und zur Problematik der „dotted-wavy-line"-Kramik siehe die in Anmerkung 39 zitierte Literatur. — Die Zeichnung gibt die eingedrückten Verzierungen nicht in den Einzelheiten exakt wieder, sondern will lediglich den Charakter des Dekors darstellen.
Die Tonmasse ist schwarz bis schwarzbraun, unregelmäßig mit wenig Sand und Pflanzenteilen gemagert. Die Wandstärke beträgt 10 bis 11 mm; der Rand dünnt nach oben aus. Er ist mit einer Lochdurchbohrung (Schnuröse oder Reparaturdurchbohrung?) versehen. Unmittelbar unterhalb des Randes beginnen individuell geführte Wellenlinien, die aus vielen kleinen runden, sich gewöhnlich stark überdeckenden Einzeleindrücken von knapp 2 mm Durchmesser zusammengesetzt sind. Bei einem zugrundegelegten Gefäßquerschnitt von 22 cm ergeben sich auf diese Weise in der oberen Hälfte des Gefäßes etwa 5000 Einzeleinstiche! — Die jeweils nach unten anschließenden Wellenlinien passen sich im Auf und Ab nicht immer an die oberen an. Eine Gruppierung der Wellen zu Bändern ist (im Gegensatz zu einer späteren Form der „dotted wavy line") ebenfalls nicht zu erkennen. Insgesamt finden sich in einem oberen, parallel zum Rand verlaufenden Streifen von ca. 9 cm Breite ca. 16 Wellenlinien mit Amplituden zwischen 2 bis 7 mm und Wellenlängen zwischen 8 bis 16 mm. — Dann folgt im unteren Teil des Gefäßes eine Zone enger Zahnstockverzierungen in Wiegebandtechnik („pivotante", wobei ein Gerät wiegend über den feuchten Ton weiterbewegt wird, so daß durch diese Eindrücke forlaufende Bänder entstehen). Der Zahnstock (auch „Kamm" genannt) stand senkrecht zum Gefäß, war von rechts gesehen konvex gebogen, war 28 mm lang und besaß 8 Zähne, die in sich (im Gegensatz zu späterer Zahnstockverzierung) ungegliedert waren. Der Abstand der durch die Wiegebandtechnik entstehenden Zacken des Dekorbandes beträgt durchschnittlich 4 mm. — Die Gefäßhöhe läßt sich mit ca. 16 cm, der größte Querschnitt mit 22 cm und der Öffnungsdurchmesser mit 19 cm angeben.

Zeichnung: B. GABRIEL

In den ersten Jahrhunderten nach Christus grünten im nördlichen Vorland des Tibesti bis weit in die Serir hinein zahlreiche Tamariskenhügel in Gegenden, die heute der Vollwüste zugerechnet werden müssen (Photo 35, vgl. B. GABRIEL, 1972 b, 124, JÄKEL, 1971, 28, PACHUR 1974, 33 f.).
Der römische Einfluß reichte weit nach Süden. Bei Djanet im Tassili wurde römische scheibengedrehte Keramik gefunden und im Tibesti (am Puits Tirenno zwischen Bardai und Aozou) einige terra-sigillata-artige Fragmente. Wagen- und Pferdedarstellungen sowie schriftliche Überlieferungen bezeugen, daß eine Wüstendurchquerung zu Pferde keine Schwierigkeiten bereitete (LAW, 1967, LHOTE, 1951 b und 1966). Das Kamel wurde ja sowieso erst um **Christi Geburt in der Sahara** heimisch.

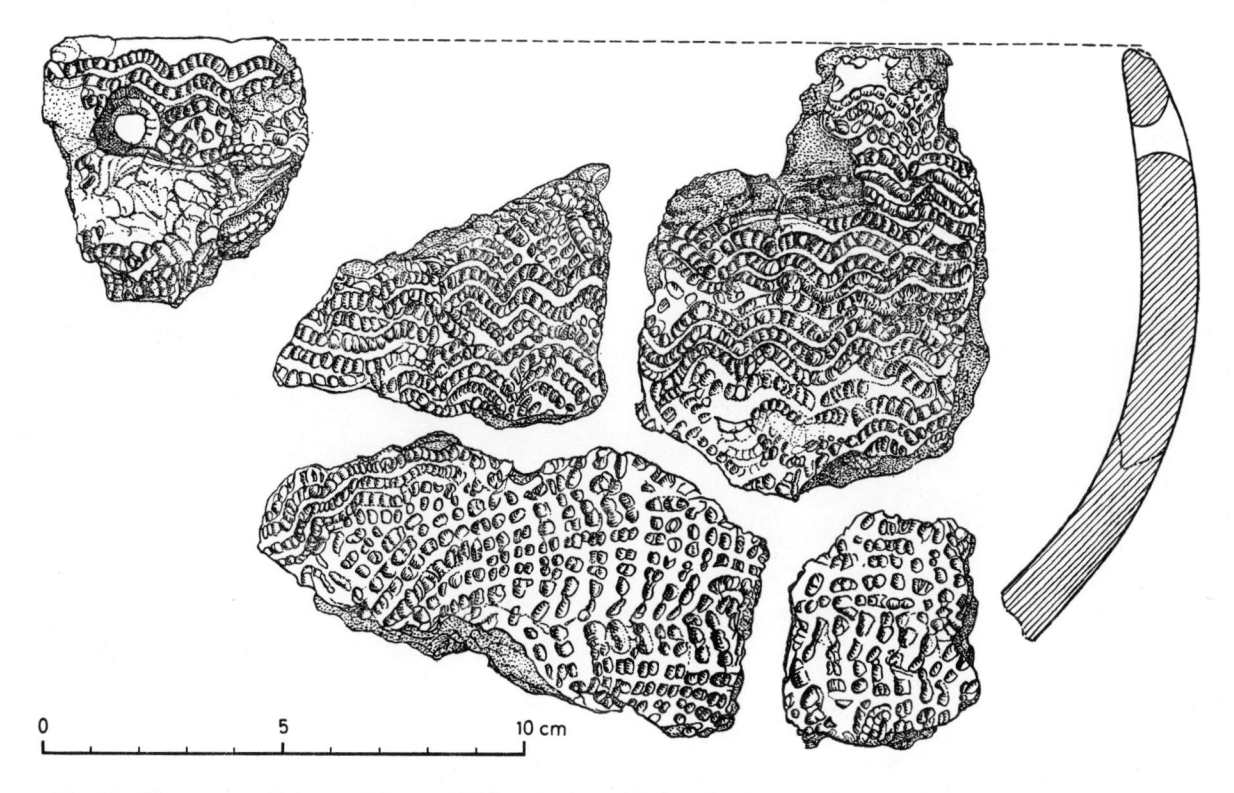

Fig. 32   Dirennao — Gabrong. Die tatsächlich gefundenen Bruchstücke des Kumpfes aus Schicht d (Fig. 20) mit dem Versuch der wirklichkeitsgetreuen Nachzeichnung des erkennbaren Dekors im Detail. Die Einzeleindrücke in den Wellenlinien sind jedoch gewöhnlich zu groß geraten, und die Anordnung der Punkte im unteren Teil läßt das Zahnstockmuster nur ungenügend hervortreten. Zusammen mit Fig. 31 und Photo 34 ergibt sich jedoch ein etwa richtiges Bild des Gefäßes.

Zeichnung: H. K. G. MAHNKE

Noch im Mittelalter mag die Wüste nicht so extrem arid gewesen sein. Die Wasserstellen waren zahlreicher, Handel und Verkehr blühten, in einigen Teilen — vor allem am Südrand — existierten große Reiche [47].

Im vorigen Jahrhundert sah NACHTIGAL im Tibesti Strauße und nannte die Zahl von Addax-Antilopen „fast unglaublich" in Gegenden, wo sie heute kaum noch vorkommen (1879-89, *1*, 292 und 553).

Der Verfall wird auch in den Kulturhinterlassenschaften evident. Die rezenten oder subrezenten Felsbilder sind eintönig, meist nur unbeholfen stilisierte Kamelzeichnungen. Die Keramik ist qualitätsmäßig schlechter als die neolithische; seit der Kolonialzeit ist die Produktion ganz eingestellt. Das Begräbnisritual ist verarmt.

---

[47] Aus der Fülle der Literatur zur Antike und zum Mittelalter sei nur auf einige zusammenfassende, meist jüngere Werke hingewiesen: AHMAD (1969), BERTAUX (1966), DAVIDSON (1961), DIESNER et al. (1968), GAUDIO (1967), E.-F. GAUTIER (1952), GRIBAUDI (1928), GSELL (1914—1928), MURPHEY (1951), OBENGA (1973), PONCET (1967), PRECHEUR-CANONGE (1960), SCHUBART-ENGELSCHALL (1967), WÖLFEL (1961), ZÖHRER (1958).

Die Toten werden seit Einführung des Islam im Tibesti (KRONENBERG, 1958, 99 ff.) unter einfachen ovalen flachen Steinhügeln begraben. Die Menschen vegetieren am Rande des Existenzminimums und konzentrieren ihre Siedlungen in den wenigen Tälern, in denen wegen der Nähe des Grundwasserspiegels die Überlebenschancen am größten sind. Dagegen befinden sich aus dem Mittelalter stammende Wüstungen bei Zoui und Bardai oftmals noch auf höher gelegenen Hängen (J. GERMER, Berlin, frdl. mdl. Mitt.).

Zahllose Untersuchungen berichten vom Rückgang menschlicher Kultur in der Sahara noch in jüngster Vergangenheit (z. B. MECKELEIN, 1955, 316, und **1957**, 333, PAPY, 1959, WEIS, 1964, u. v. a.). Die Ursachen sind zwar umstritten. Man darf sie freilich nicht in einer Klimaänderung allein suchen. Geistige und wirtschaftliche Innovationen übten einen entscheidenden Einfluß aus (z. B. der Verlust billiger Arbeitskräfte durch Abschaffung der Sklaverei oder die Verlagerung der Handelswege durch die Schiffahrt). Gerade in den letzten beiden Jahrzehnten erfuhr die Sahara durch die Erdölfunde wieder eine Wertsteigerung

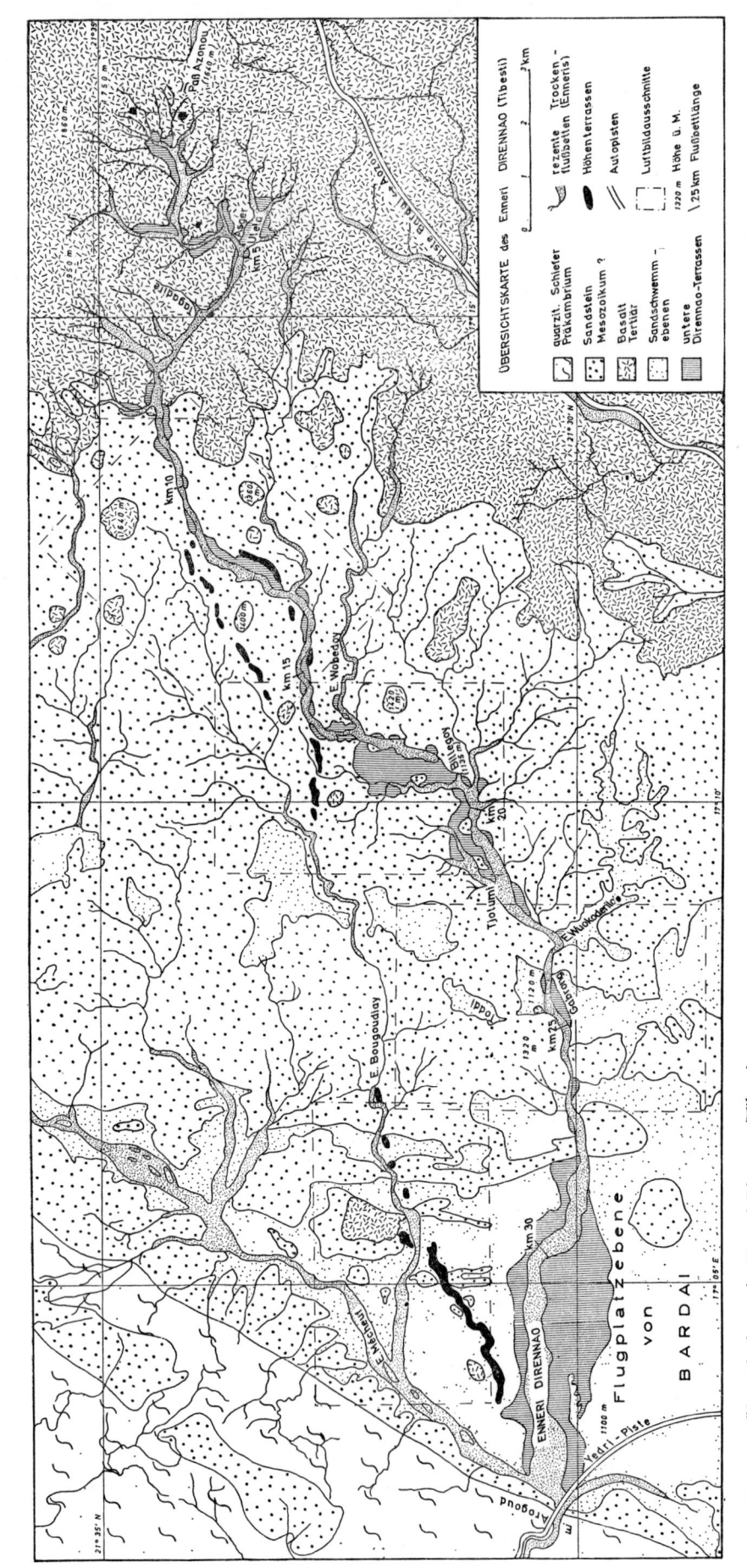

Karte 2   Übersichtskarte des Enneri Dirennao/Tibesti

wie nie zuvor. Der Wertwandel wird also durchaus nicht nur von Naturfaktoren wie Klima und Vegetation gesteuert [48].

Aber derartige überregionale Wirkungszusammenhänge sind in Urkulturen mit primären Organisationsformen und bei geringen Einwohnerdichten nicht zu erwarten. Lokale Subsistenzwirtschaft ist dort die Existenzbasis; die sozialen Zusammenschlüsse sind kleinräumig und locker, die Interdependenzen vergleichsweise unbedeutend. Es besteht jederzeit die Möglichkeit, in Gebiete mit besseren Lebensbedingungen abzuwandern, da weder immobile Besitztümer zur Arealgebundenheit führen noch eine allgemeine hohe Bevölkerungsdichte das Aufsuchen günstiger Freiräume erschweren. Wer würde auf dieser Wirtschaftsstufe ein Land wie die heutige Sahara besiedeln? — Die Völker und Kulturen in der Sahara sind nur als Relikte aus einer Zeit zu verstehen, in welcher die Lebensbedingungen günstig waren. Die Menschen müssen ursprünglich in Feuchtzeiten eingewandert und dann von der allmählichen Austrocknung überrollt worden sein (vgl. BUTZER, 1971 a, 594).

---

[48] Zur modernen geographischen Entwicklung vgl. u. a. SCHIFFERS (1958), SCHIFFERS und OBST (1972), SCHLIEPHAKE (1975) oder SCHRAMM (1969).

Tabelle 9 Entfernungen, Höhen und Gefälle im Enneri Dirennao/Tibesti (siehe Karte 2)

Die Namen wurden von einheimischen Tubus erfragt, die Entfernungen aus den Luftbildern im Vergleich mit der Karte 1 : 200 000 entnommen, die Höhen durch barometrische Höhenmesser über mehrere Meßreihen ermittelt und das Gefälle durch Winkelmessungen mit dem Baumhöhenmesser bestimmt.

Lokalität	km	Höhen in m ü. M.	Gefälle in Grad
Höchste Erhebung		ca. 1950	
Kesselrand von Coquille	0,0	1750—1860	
Paß Azonou	0,0	1640	
Eintritt der Kamelpiste ins E. Dirennao	1,5	1500	2,75
Markanter Durchbruch durch einen Dyke	3,5	1415	
Asger Ulelá	4,8	1390	
Tagadiré	6,4		
	8,5	1320	1,25
	11,5	1240	
	13,5		0,75
Wobedoy	17,0	1195	0,9
Billegoy-Guelta	19,3	1135	
Tjolumi	21,8		
Wuokoderiloli	23,2		
Gabrong	23,9	1115	0,3
Flugplatzebene (Beginn)	26,1	1100	
Arogoud (Beginn)	35,5	1075	

DOKUMENTATION III

Photo 30 Profilschnitt von 80 cm Breite durch die uMiT-Ablagerungen unter dem Abri bei Gabrong/Tibesti (vgl. Fig. 20 sowie Tab. 7 und 8). Am Fuße des senkrechten 2-m-Zollstocks noch in situ das freigelegte Schulterblatt eines großen Boviden (siehe Fa 13 in Tab. 5). 25. 10. 1966

Photo 31 Die limnischen Ablagerungen bei Gabrong (Schicht c in Fig. 20), aus der eine Kalkkruste mit 6130 ± 90 B. P. ^{14}C datiert wurde (Hv 3709). Im unteren Teil noch ohne Vegetationsreste, nach oben zunehmend mit verkrusteten Rhizomen durchsetzt. Der Verlandungs- und Austrocknungsprozeß gegen Ende der Ablagerungen findet darin seinen Ausdruck. Die zuweilen warvenartig dünnen Schichten der hellen Schluffe und Tone zeugen von einem Sedimentationsvorgang in stehendem Gewässer über lange Zeiträume. An der Basis der fundleeren Schichten sind die Sande der Kulturschicht d erkennbar. Zollstock = 120 cm. 13. 10. 1966

Photo 32 Blick von oben auf den Profilschnitt von Gabrong mit der in Schicht b eingelassenen Grube, die viel Fundmaterial enthielt und mit Steinen ausgelegt war. Holzkohle aus dieser Grube hatte ein ^{14}C-Alter von ca. 1500 Jahren (Paralleldatierungen: Gif 1316 = 1570 ± 100 B. P. und Hv 2198 = 1440 ± 150 B. P.). 17. 8. 1967

Photo 33 Das Schulterblatt eines großen Boviden (Büffel) noch in situ in Schicht d des Profils von Gabrong, die mit 8065 ± 100 B. P. ^{14}C-datiert ist (Hv 2748). Links oben das Fragment eines Läufersteins für Handmühlen und rechts oben die Scherben des Kumpfes mit „dotted-wavy-line"-Verzierung, jeweils noch an ihrem ursprünglichen Fundort. — Teil eines Zollstocks und einer Meßlatte als Maßstab. 25. 10. 1966

Photo 34 Zwei Fragmente des Kumpfes mit „dotted-wavy-line" aus Schicht d (Fig. 20) des Profils von Gabrong, vgl. Fig. 31 und 32. Das Randstück links weist eine Lochdurchbohrung auf. — Größenmaßstab: 10 cm.

Photo 35 Abgestorbener Tamariskenhügel in der fossilen Endpfanne des Bardagué (Fa 9 in Tab. 5), ca. 5 m hoch (2-m-Meßlatte links am Hügelfuß stehend). Eine ^{14}C-Datierung des Holzes ergab ein Alter von 1840 ± 60 B. P. (Hv 2749). Im Hintergrund am rechten Bildrand ist die Basaltstufe zu erkennen, auf der es zahlreiche präislamische Gräber gab (B. GABRIEL, 1970 a) und an deren Fuß sich die neolithischen Kulturreste häuften (vgl. Fa 9 in Tab. 5 sowie Fig. 6 und Fig. 8 bis 13). 12. 12. 1966

Photo 36 Brauner, fast 1 m mächtiger Boden bei Tjolumi im Talgrund des Enneri Dirennao. Blick nach SSW.   21. 7. 1967

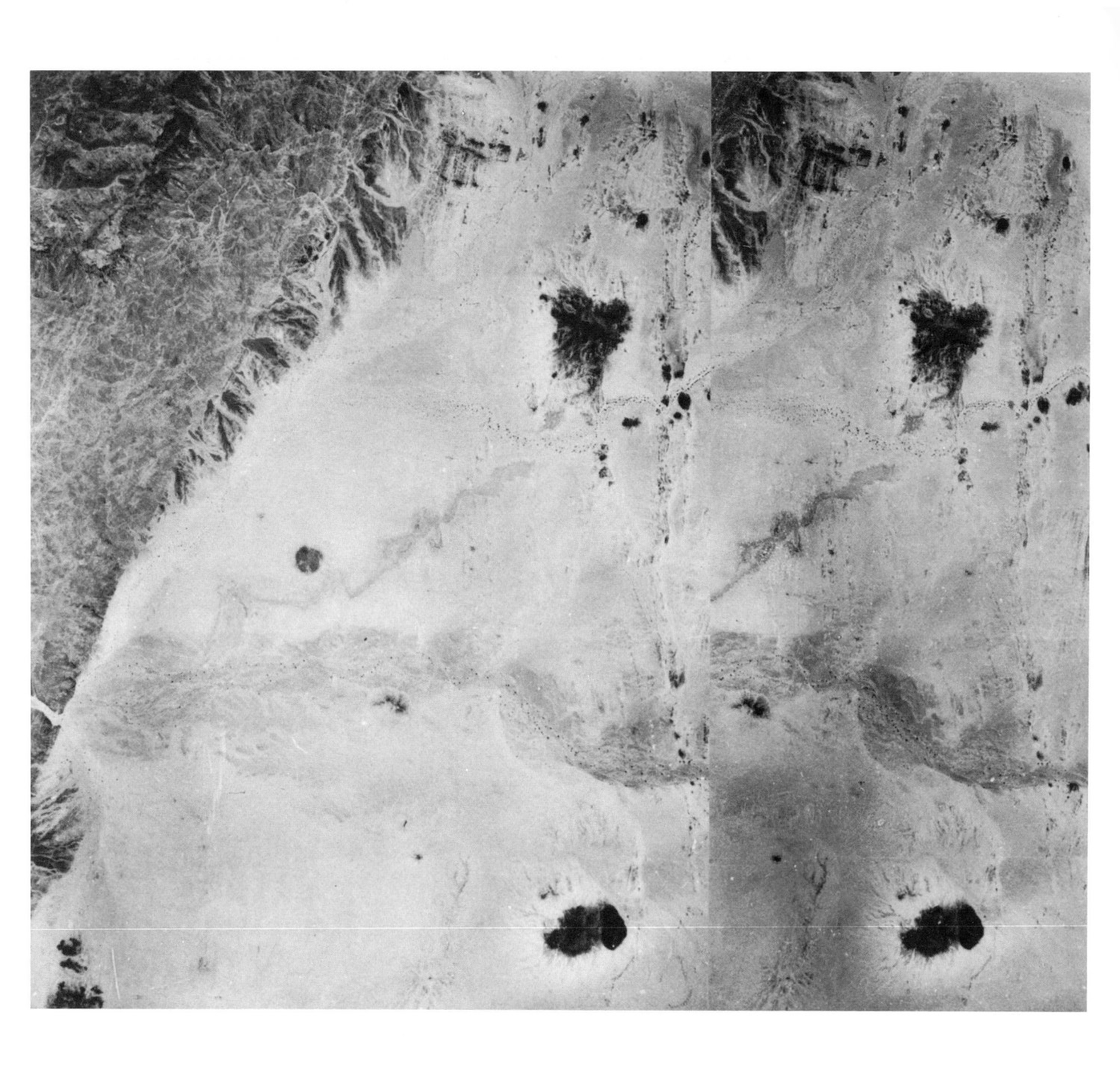

Photo 37 Luftbild-Stereopaar von der nördlichen Flugplatzebene von Bardai (vgl. Karte 2). Die anastomosierenden Enneris Bougoudiay und Mécheuf vereinigen sich hier, um bald darauf von Norden in das Dirennao zu münden. In die gleiche Richtung (von NE nach SW) zieht der Terrassendamm der HöT, hier nur noch ca. 25 m relative Höhe, der bei km 11 und ein zweites Mal bei km 16 vom Enneri Dirennao abgezweigt war.   Aufnahmen: IGN (Paris) NF 33 XII 272/273 (1955)

Maßstab ca. 1 : 50 000

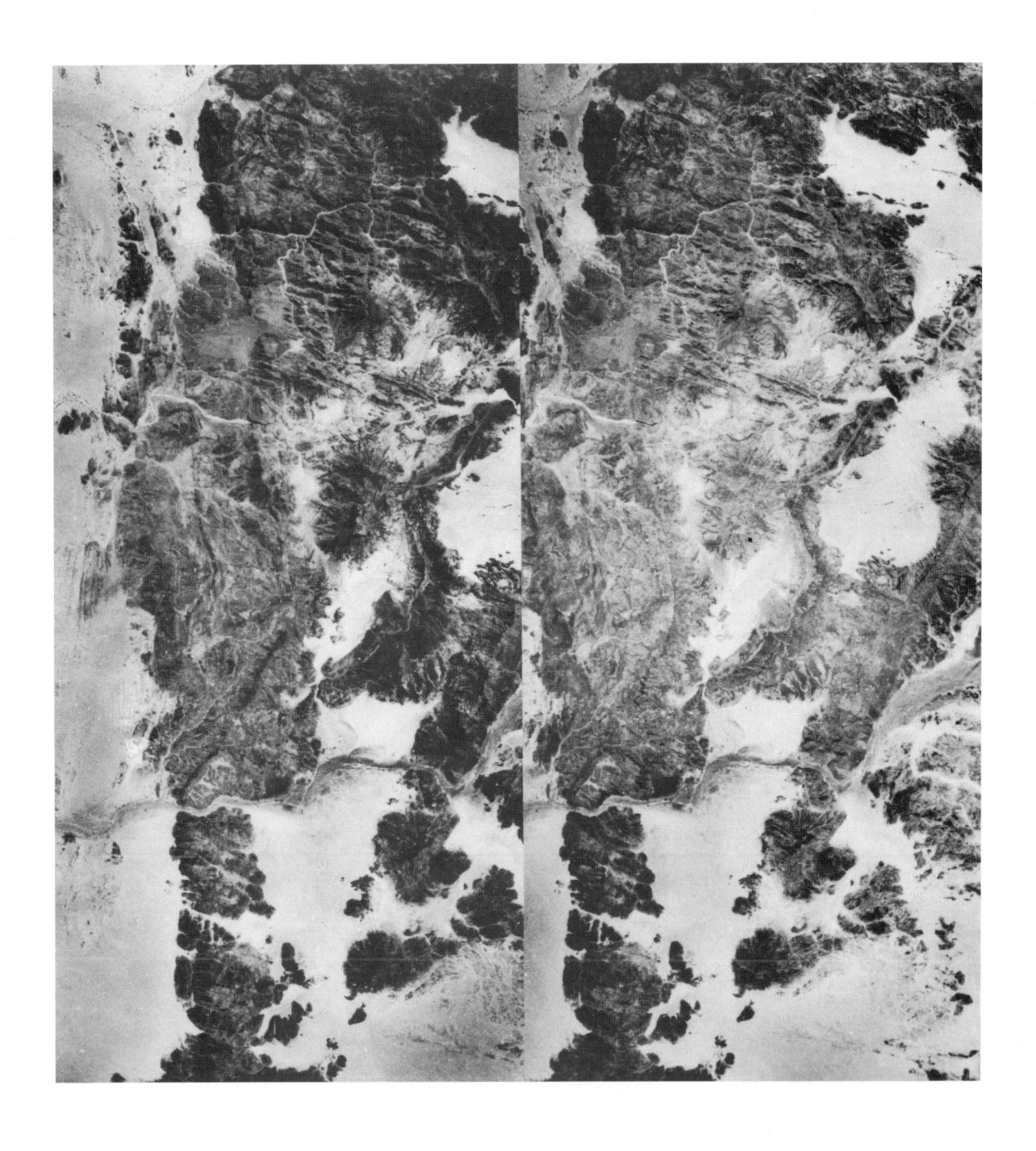

Photo 38 Luftbild-Stereopaar des Beckens von Gabrong, Enneri Dirennao (vgl. Karte 2). Der für das Tibesti charakteristische Wechsel von engen Schluchtstrecken und Talweitungen mit Sandschwemmebenen wird in diesem Bild besonders deutlich. Der Abri von Gabrong befindet sich beim Eintritt des Enneri Dirennao in das Becken von Gabrong ca. 100 m südlich des linken Ufers in einem von Osten kommenden sehr kurzen Seitental.
Aufnahmen: IGN (Paris) NF 33 XII 271/272 (1955)

Maßstab ca. 1 : 55 000

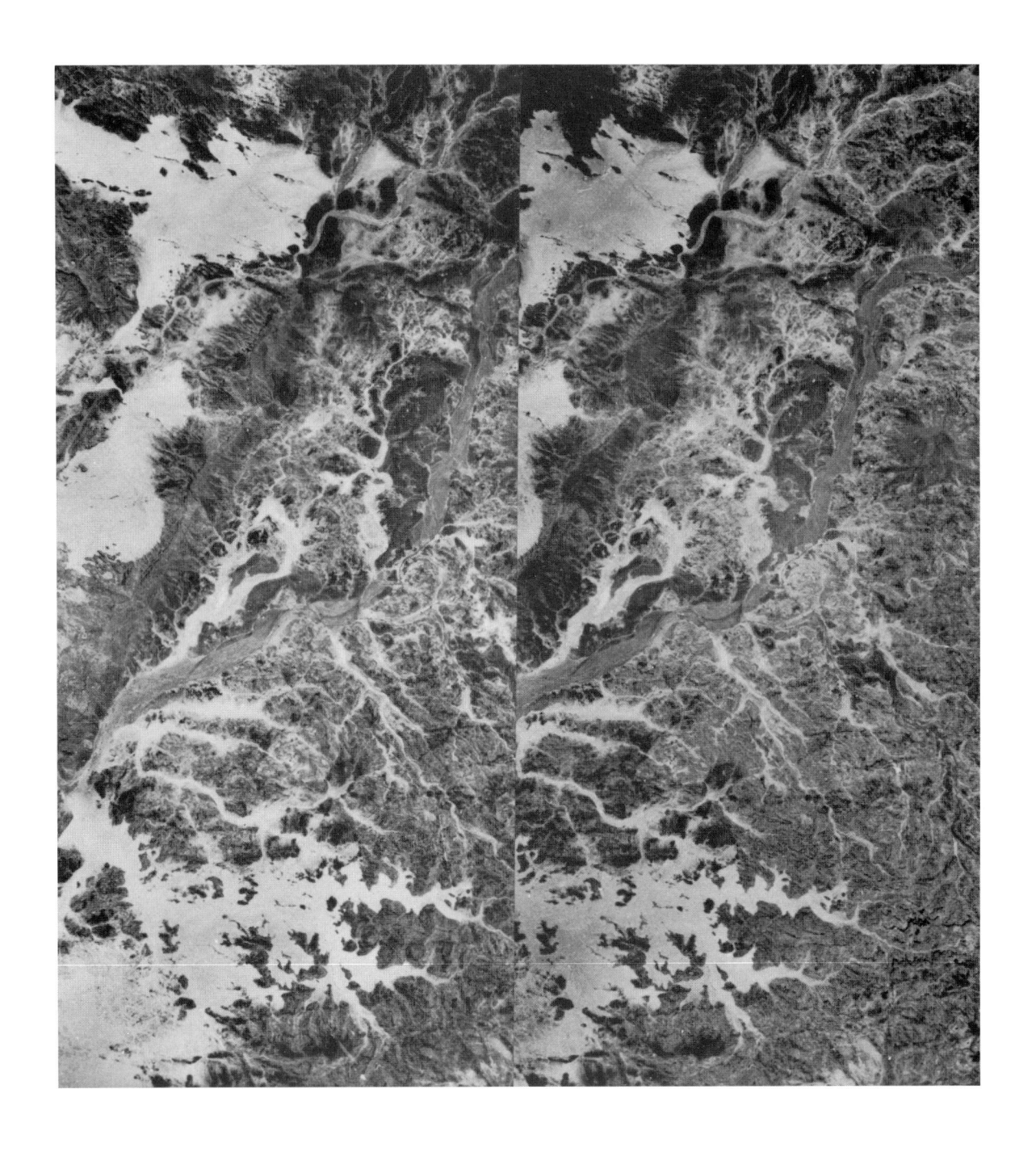

Photo 39 Luftbild-Stereopaar vom Mittellauf des Enneri Dirennao (vgl. Karte 2). Während das rezente Flußbett im NE-Teil des Bildes scharf von West nach SSW umbiegt, hält der alte Flußlauf in 40 bis 50 m Höhe ü. T. (HöT) die ehemalige Richtung bei. An der Divergenzstelle (km 16, 1180 m ü. M.) treten erstmalig die feinkörnigen Ablagerungen der uMiT auf. Rechts von der jeweiligen Bildmitte die Verschüttungen von Billegoy, die den Flußlauf in eine schmale Schlucht östlich davon abgedrängt haben.
    Aufnahmen: IGN (Paris) NF 33 XII 270/271 (1955)

Maßstab ca. 1 : 50 000

Photo 40 Luftbild-Stereopaar vom Ober- und Mittellauf des Enneri Dirennao (vgl. Karte 2). Im oberen Drittel divergieren der rezente Flußlauf, der nach SW abknickt, und die heute fast 50 m ü. T. gelegene alte Fließrinne, die geradeaus nach W verläuft. Sie ist infolge Reliefumkehr als Terrassendamm erhalten (HöT). An der Divergenzstelle ist Photo 28 vom rechten Ufer aus mit Blickrichtung SSW aufgenommen, vgl. auch dazu Fig. 14.

Aufn.: IGN (Paris) NF 33 XII 198/199, 269/270 (1955)

Maßstab ca. 1 : 50 000

Photo 41 Luftbild-Stereopaar von Coquille, dem Ursprungsgebiet des Enneri Dirennao (vgl. Karte 2). Bei stereoskopischer Betrachtung treten mehrere Schotterterrassen und die mit ihnen verzahnten Schutthanggenerationen deutlich hervor. Streckenweise wird die Fließrichtung des Dirennao von einer Schar paralleler Trachyt-Andesit-Dykes bestimmt, die diagonal von NW nach SE streichen. Im größten Teil des Bildes herrscht Basalt vor, lediglich am linken Bildrand kommt der unterliegende Sandstein an die Oberfläche. Der Aufnahmestandort von Photo 29 liegt in der Mitte des unteren Randes des rechten Bildteils, mit Blickrichtung Nord.

Aufnahmen: IGN (Paris) NF 33 XII 199/200 (1955)

Maßstab ca. 1 : 60 000

Zusammenfassung und Schluß

Ein abschließender Überblick über den ökologischen Wandel in der östlichen Zentralsahara im End- und Postpleistozän beschränkt sich auf eine kursorische Zusammenfassung der Ergebnisse, ohne Wiederholung der Details und ohne die sonst bei paläogeographischen Arbeiten üblichen Klimakurven und Korrelationstabellen, in denen häufig Ergebnisse großzügig interpoliert werden. Das vorliegende Material gestattet es nicht, den klimatischen Wechsel zwischen humid und arid chronologisch derart detailliert anzugeben, wie es z. B. bei GEYH und JÄKEL (1974 b), HEINE (1974) oder besonders bei SCHOVE (1969) geschieht. Die Intensität des Klimawechsels und die Veränderungen im Landschaftsbild lassen sich nur aufgrund mehr oder weniger aussagekräftiger Indizien erschließen. Folgende Ergebnisse kann man aber als einigermaßen gesichert annehmen:

Um 14 000 oder 12 000 B. P., vielleicht aber erst um 10 000 B. P. setzte eine Feuchtphase ein, die in der ganzen südlichen und zentralen Sahara zu ausgedehnter Seenbildung führte. Im Tibesti gab es bis um 7000 B. P. eine reiche Gehölzflora meist mediterranen oder sogar kühl-humiden Charakters, die einen tiefgründigen Braunboden hinterließ. Die zahlreichen kleinen Seen in den Tälern wurden vermutlich durch Kalksinterdämme aufgestaut. Das Niederschlagsregime begünstigte eine ganzjährige Wasserführung der Flüsse. Bei im Vergleich zu heute niedrigeren Temperaturen mag der Jahresniederschlag je nach Höhenlage zwischen 600 und 1000 mm gelegen haben.

Eine reiche Großwildfauna, wie sie in den Felsbildern bezeugt ist, diente den Menschen als Jagdbeute. Vor 8000 B. P. ging man aber bereits zu höherentwickelten Wirtschafts- und Lebensformen über: Man wurde seßhaft, verfertigte technisch hochstehende Keramik und betrieb wahrscheinlich schon bald eine Art Anbau (siehe Anm. 4, 12 und 39). Die zahllosen Felsbilder zeigen vor allem in den frühen und mittleren Stilepochen eine bemerkenswerte künstlerische Qualität.

Die Entwicklung im Gebirge nach 7000 B. P. ist nur undeutlich zu verfolgen. Das Niederschlagsregime muß sich grundlegend geändert haben (vgl. ähnliche Schlußfolgerungen bei MURRAY, 1951, 429 ff.). In die vorher akkumulierten limnischen Sedimente erfolgte eine Einschneidung der Flüsse um mehrere Meter. — Die Kulturentwicklung wurde jedoch nicht unterbrochen.

Eine Fülle von Stilarten der Keramik und der Felsbilder deuten auf eine Aufsplitterung in zahlreiche kleine Gruppen. Man siedelte entweder unter natürlichen Felsüberhängen (Abris) am Rande von intermontanen Sandschwemmebenen oder auf den niederen Terrassenniveaus (oMiT und uMiT) der Flußläufe, wo Hüttenreste in Form kleiner runder Trockensteinmauern häufig sind. Die Begleitfunde (Keramik, Artefakte) erweisen sie als neolithisch. Genauere chronologische Differenzierungen innerhalb der neolithischen Gruppen sind aber noch nicht möglich.

Ab 7500 B. P. entfaltete sich vor allem außerhalb des Gebirges eine Hirtenkultur. Nomaden zogen mit großen Rinderherden durch die grasbestandenen Ebenen der Zentralsahara und hinterließen ihre Feuerstellenrelikte in Form zahlloser Steinplätze. Entlang feuchterer Rinnen wuchs ein Galeriewald, der auch der afrikanischen Großwildfauna (Elefant, Giraffe, Büffel, Antilope) ausreichend Lebensmöglichkeit bot. Der Rinderhirtennomadismus, dessen Höhepunkt um 5600 B. P. lag (= nach dendrochronologischer Korrektur etwa um 4400 v. Chr.), war auf ein dichtes Wasserstellennetz angewiesen, das wiederum von hochliegendem Grundwasserspiegel, reduzierter Verdunstung und lokalen Niederschlagshöhen zwischen 300 und 400 mm abhängig war. Die Feuchtigkeit reichte sogar zur Speisung kleiner Süßwasserseen mit limnischer Molluskenfauna, die selbst möglicherweise vorhandene aride Jahreszeiten überdauerten.

In der Endphase der Steinplätze entvölkerten sich die großen Ebenen und wurden ab 4000 B. P. (= ca. 2800 v. Chr.) nur noch selten durchzogen. Als Lebensraum für die Hirtennomaden hatten sie ihren Wert weitgehend verloren. Im Niltal entwickelte sich dagegen in jener Zeit die altägyptische Hochkultur, auf deren Anfänge die neolithischen Völker der östlichen Zentralsahara einen wesentlichen Einfluß ausgeübt haben dürften. Im letzten Jahrtausend v. Chr. wurden die Verhältnisse noch einmal günstiger, um sich dann in den vergangenen beiden Jahrtausenden zum gegenwärtigen extrem ariden Zustand zu entwickeln.

Man kann die Ursachen dieser Änderungen nicht nur dem Menschen anlasten, der durch Jagd, kriegerische Zerstörung, unsachgemäße Bewässerungsmethoden, durch Raubbau, Überweidung oder Waldvernichtung eine „anthropogene Desikkation" (WÖLFEL, 1961, 195) bewirkt habe, denn solches Fehlverhalten kann nicht zu großen Klimaänderungen führen, wie sie seit der Mittelterrasse im Tibesti vor sich gegangen sind und wie sie zu allen Zeiten der erdgeschichtlichen Vergangenheit auftraten (siehe z. B. FLINT, 1971, FLOHN, 1964, FRENZEL, 1967, LAMB, 1966, SCHWARZBACH, 1961, TUREKIAN, 1971, UNESCO, 1963, oder WOLDSTEDT, 1961 und 1969). Die Niederschlagshöhen und das allgemeine atmosphärische Zirkulationssystem bleiben von derartiger menschlicher Einwirkung auf die Natur praktisch unberührt. Auf sie hatte der Mensch im präindustriellen Stadium so gut wie keinen Einfluß (FLOHN, 1974, LAMB, 1968, 104). Geringfügige Niederschlagsanomalien oder kultureller Wandel (z. B. Verbesserung der Jagdtechnik), die vor allem HAUDE (1963 a) diskutiert, bieten ebenfalls keine ausreichende Erklärung für den Landschaftswandel.

Die Dynamik der atmosphärischen Zirkulation prägt sich noch heute in säkularen Schwankungen und Änderungen deutlich aus; zumindest wird dies in den mitteleuropäischen Breiten mit langjährigen Klimadatenreihen evident (LYSGAARD, 1949, v. REGEL, 1957, v. RUDLOFF, 1967, RÜGE, 1965, vgl. DORIZE, 1976). Es wäre unrealistisch, für die Sahara ein über Jahrhunderte oder gar Jahrtausende statisches Klimageschehen annehmen zu wollen (vgl. ebenso BELL, 1971, 4) oder — wie DUBIEF (1963) — zu unterstellen, die Niederschlagshöhen pendelten lediglich um einen festen Mittelwert.

Summary

Ecological Change in the Neolithic Period of the Eastern Central Sahara

In order to reconstruct environmental conditions in the Eastern Central Sahara about 4000—10000 years ago the author makes use of three main lines of argument: a prehistorical, a biological and a sedimentological-geomorphological complex.

Specific prehistoric relics in the great, fine material covered serir plains are called stone places and interpreted as the fire places of the neolithic herdsmen. The 19 available radiocarbon datings of these stone places may be divided into an early phase between approx. 7500 and 5700 B. P., a main phase around 5700—5400 B. P. and a final phase between 5400 and 4100 B. P. The distribution of the stone places indicates that the Central Saharan plains had a favourable vegetation cover for nomadic herdsmen and that there was enough surface drinking water for man and animals alike. Annual precipitation levels are estimated at 300—400 mm. Skeletal remains of large mammals such as elephants, giraffes, buffaloes etc. which are also found in areas far away from the mountains show that, along wetter stream channels at least, a higher-growing tree and shrub vegetation must have extended over the large plains. Assemblages of limnetic freshwater molluscs in different places can only be explained by lakes which in all probability did not dry up for decades at least.

In the Tibesti Mountains lacustrine deposits are found in many river channels, even when the gradient is steep. These wadis were probably dammed up by calcareous sinter dams similar to those still occurring today in areas with Mediterranean climate. Numerous radiocarbon datings enable the lake deposits to be dated at between 12000 and 7000 B. P. Their in parts very high pollen content together with paleopedological observations suggest that during that period a climate ranging from N. Mediterranean to cool and humid prevailed, with annual precipitations between 600 and 1000 mm according to altitude. The cyclonic precipitation regime favoured all-year stream flow.

Rock paintings show an abundant big game fauna for hunters. Before 8000 B. P., however, the transition to more highly developed forms of life and economy took place: the nomads settled down, made technically remarkably good pottery (with dotted-wavy-line decoration) and probably began fairly early to cultivate the land. The mountains of the Central Sahara are regarded today as a centre of Neolithic culture developing independently of Oriental civilisations and spreading out over the Old World.

After 7000 B. P. the precipitation regime must have changed radically. Heavy convective rains destroyed the sinter bars and caused a several metre deep incision into the lacustrine sediments. However, cultural development was not interrupted. A great variety of pottery and rock painting styles indicates a splitting up into numerous small groups. Settlement took place either beneath natural rock overhangs (abris) on the edge of intermountainous sandy alluvial plains or else on the lower terrace levels of the river channels, where small, round drystone walls, the remains of huts, are found. Accompanying finds (pottery, artifacts) prove them to be neolithic. A more exact chronological differentiation within the neolithic groups in the Tibesti Mountains is not yet possible, however.

During the final phase of the stone places the great plains of the Sahara were gradually depopulated and only seldom traversed from 4000 B. P. onwards. For the most part they had lost their value as a habitat for the nomadic herdsmen, who retreated into the more favourable Central Saharan montains or the peripheral areas of the desert. At this time the ancient Egyptian civilisation of the Nile Valley was approaching its peak; its beginnings had probably been considerably influenced by the Neolithic peoples of the Eastern Central Sahara.

During the last millennium B. C. conditions became more favourable again, and then, during the last two thousand years, moved towards the present extreme aridity. — These changes were not brought about by human activity (e. g. overgrazing, deforestation, destruction in wars), since the amount of precipitation and the general atmospheric circulation pattern remain practically unaffected by such human influences on nature.

Résumé

Des changements écologiques pendant le néolithique du Sahara centre-oriental

Pour la réconstruction des données écologiques dans le Sahara centre-oriental il y a 4-10.000 ans l'auteur utilise avant tout trois groupes d'arguments: l'un traitant de la préhistoire, un autre de la biologie et un dernier de la géomorphologie et de la sédimentologie.

Des vestiges préhistoriques particuliers trouvés dans les grandes plaines du reg recouvertes du sable et du gravier sont appelés des amas de pierre et interprétés comme des foyers des pasteurs néolithiques. Jusqu'à présent il y a 19 datations au radiocarbone qui sont classées en trois phases: une préphase entre 7.500 et 5.700 B. P., une phase principale entre 5.700 et 5.400 B. P. et une phase finale entre 5.400 et 4.100 B. P. La répartition des foyers permet de conclure qu'à cette époque-là une couverture végétale était présente dans les plaines du Sahara central favorisant le nomadisme pastoral. Les animaux comme les hommes trouvaient partout suffisamment d'eau potable à la surface. La hauteur des précipitations est estimée à 300-400 mm par an.

Divers ossements de gros mammifères (éléphants, giraffes, buffles, antilopes etc.) montrent même dans les régions très éloignés des montagnes qu'une végétation d'arbres et d'arbustes sillonnait les grandes plaines au moins le long des couloirs humides. Des agglomérations de mollusques lacustres, d'eau douce, en divers endroits ne peuvent pas expliquées que par la présence des lacs qui au moins pendant des dizaines d'années ne peuvent pas être asséchés.

Même dans les hautes montagnes du Tibesti on trouve des dépôts lacustres dans les vallées fluviales à pente forte. Des barrières de tuf calcaire telles qu'on les retrouve encore aujourd'hui dans les régions à climat méditerranéen ont vraisemblablement barré ces oueds. Les sédiments lacustres sont datés par nombreuses dates au radiocarbone entre 12.000 et 7.000 B. P. Ils sont souvent assez riches en pollens d'éspèces des zones tempérées. En outre on trouve des restes d'un sol brun fossil de ce temps.

On peut donc conclure qu'alors régnait un climat humide et frais telle qu'en Méditerranée septentrionale ou l'Europe centre-méridionale aujourd'hui. Les précipitations annuelles variaient selon l'altitude entre 600 et 1.000 mm. Le régime climatique cyclonale favorisait le coulement des cours d'eau toute l'année.

Une faune riche en gros mammifères comme ils sont représentés par les gravures rupestres constituait le gibier chassé par les hommes. Avant 8.000 B. P. on évoluait déjà vers une forme de civilisation plus développée. La sédentarisation commençait, la fabrication de la céramique avait atteint un niveau technique élevé (avec la décoration de motif au «dotted wavy line») et on pratiquait peut-être déjà une sorte d'agriculture. Les montagnes du Sahara central peuvent être aujourd'hui considérées comme un centre originaire de la néolithisation de l'Ancien Monde probablement indépendant du Proche-Orient.

Après 7.000 B. P. le régime de précipitations a dû être profondément bouleversé. Des pluies torrentielles ont détruit les barrières de tuf calcaire et ont entaillé les sédiments lacustres sur plusieurs mètres. Mais le développement de la civilisation n'en fût pas interrompu; un bon nombre de styles différentes de poterie et des fresques indique qu'il y avait une dispersion en de nombreux petits groupes distincts. On s'installait soit sous des abris sous roches au bord des plaines sablonneuses dans la montagne soit sur les terrasses inférieures des cours d'eau. Là se trouvent des restes de huttes rondes, en forme de murs circulaires seulement constitués de pierres sèches empilées. Grâce aux céramiques et aux outils en pierre qu'on a pu y trouver on les rattache à la période néolithique. Cependant des informations plus précises au sujet de la répartition chronologique et spatiale des différents groupes néolithiques dans les montagnes ne sont pas encore possible.

Dans la phase finale des amas de pierre les grandes plaines du Sahara se dépeuplèrent peu à peu et ne furent que traversées rarement à partir de 4.000 B. P. En tant qu'espace vitale elles ont été dévalorisées pour les nomades qui se sont retirés dans les montagnes au climat plus propice ou dans les marges du désert. Dans la vallée du Nil en même temps se développait la civilisation pharaonique; celle-ci a dû être principalement influencée au départ par les peuples néolithiques du Sahara.

Au dernier millénaire av. J. C. les conditions de vie s'amélioraient encore une fois pour évoluer dans les deux derniers millénaires vers l'extrême aridité actuelle. La cause de ces changements ne peuvent être attribués à l'homme (p. e. par déboisement, surexploitation pastorale, destruction par la guerre), car le niveau des précipitations et le système de la circulation atmosphèrique restent pratiquement inchangés par une telle influence de l'homme sur la nature.

Literaturverzeichnis

Erklärung spezieller Abkürzungen

ASEQUA = Association Sénégalaise pour l'Etude du Quaternaire Africain, Dakar
BRGM = Bureau de Recherches Géologiques et Minières de France, Paris
CNRS = Centre National de la Recherche Scientifique, Paris
CRAPE = Centre de Recherches Anthropologiques, Préhistoriques et Ethnographiques, Alger
IFAN = Institut Français (Fondamental) d'Afrique Noire, Dakar
IGN = Institut Géographique National, Paris
ORSTOM = Office de Recherches Scientifiques et Techniques d'Outre-Mer, Paris

ADAMSON, D.; CLARK, J. D.; WILLIAMS, M. A. J. (1974): Barbed bone points from Central Sudan and the age of the „Early Khartoum" tradition. — Nature *249* (5433), 120-123

AHMAD, N. A. (1969): Die ländlichen Lebensformen und die Agrarentwicklung in Tripolitanien. — Heidelberger Geogr. Arbeiten *25*, 304 p.

ALIA MEDINA, M. (1955): Sobre las variaciones climáticas durante el cuaternario en el Sáhara Espanol. — Africa (Madrid) *12*, 544-546

ALIMEN, H. (1966 a): Préhistoire de l'Afrique. — Paris: Boubée, 550 p. (Atlas de Préhistoire 2)

ALIMEN, H. (1966 b): Die Sahara. — In: Fischer Weltgeschichte. *1*. Vorgeschichte. p. 165-182. — Frankfurt/M., Fischer-Bücherei

ALIMEN, H. (1971): Variations climatiques dans les zones désertiques de l'Afrique nord-équatoriale durant les quarante derniers millénaires. — 7. Congrès Panafricain de Préhistoire et de l'Etude de Quaternaire, Addis Abeba, 25 p. (Vortrags-Manuskript)

ALIMEN, H.; BEUCHER, F.; LHOTE, H. (1968): Les gisements néolithiques de Tan-Tartait et d'In-Itinen, Tassili-n'-Ajjer (Sahara central). — Bull. Soc. Préhist. Fr. *65*, 421-458

ANDREAE, B. (1963): Die extensive Weidewirtschaft in den Trockengebieten der Kontinente. — Berichte über Landwirtschaft N. F. *41* (1), 11-25

ARAMBOURG, C.; BALOUT, L. (1955): L'ancien lac de Tihodaine et ses gisements préhistoriques. — Actes du 2. Congrès Panafricain de Préhistoire Alger 1952, p. 281-292

ARKELL, A. J. (1949): Early Khartoum. — London, Oxford Univ. Press, 146 p.

ARKELL, A. J. (1953): Shaheinab: an account of the excavation of a neolithic occupation site. — London, Oxford Univ. Press, 114 p.

ARKELL, A. J. (1955): The relations of the Nile Valley with the Southern Sahara in neolithic times. — Actes du 2. Congrès Panafricain de Préhistoire Alger 1952, p. 345-346

ARKELL, A. J. (1959): Elks in the Sahara: Unique rock drawings from Tibesti, which throw light on the early Saharan climate. — Illustrated London News *21*, 690 bis 691

ARKELL, A. J. (1962 a): The distribution in Central Africa of one early neolithic ware (dotted wavy line pottery) and its possible connection with the beginning of pottery. — Actes du 4. Congrès Panafricain de Préhistoire et de l'Etude du Quaternaire Léopoldville 1959, *3*, 283 bis 287

ARKELL, A. J. (1962 b): The petroglyphs of Wadi Zirmei in North-Eastern Tibesti. — Actes du 4. Congrès Panafricain de Préhistoire et de l'Etude du Quaternaire Léopoldville 1959, *3*, 391-394

ARKELL, A. J. (1964): Wanyanga and an archaeological reconnaissance of the South-West Libyan Desert. — London, Oxford Univ. Press, 24 p.

ARKELL, A. J. (1966): Das Niltal. — In: Fischer Weltgeschichte. *1*. Vorgeschichte. p. 182-200. Frankfurt/M., Fischer-Bücherei

ARKELL, A. J.; UCKO, P. J. (1965): Review of Predynastic development in the Nile Valley. — Current Anthropology *6*, 145-165

AUBREVILLE, A. (1962): Savanisation tropicale et glaciations quaternaires. — Adansonia *2* (1), 16-84

AUMASSIP, G. (o. J., 1972): Néolithique sans poterie de la région de l'Oued Mya (Bas-Sahara). — Mém. du CRAPE (Alger) *20*, 227 p.

AUMASSIP, G. (1973): A propos des „rondins de pierre". — Le Saharien (Paris) *61*, 32-34

AUMASSIP, G.; ROUBET, C. (1966): Premiers résultats d'une mission archéologique (Grand Erg Oriental, Erg d'Admer). — Trav. Inst. Rech. Sahar. *25*, 57-93

AURIGEMMA, S. (1940): L'elephante di Leptis Magna. — Rivista di Africa Italiana *7*, 67-86

AWAD, H. (1953): Signification morphologique des dépots lacustres de la montagne du Sinai Central. — Bull. Soc. Géogr. Egypte (Kairo) *25*, 23-28

AYOUB, M. S. (1968): The rise of Germa. — Tripoli, Kingdom of Libya, Ministry of Tourism and Antiquities, Department of Antiquities, 71 p.

BAGNOLD, R. A.; MYERS, O. H.; PEEL, R. F.; WINKLER, H. A. (1939): An expedition to the Gilf Kebir and Uweinat, 1938. — Geogr. Journal *93* (4), 281-313

BAILLOUD, G. (1969): L'évolution des styles céramiques en Ennedi (République du Tchad). — Actes de Premier Colloque International d'Archéologie Africaine, Fort Lamy 1966. — Etudes et Documents Tchadiens, Mém. *1*, p. 31-45

BAKKER, J. P. (1954): Über den Einfluß von Klima, jüngerer Sedimentation und Bodenprofilentwicklung auf die Savannen Nord-Surinams (Mittelguyana). — Erdkunde 8, 89-112

BALL, J. (1952): Contributions to the geography of Egypt. — Kairo, Survey of Egypt, 308 p.

BALOUT, L. (1952): Pluviaux interglaciaires et préhistoire saharienne. — Trav. Inst. Rech. Sahar. 8, 9-21

BALOUT, L. (1955): Préhistoire de l'Afrique du Nord. Essai de chronologie. — Paris, Arts et Métiers Graphiques, 544 p.

BARNES, I. (1965): Geochemistry of Birch Creek, Inyo County, California: a travertine depositing creek in an arid climate. — Geochimica et Cosmochimica Acta (Oxford) 29, 85-112

BARTHA, R. (1968): Vergleichende Untersuchungen über physiologisches Verhalten, Aufzucht, Fütterung und Leistung des Zebu-Azaouak-Rindes unter den wechselnden klimatischen Verhältnissen der sahelinen Zone Afrikas. — Gießen, Institut für Tierernährung, 202 p.

BATES, O. (1914, repr. 1970): The eastern Libyans. An essay. — London, Cass, 298 p.

BAUMGARTEL, E. (1955): The cultures of prehistoric Egypt, 1. — London, Oxford Univ. Press, 122 p.

BEADNELL, H. J. L. (1933): Remarks on the prehistoric geography and underground waters of Kharga Oasis. — Geogr. Journal 81, 128-134

BECK, P.; HUARD, P. (1969): Tibesti. Carrefour de la préhistoire saharienne. — Paris, Arthaud, 292 p.

BELL, B. (1971): The dark ages in ancient history. I. The first dark age in Egypt. — American Journal of Archaeology 75, 1-26

BELLAIR, P. (1953): Le Quaternaire de Tejerhi. — In: Mission au Fezzan (1949). Institut des Hautes Etudes de Tunis, Publ. Scientifiques 1, p. 9-16

BELLAIR, P.; PAUPHILET, D. (1959): L'âge des tombes préislamiques de Tejerhi (Fezzan). — Trav. Inst. Rech. Sahar. 18, 183-185

BENSCH, P. (1949): Die Entwicklung des Nomadentums in Afrika. — Göttingen, Phil. Diss. (Mskr.), 350 p.

BERTAUX, P. (1966): Afrika. Von der Vorgeschichte bis zu den Staaten der Gegenwart. — Frankfurt/M., Fischer Weltgeschichte 32, 384 p.

BEUCHER, F.; CONRAD, G. (1963): L'âge du dernier pluvial saharien. — C. R. Acad. Sci. 256, 4465-4468

BEUERMANN, A. (1960): Formen der Fernweidewirtschaft. — Verhandl. des Deutschen Geographentages 32, 277 bis 290

BIETAK, M. (1966): Ausgrabungen in Sayala-Nubien 1961 bis 1965. Denkmäler der C-Gruppe und der Pan-Gräber-Kultur. — Wien, Österr. Akad. Wiss., Phil.-Hist. Kl., Denkschriften 92 (= Berichte des Österr. Nationalkomitees der UNESCO-Aktion für die Rettung der Nubischen Altertümer 3), 100 p.

BLUME, H.; BARTH, H. K. (1972): Rampenstufen und Schuttrampen als Abtragungsformen in ariden Schichtstufenlandschaften. — Erdkunde 26 (2), 108-116

BOBEK, H. (1959): Die Hauptstufen der Gesellschafts- und Wirtschaftsentfaltung in geographischer Sicht. — Die Erde 90 (3), 259-298

BOESCH, H. (1951): Nomadismus, Transhumanz und Alpwirtschaft. — Die Alpen (Bern) 27, 202-207

BORN, M. (1965): Zentralkordofan. Bauern und Nomaden in Savannengebieten des Sudan. — Marburger Geogr. Schriften 25, 252 p.

BÖTTCHER, U. (1969): Die Akkumulationsterrassen im Ober- und Mittellauf des Enneri Misky (Südtibesti). — Berliner Geogr. Abh. 8, 7-21

BÖTTCHER, U.; ERGENZINGER, P. J.; JAECKEL, S. H.; KAISER, K. (1972): Quartäre Seebildungen und ihre Mollusken-Inhalte im Tibesti-Gebirge und seinen Rahmenbereichen der zentralen Ostsahara. — Zeitschr. f. Geomorph. N. F. 16 (2), 182-234

BOUDET, G. (1972): Désertification de l'Afrique tropicale sèche. — Adansonia, sér. 2, 12 (4), 505-524

BOUQUET, C. (1974): Le déficit pluviométrique au Tchad et ses principales conséquences. — Cahiers d'Outre-Mer 27 (107), 245-270

BOURLIERE, F. (1964): Observations on the ecology of some large African mammals. — In: F. CLARK HOWELL und F. BOURLIERE (eds.): African Ecology and Human Evolution. — London, Methuen, p. 43-54

BOUTIERE, A. (1969): Formations récentes (volcanisme, travertins), observées dans la région du Dasht-e-Nawar (Afghanistan Central). — In: Etudes Françaises sur le Quaternaire présentées à l'Occasion du VIII. Congrès International de l'INQUA, Paris 1969, p. 241-245

BOVILL, E. W. (1921): The encroachment of the Sahara on the Soudan. — Journal of the African Society 20, 174-185

BOVILL, E. W. (1929): The Sahara. — Antiquity 3, 414-423

BOVILL, E. W. (1956): The camel and the Garamantes. — Antiquity 30, 19-21

BREMAUD, O.; PAGOT, J. (1962): Grazing lands, nomadism and transhumance in the Sahel. — Arid Zone Research 18, 311-324

BRENTJES, B. (1961): Der Elefant im Alten Orient. — Klio (Berlin) 39, 8-30

BRENTJES, B. (1962): Rückschlüsse auf die Wasserführung und Vegetation im Alten Orient anhand der auf den archäologischen Denkmälern auftretenden Fauna. — Wiss. Zeitschr. Univ. Halle, Ges.-Sprachwiss. Reihe 11 (6), 733-742

BRENTJES, B. (1965): Die Haustierwerdung im Orient. — Wittenberg, Ziemsen, 112 p. (Neue Brehm-Bücherei 344)

BRIEM, E. (1970): Beobachtungen zur Talgenese im westlichen Tibesti-Gebirge. — Diplom-Arbeit am 2. Geogr. Institut der FU Berlin, 61 p. (Mskr.)

BRIEM, E. (1976): Beiträge zur Talgenese im westlichen Tibesti-Gebirge. — Berliner Geogr. Abh. 24, 45-54

BRIEM, E. (1977): Beiträge zur Genese und Morphodynamik des ariden Formenschatzes unter besonderer Berücksichtigung des Problems der Flächenbildung (aufgezeigt am Beispiel der Sandschwemmebenen in der östlichen zentralen Sahara). — Berliner Geogr. Abh. 26, 89 p.

BRIGGS, L. Cabot (1955): The stone age races of Northwest Africa. — Cambridge (Mass.), 98 p. (= American School of Prehistoric Research, Peabody Museum, Harvard Univ., Bull. No. 18)

BRIGGS, L. Cabot (1958): The living races of the Sahara Desert. — Cambridge (Mass.), Papers of the Peabody Museum 28 (2), 217 p.

BROWN, L. (1962): The life of the African plains. — New York, McGraw Hill, 232 p.

BÜDEL, J. (1952): Bericht über klima-morphologische und Eiszeit-Forschungen in Niederafrika. — Erdkunde 6, 104-132

BÜDEL, J. (1954): Sinai, die Wüste der Gesetzesbildung. — Abh. der Akademie für Raumforschung 28, 63-85 (Festschr. H. MORTENSEN)

BÜDEL, J. (1955): Reliefgenerationen und plio-pleistozäner Klimawandel im Hoggar-Gebirge (zentrale Sahara). — Erdkunde 9, 100-115

BUSCHE, D. (1972): Untersuchungen zur Pedimententwicklung im Tibesti-Gebirge (République du Tchad). — Zeitschr. f. Geomorph., N. F., Suppl.-Bd. 15, 21-38

BUSCHE, D. (1973): Die Entstehung von Pedimenten und ihre Überformung, untersucht an Beispielen aus dem Tibesti-Gebirge, République du Tchad. — Berliner Geogr. Abh. 18, 110 p.

BUTZER, K. W. (1957): The recent climatic fluctuation in lower latitudes and the general circulation of the Pleistocene. — Geogr. Annaler 39, 105-113

BUTZER, K. W. (1958): Studien zum vor- und frühgeschichtlichen Landschaftswandel in der Sahara. — I. Die Ursachen des Landschaftswandels der Sahara und Levante seit dem klassischen Altertum. — II. Das ökologische Problem der neolithischen Felsbilder der östlichen Sahara. — Akad. der Wissenschaften und der Literatur, Mainz. Abh. der Math.-Nat. Kl., Nr. 1, 49 p.

BUTZER, K. W. (1959 a): Environment and human ecology in Egypt during predynastic and early dynastic times. — Bull. Soc. Géogr. Egypte (Kairo) 32, 43-87

BUTZER, K. W. (1959 b): Studien zum vor- und frühgeschichtlichen Landschaftswandel der Sahara. III. Die Naturlandschaft Ägyptens während der Vorgeschichte und der Dynastischen Zeit. — Akad. der Wissenschaften und der Literatur, Mainz. Abh. der Math.-Nat. Kl., Nr. 2, 80 p.

BUTZER, K. W. (1964): Pleistocene palaeoclimates of the Kurkur Oasis, Egypt. — Canadian Geographer (Ottawa) 8 (3), 125-141

BUTZER, K. W. (1966): Climatic changes in the arid zones of Africa during early to mid-Holocene times. — In: World Climate from 8000 to 0 B. C. — Royal Meteorol. Society, London, p. 72-83

BUTZER, K. W. (1971 a): Environment and archeology. An ecological approach to prehistory. — London, Methuen (2. Aufl.), 703 p.

BUTZER, K. W. (1971 b): Quartäre Vorzeitklimate der Sahara. — In: H. SCHIFFERS (ed.): Die Sahara und ihre Randgebiete. — München, Weltforum, Bd. 1, p. 349 bis 387.

BUTZER, K. W. (1975): The ecological approach to archaeology: Are we really trying? — American Antiquity 40 (1), 106-111

BUTZER, K. W.; HANSEN, C. L. (1968): Desert and river in Nubia. Geomorphology and prehistoric environments at the Aswan Reservoir. — Madison, The Univ. of Wisconsin Press, 562 p.

CAMPS, G. (1961): Aux origines de la Berbérie. Monuments et rites funéraires protohistoriques. — Paris, Arts et Métiers Grapiques, 628 p.

CAMPS, G. (1967): Le néolithique de tradition capsienne au Sahara. — Trav. Inst. Rech. Sahar. 26, 85-96

CAMPS, G. (1968): Le Capsien supérieur. Etat de la question. — In: La Préhistoire. Problèmes et Tendences. — Paris, Ed. CNRS, p. 87-101

CAMPS, G. (1969): Amekni. Néolithique ancien du Hoggar. — Mém. du CRAPE 10, 230 p.

CAMPS, G. (1974): Les civilisations préhistoriques de l'Afrique du Nord et du Sahara. — Paris, Doin, 366 p.

CAMPS, G.; DELIBRIAS, G.; THOMMERET, J. (1973): Chronologie des civilisations préhistoriques du Nord de l'Afrique d'après le radiocarbone. — Libyca (Alger) 21, 65-89

CAMPS-FABRER, H. (1966): Matière et art mobilier dans la préhistoire nord-africaine et saharienne. — Mém. du CRAPE 5, 574 p.

CAMPS-FABRER, H. (1975): Un gisement capsien de faciès sétifien. Medjez II, El-Eulma (Algérie). — Paris, CNRS, 448 p. (Etudes d'Antiquités Africaines)

CAMPS-FABRER, H.; CAMPS, G. (1972): Perspectives et orientation des recherches sur le néolithique saharien. — Revue de l'Occident Musulman et de la Méditerranée (Aix-en-Provence) 11, 21-30

CARRINGTON, R. (1958): Elephants. A short account of their natural history, evolution and influence on mankind. — London, Chattoo & Windus, 272 p. (Basic Books)

CATON-THOMPSON, G. (1932): The Royal Anthropological Institute's prehistoric research expedition to Kharga Oasis, Egypt. The second season's discoveries. — Man 32 (158), 129-135

CATON-THOMPSON, G. (1952): Kharga Oasis in prehistory. — London, Athlone Press, 213 p.

CATON-THOMPSON, G.; GARDNER, E. W. (1932): The prehistoric geography of Kharga Oasis. — Geogr. Journal 80 (5), 369-409

CATON-THOMPSON, G.; GARDNER, E. W. (1934): The Desert Fayum. — London, Royal Anthropological Institute, 2 Bde.

CESARE, F. di; FRANCHINO, A.; SOMMARUGA, C. (1963): The Pliocene-Quaternary of Giarabub Erg region. — Revue de l'Institut Français du Pétrol (Paris) 18 (10-11), 30-48

CEYP, H. (1976): Über Zusammenhänge zwischen Wald und Wetterablauf im Bereich der Lüneburger Heide. — Neues Archiv für Niedersachsen 25 (2), 141-149

CHAMARD, P. C. (1972): Les lacs holocènes de l'Adrar de Mauritanie et leurs peuplements préhistoriques. — Notes Africaines (Dakar), no. 133, p. 1-8

CHAMARD, P. C. (1973): Monographie d'une sebkha continentale du Sud-Ouest saharien: la sebkha de Chemchane (Adrar de Mauritanie). — Bull. IFAN, A, 35 (2), 205-243

CHAMARD, P.; GUITAT, R.; THILMANS, G. (1970): Le lac holocène et le gisement néolithique de l'Oum Arouaba (Adrar de Mauritanie). — Bull. IFAN, B, 32, 688-740

CHAMLA, M.-C. (1968): Les populations anciennes du Sahara et des régions limitrophes. Etude des restes osseux humains néolithiques et protohistoriques. — Mém. du CRAPE 9, 249 p.

CHARON, M.; ORTLIEB, L.; PETIT-MAIRE, N. (1973): Occupation humaine holocène de la région du Cap Juby (Sud-Ouest marocain). — Bull. et Mém. de la Soc. d'Anthropologie de Paris, sér. 12, 10, 379-412

CHASSELOUP-LAUBAT, F. de (1938): Art rupestre au Hoggar (Haut Mertoutek). — Paris, Plon, 63 p.

CHILDE, V. G. (1969): New light on the most ancient East. — London, Routledge (9. Aufl.), 255 p.

CHOUMOVITCH, W. (1959): Chasse aux porcs-écips et pierres chauffées. — Bull. Soc. des Sciences Naturelles de Tunisie 2 (1), 19-20

CLARK, J. D. (1955): The stone ball: its associations and use by prehistoric man in Africa. — Actes du 2. Congrès Panafricain de Préhistoire Alger 1952, p. 403-417

CLARK, J. D. (1964): The prehistoric origins of African culture. — Journal of African History 5 (2), 161-183

CLARK, J. D. (1970): The prehistory of Africa. — New York, Thames and Hudson, 302 p.

CLARK, J. D. (1971 a): An archaeological survey of Northern Aïr and Ténéré. — Geogr. Journal 137, 455-457

CLARK J. D. (1971 b): A re-examination of the evidence for agricultural origins in the Nile Valley. — Proceedings of the Prehistoric Society (London) 37, 34-79

CLARK, J. D. (1975): Africa in prehistory: peripheral or paramount? —Man, N. S., 10, 175-198

CLARK, J. D.; WILLIAMS, M. A. J.; SMITH, A. B. (1973): The geomorphology and archaeology of Adrar Bous, Central Sahara: a preliminary report. — Quaternaria (Rom) 18, 245-297

CLOUDSLEY-THOMPSON, J. L. (1971): Recent expansion of the Sahara. — International Journal of Environmental Studies 2, 35-39

COLE, S. (1959): The neolithic revolution. — London, British Museum of Natural History, 60 p.

CONRAD, G. (1963): Synchronisme du dernier pluvial dans le Sahara septentrional et le Sahara méridional. — C. R. Acad. Sci. 257, 2506-2509

COPPENS, Y. (1967): Les faunes de vertébrés quaternaires du Tchad. — In: W. W. BISHOP und J. D. CLARK (eds.): Background to evolution in Africa. — Chicago, The Univ. of Chicago Press, p. 89-97

COPPENS, Y. (1968): Gisements paléontologiques et archéologiques dévouverts en 1961 dans le Nord du Tchad au cours d'une seconde mission de trois mois. — Bull. IFAN, A, 30 (2), 790-801

COPPENS, Y. (1969): De l'archéologie à la paléogéographie. — Bull. IFAN, A, 31 (1), 263-269

COQUE, R. (1973): Reconnaissance géomorphologique au Fezzan (Sahara central). — In: Maghreb et Sahara. — Acta Geographica (Paris), p. 91-97 (Festschr. J. DESPOIS)

COUR, P.; DUZER, D. (1976): Persistance d'un climat hyperaride au Sahara central et méridional au cours de l'Holocène. — Revue de Géogr. physique et de Géol. dynamique, 2. série, 18 (2-3), 175-197

COUR, P.; GUINET, P.; COHEN, J.; DUZER, D. (1971): Reconnaissance des flux polliniques et de la sédimentation actuelle au Sahara nord-occidental. — Montpellier, Laboratoire de Palynologie du CNRS, 25 p. (Mskr.)

COURTIN, J. (1966): Le néolithique du Borkou, Nord-Tchad. — L'Anthropologie 70, 269-282

COUVERT, M. (1972): Variations paléoclimatiques en Algérie. Traduction climatique des informations paléobotaniques fournies par les charbons des gisements préhistoriques. — Libyca (Alger) 20, 45-48

DALBY, D.; HARRISON CHURCH, R. J. (eds., 1973): Drought in Africa. Report of the 1973 Symposium. — Centre for African Studies, School of Oriental and African Studies, Univ. of London, 124 p.

DALLONI, M. (1934/36): Mission au Tibesti (1930-1931). — Paris, Mém. de l'Académie des Sciences de l'Institut de France, 61 und 62

DALLONI, M.; MONOD, Th. (1948): Mission scientifique du Fezzan (1944-1945). VI. Géologie et préhistoire (Fezzan méridional, Kaouar et Tibesti). — Institut de Rech. Sahariennes de l'Université d'Alger, 117 p.

DANIELS, C. M. (1969): The Garamantes. — In: W. H. KANES (ed.): Geology, archaeology and prehistory of the Southwestern Fezzan, Libya. — Petroleum Exploration Society of Libya, 11. Annual Field Conference, Tripoli, p. 31-52

DANIELS, C. M. (1970): The Garamantes of Southern Libya. — Stoughton/Wisc., Oleander Press, 47 p.

DANIELS, C. M. (1973): The Garamantes of Fezzan. — London, The Society for Libyan Studies, Fourth Annual Report, p. 35-40

DAVIDSON, B. (1961): Urzeit und Geschichte Afrikas. — Hamburg, Rowohlt, 296 p. (rde 125/126)

DELIBRIAS, G.; DUTIL, P. (1966): Formations calcaires lacustres du Quaternaire supérieur dans le massif central saharien (Hoggar) et datations absolues. — C. R. Acad. Sci., D, 262 (1), 55-58

DELIBRIAS, G.; HUGOT, H.-J. (1962): Datation par la méthode dite „du C 14" du néolithique de l'Adrar Bous (Ténéréen). — In: Missions Berliet Ténéré-Tchad. Documents Scientifiques. — Paris, Arts et Métiers Graphiques, p. 71-72

DEPIERRE, D.; GILLET, H. (1971): Désertification de la zone sahélienne au Tchad (bilan de dix années de mise en défens). — Bois et Forêts des Tropiques (Paris) 139, 3-25

DESANGES, J. (1957): Le triomphe de Cornelius Balbus (19 av. J. C.). — Revue africaine 101, 5-43

DESIO, A. (1941): Die italienische Sahara. — Zeitschr. der Gesellschaft für Erdkunde zu Berlin 72, 369-378

DESIO, A. (1942): Il Sahara italiano. Il Tibesti nord-orientale. — Roma, Reale Società Geografica Italiana, 231 p.

DIESNER, H.-J.; BARTH, H.; ZIMMERMANN, H.-D. (eds., 1968): Afrika und Rom in der Antike. — Wiss. Beiträge der Martin-Luther-Universität Halle-Wittenberg, 1968/6 (C 8), 262 p.

DIETZEL, K. H. (1954): Das Steppenjägertum. Geographische Probleme einer Kulturphase. — Petermanns Mitt. 98, 244-251

DIMBLEBY, G. W. (1975): Archaeological evidence of environmental change. — Nature (London) 256, 265-267

DITTMER, K. (1965): Zur Entstehung des Rinderhirtennomadismus. — Paideuma (Frankfurt) 11, 8-23

DITTMER, K. (1967): Zur Geschichte Afrikas. 4. Die ältere Geschichte Westafrikas und des Sudans. — Saeculum 18 (4), 322-378

DORIZE, L. (1976): L'oscillation climatique actuelle au Sahara. — Revue de Géogr. physique et de Géol. dynamique, 2. série, 18 (2-3), 217-228

DORST, J. (1970): A field guide to the larger mammals of Africa. — Boston, Houghton Mifflin, 287 p.

DUBIEF, J. (1963): Contributions au problème des changements de climat survenus au cours de la période couverte par les observations météorologiques faite dans le Nord de l'Afrique. — Arid Zone Research 20, 75-79

DUBIEF, J. (1971): Die Sahara, eine Klima-Wüste. — In: H. SCHIFFERS (ed.): Die Sahara und ihre Randgebiete. — München, Weltforum, Bd. 1, p. 227-348

EHRLICH, A; MANGUIN, F. (1970): Examen de quelques diatomites du Tibesti et du Bahr el Ghasal (Tchad). — Cahiers ORSTOM, sér. Géol., 2 (1), 153-157

EPSTEIN, H. (1971): The origin of the domestic animals of Africa. — Leipzig, Vlg. für Kunst und Wissenschaft, 2 Bde.

ERGENZINGER, P. J. (1968 a): Beobachtungen im Gebiet des Trou au Natron/Tibestigebirge. — Die Erde 99, 176-183

ERGENZINGER, P. J. (1968 b): Vorläufiger Bericht über geomorphologische Untersuchungen im Süden des Tibesti-Gebirges. — Zeitschr. für Geomorph. N. F. 12, 98-104

ERGENZINGER, P. J. (1969): Rumpfflächen, Terrassen und Seeablagerungen im Süden des Tibestigebirges. — Deutscher Geographentag Bad Godesberg 1967, Tagungsbericht und wissenschaftliche Abh., p. 412-427

ERGENZINGER, P. J. (1972): Reliefentwicklung an der Schichtstufe des Massif d'Abo (Nordwesttibesti). — Zeitschr. für Geomorph. N. F., Suppl.-Bd. 15, 93-112

ESPERANDIEU, G. (1954): Les animaux domestiques du Nord de l'Afrique d'après les figurations rupestres au cours des périodes préhistoriques et protohistoriques. — Bull. Soc. Zootechnie d'Algérie, fasc. 2, p. 23-68

FAIRBRIDGE, R. W. (1963): Nile sedimentation above Wadi Halfa during the last 20 000 years. — Kush (Khartum) 11, 96-107

FAIRBRIDGE, R. W. (1964): African ice-age aridity. — In: A. E. M. NAIRN (ed.): Problems in Palaeoclimatology. — New York, Wiley Interscience, p. 356-360

FAURE, H. (1959): Sur quelques dépôts du Quaternaire du Ténéré (Niger). — C. R. Acad. Sci. 249, 2807-2808

FAURE, H. (1966 a): Evolution des grands lacs sahariens à l'Holocène. — Quaternaria (Rom) 8, 167-175

FAURE, H. (1966 b): Reconnaissance géologique des formations sédimentaires post-paléozoïques du Niger oriental. — Paris, Mém. BRGM 47, 630 p.

FAURE, H. (1969): Lacs quaternaires du Sahara. — Mitteilungen der Internat. Vereinigung für Limnologie (Stuttgart) 17, 131-146

FAURE, H.; MANGUIN, E.; NYDAL, R. (1963): Formations lacustres du Quaternaire supérieur du Niger oriental: Diatomites et âges absolus. — Bull. BRGM, no. 3, p. 41-63

FLINT, R. F. (1963): Pleistocene climates in low latitudes. — Geogr. Review 53 (1), 123-129

FLINT, R. F. (1971): Glacial and quaternary geology. — New York, John Wiley, 892 p.

FLOHN, H. (1952): Allgemeine atmosphärische Zirkulation und Paläoklimatologie. — Geol. Rundschau 40, 153-178

FLOHN, H. (1963): Zur meteorologischen Interpretation der pleistozänen Klimaschwankungen. — Eiszeitalter und Gegenwart 14, 153-160

FLOHN, H. (1964): Grundfragen der Paläoklimatologie im Lichte einer theoretischen Klimatologie. — Geol. Rundschau 54, 505-515

FLOHN, H. (1971): Investigations on the climatic conditions of the advancement of the Tunisian Sahara. — Genf, World Meteorological Organization, Technical Note No. 116, 32 p.

FLOHN, H. (1974): Instabilität und anthropogene Modifikation des Klimas. — Annalen der Meteorologie N. F. 9, 25-31

FORDE-JOHNSTON, J. (1959): Neolithic cultures of North Africa. — Liverpool Univ. Press, 163 p. (= Liverpool Monographs in Archaeology and Oriental Studies)

FRENZEL, B. (1967): Die Klimaschwankungen des Eiszeitalters. — Braunschweig, Vieweg, 291 p. (= Die Wissenschaft 129)

FRICKE, W. (1969): Die Rinderhaltung in Nordnigeria und ihre natur- und sozialräumlichen Grundlagen. — Frankfurter Geogr. Hefte 46, 252 p.

FROBENIUS, L. (1937): Ekade Ektab. Die Felsbilder Fessans. — Leipzig: Otto Harassowitz, 74 p. (repr. Graz 1963)

FÜRST, M. (1965): Hammada-Serir-Erg. Eine morphogenetische Analyse des nördlichen Fezzan (Libyen). — Zeitschrift für Geomorph. N. F. 9, 385-421

FÜRST, M. (1966): Bau und Entstehung der Serir Tibesti. — Zeitschr. für Geomorph. N. F. 10 (4), 387-418

GABRIEL, A. (1958): Das Bild der Wüste. — Wien, Holzhausen, 281 p.

GABRIEL, B. (1970 a): Bauelemente präislamischer Gräbertypen im Tibesti-Gebirge (Zentrale Ostsahara). — Acta Praehistorica et Archaeologica (Berlin) 1, 1-28

GABRIEL, B. (1970 b): Die Terrassen des Enneri Dirennao. Beiträge zur Geschichte eines Trockentales im Tibesti-Gebirge. — Diplom-Arbeit am 2. Geogr. Institut der FU Berlin, 93 p. (Mskr.)

GABRIEL, B. (1972 a): Neuere Ergebnisse der Vorgeschichtsforschung in der östlichen Zentralsahara. — Berliner Geogr. Abh. 16, 153-156

GABRIEL, B. (1972 b): Terrassenentwicklung und vorgeschichtliche Umweltbedingungen im Enneri Dirennao (Tibesti, östliche Zentralsahara). — Zeitschr. für Geomorph. N. F., Suppl.-Bd. 15, 113-128

GABRIEL, B. (1972 c): Zur Vorzeitfauna des Tibesti-Gebirges. — In: E. M. VAN ZINDEREN BAKKER (ed.): Palaeoecology of Africa 6, 161-162 (Kapstadt)

GABRIEL, B. (1973 a): Von der Routenaufnahme zum Weltraumphoto. Die Erforschung des Tibesti-Gebirges in der Zentralen Sahara. — Berlin: Kiepert KG, 92 p. (= Kartographische Miniaturen 4)

GABRIEL, B. (1973 b): Steinplätze: Feuerstellen neolithischer Nomaden in der Sahara. — Libyca (Alger) 21, 151-168

GABRIEL, B. (1974 a): Probleme und Ergebnisse der Vorgeschichte im Rahmen der Forschungsstation Bardai (Tibesti). — Berlin: FU Pressedienst Wissenschaft 5/74, p. 92-106

GABRIEL, B. (1974 b): Die Publikationen aus der Forschungsstation Bardai (Tibesti). — Berlin: FU Pressedienst Wissenschaft 5/74, p. 118-126

GABRIEL, B. (1976): Neolithische Steinplätze und Paläoökologie in den Ebenen der östlichen Zentralsahara. — In: E. M. VAN ZINDEREN BAKKER (ed.): Palaeoecology of Africa 9, 25-40 (Kapstadt)

GABRIEL, B. (1977): Protohistorische Steinplätze am Nordrand der Sahara. — Stuttgarter Geogr. Studien 91 (im Druck)

GALLAY, A. (1966): Quelques gisements néolithiques au Sahara malien. — Journal de la Soc. des Africanistes (Paris) 36 (2), 167-208

GARDNER, E.W. (1932): Some problems of the Pleistocene hydrography of Kharga Oasis, Egypt. — Geol. Magazine (London) 69 (9), 386-421

GARDNER, E. W. (1935): The Pleistocene fauna and flora of Kharga Oasis, Egypt. — Quarterly Journal of the Geol. Soc. of London 91 (4), 479-518

GASSE, F. (1974 a): Les diatomées des sédiments holocènes du Bassin du Lac Afrera (Giulietti) (Afar septentrional, Ethiopie). Essai de reconstitution de l'évolution du milieu. — Internat. Revue der gesamten Hydrobiologie 59 (1), 95-122

GASSE, F. (1974 b): Nouvelles observations sur les formations lacustres quaternaires dans la basse vallée de l'Awash et quelques Grabens adjacents (Afar, Ethiopie et T. F. A. I.). — Revue de Géogr. physique et de Géol. dynamique, sér. 2, 16 (1), 101-118

GASSE, F. (1976): Utilisation des milieux lacustres en milieu désertique pour la réconstitution des oscillations climatiques holocènes. Exemple des paléolacs de l'Afar (Ethiopie et T. F. A. I.). — Bull. Ass. Géogr. Fr. *53* (433), 69-76

GASSE, F.; ROGNON, P. (1973): Le Quaternaire des bassins lacustres de l'Afar. — Revue de Géogr. physique et de Géol. dynamique, sér. 2, *15* (4), 405-414

GAST, M. (1965): Les „pilons" sahariens. Etude technologique. — Libyca (Alger) *13*, 311-324

GAUDIO, A. (1967): Les civilisations du Sahara. — Verviers, Marabout, 319 p.

GAUTIER, E.-F. (1952): Le passé de l'Afrique du Nord. Les siècles obscurs. — Paris, Payot, 432 p.

GAUTIER, A. (1968): Mammalian remains of the Northern Sudan and Southern Egypt. — In: F. WENDORF (ed.): The Prehistory of Nubia, Bd. 1, p. 80-99. Dallas/Texas, Southern Methodist Univ. Press.

GAVAZZI, A. (1904): Die Seen des Karstes. — Abh. der K. K. Geogr. Gesellschaft in Wien *5* (2), 136 p.

GAVRILOVIC, D. (1969): Klima-Tabellen für das Tibesti-Gebirge. Niederschlagsmenge und Lufttemperatur. — Berliner Geogr. Abh. *8*, 47-48

GELLERT, J. F. (1971): Die Rolle des Klimas und der natürlichen Vegetation bei der Entwicklung der Weidewirtschaft in den semiariden Tropen Afrikas, dargestellt am Beispiel des Hochlandes von Südwestafrika (Namibia) und der Provinzen Kordofan und Darfur der DR Sudan. — Petermanns Mitt. *155*, 274-282

GELLERT, J. F. (1974): Pluviale und Interpluviale in Afrika. Geologisch-paläoklimatische und paläogeographische Fakten und Probleme. — Petermanns Mitt. *118* (2), 104-116

GERMAIN, L. (1936): Mollusques fluviatiles du Tibesti. — In: M. DALLONI: Mission au Tibesti. — Paris, Mém. de l'Académie des Sciences de l'Institut de France *62*, 53-63

GEYH, M. A. (1971): Die Anwendung der ^{14}C-Methode und anderer radiometrischer Datierungsverfahren für das Quartär. — Clausthaler Tektonische Hefte *11*, 118 p.

GEYH, M. A.; JÄKEL, D. (1974 a): ^{14}C-Altersbestimmungen im Rahmen der Forschungsarbeiten der Außenstelle Bardai/Tibesti der Freien Universität Berlin. — Berlin, FU Pressedienst Wissenschaft 5/74, p. 107-117

GEYH, M. A.; JÄKEL, D. (1974 b): Spätpleistozäne und holozäne Klimageschichte der Sahara aufgrund zugänglicher ^{14}C-Daten. — Zeitschr. für Geomorph. N. F. *18* (1), 82-98

GEYH, M. A.; MÜLLER, H.; MERKT, Y. (1970): ^{14}C-Datierungen limnischer Sedimente und die Eichung der ^{14}C-Skala. — Die Naturwissenschaften *57*, 564-567

GILLMANN, C. (1937): Die vom Menschen beschleunigte Austrocknung von Erdräumen. — Zeitschr. der Gesellschaft für Erdkunde zu Berlin *68*, 81-89

GOBERT, E. G. (1952): El Mekta, station princeps du Capsien. — Karthago (Tunis) *3*, 3-79

GOODCHILD, R. G. (1950): Roman Tripolitania: reconnaissance in the desert frontier zone. — Geogr. Journal *115* (4-6), 161-178

GRAEBNER, F. (1913): Der Erdofen in der Südsee. — Anthropos (Wien) *8*, 801-809

GRAZIOSI, P. (1942): Arte rupestre della Libia. — Napoli, Ed. della Mostra d'Oltremare, 2 Bde.

GRAZIOSI, P. (1952): Les problèmes de l'art rupestre libyque en relation à l'ambiance saharienne. — Bull. Institut du Désert (Kairo) *2* (1), 107-113

GRAZIOSI, P. (1962): Die Felsbilder der Libyschen Sahara. — Florenz, Vallecchi, 37 p.

GRAZIOSI, P. (1969): Prehistory of Southwestern Libya. — In: W. H. KANES (ed.): Geology, archaeology and prehistory of the Southwestern Fezzan, Libya. — Petroleum Exploration Society of Libya, 11. Annual Field Conference, Tripoli, p. 3-19

GRIBAUDI, D. (1928): Sono mutate in epoca storia le condizioni climatiche della Libia? — Boll. della Reale Soc. Geogr. Italiana (Roma), sér. 6, *5*, 171-213

GROSCHOPF, P.; HAUFF, R.; KLEY, A. (1952): Pollenanalytische Datierung württembergischer Kalktuffe und der postglaziale Klima-Ablauf. — Jahreshefte der Geol. Abteilung des Württ. Statistischen Landesamtes *2*, 72-94

GROVE, A. T. (1959): A note on the former extent of Lake Chad. — Geogr. Journal *125*, 465-467

GROVE, A. T. (1960): Geomorphology of the Tibesti region with special reference to Western Tibesti. — Geogr. Journal *126*, 18-31

GROVE, A. T. (1969): The last 20 000 years in the tropics. — In: Geomorphology in a tropical environment. — British Geomorphological Research Group, Occasional Paper 5, p. 51-61

GROVE, A. T. (1973): Desertification in the African environment. — In: D. DALBY & R. J. HARRISON CHURCH (eds.): Drought in Africa. — Centre for African Studies, School of Oriental and African Studies, Univ. of London, p. 33-45

GROVE, A. T.; STREET, F. A.; GOUDIE, A. S. (1975): Former lake levels and climatic change in the Rift Valley of Southern Ethiopia. — Geogr. Journal *141* (2), 177-202

GROVE, A. T.; WARREN, A. (1968): Quaternary landforms and climate on the South side of the Sahara. — Geogr. Journal *134*, 194-208

GRUNERT, J. (1972): Die jungpleistozänen und holozänen Flußterrassen des oberen Enneri Yebbigué im zentralen Tibesti-Gebirge (Rép. du Tchad) und ihre klimatische Deutung. — Berliner Geogr. Abh. *16*, 105-116

GRUNERT, J. (1975): Beiträge zum Problem der Talbildung in ariden Gebieten am Beispiel des zentralen Tibestigebirges (République du Tchad). — Berliner Geogr. Abh. *22*, 96 p.

GRÜNINGER, W. (1965): Rezente Kalktuffbildung im Bereich der Uracher Wasserfälle. — Abh. zur Karst- und Höhlenkunde (München), E, *2*, 113 p.

GRZIMEK, B. (ed., 1968): Grzimeks Tierleben. Enzyklopädie des Tierreiches. Bd. 13, Säugetiere 4. — Zürich, Kindler, 600 p.

GSELL, St. (1914-28): Histoire ancienne de l'Afrique du Nord. — Paris, Hachette, 8 Bde.

GWINNER, M. P. (1959): Über „Talspinnen" am Nordrande der Schwäbischen Alb und ihre holozänen Süßwasserkalkvorkommen. — Neues Jahrbuch für Geol. und Paläontologie, Monatshefte, p. 121-131

HABERLAND, E. (1963): Galla Süd-Äthiopiens. — Stuttgart, Kohlhammer, 815 p.

HABERLAND, E. (1970): Bemerkungen zur Herkunft der Negerrassen und zum Problem der „staatenbildenden Viehzüchtervölker" in Afrika. — Homo (Göttingen) *21*, 1-10

HABERLANDT, A. (1912): Die Trinkwasserversorgung primitiver Völker. Mit besonderer Berücksichtigung der Trockengebiete der Erde. — Petermanns Mitt., Erg.-Heft *174*, 57 p.

HABERLANDT, M. (1913): Die Verbreitung des Erdofens. — Petermanns Mitt. 59, 4-7 und 135

HAGEDORN, H. (1967): Beobachtungen an Inselbergen im westlichen Tibesti-Vorland. — Berliner Geogr. Abh. 5, 17-22

HAGEDORN, H. (1971): Untersuchungen an Relieftypen arider Räume an Beispielen aus dem Tibesti-Gebirge und seiner Umgebung. — Zeitschr. für Geomorph. N. F., Suppl.-Bd. 11, 251 p.

HAGEDORN, H.; JÄKEL, D. (1969): Bemerkungen zur quartären Entwicklung des Reliefs im Tibesti-Gebirge (Tchad). — Bull. ASEQUA (Dakar) 23, 25-42

HAGEDORN, H.; PACHUR, H. J. (1971): Observations on climatic geomorphology and Quaternary evolution of landforms in South Central Libya. — In: Symposium on the Geology of Libya. — Faculty of Science, Univ. of Libya, Tripoli, p. 388-400

HAHN, E. (1892): Die Wirtschaftsformen der Erde. — Petermanns Mitt. 38, 8-12

HAHN, F. (1913): Die Hirtenvölker in Asien und Afrika. — Geogr. Zeitschr. 19, 305-319 und 369-382

HAMMER, R. M. (1973): Precipitation and nomadic life in Sudan. — Geoforum (Braunschweig) 14, 11-18

HAMPATE BA, A.; DIETERLEN, G. (1966): Les frèsques d'époque bovidienne du Tassili N'Ajjer et les traditions des Peul: hypothèses d'interprétation. — Journal de la Soc. des Africanistes 36 (1), 141-157

HAUDE, W. (1963 a): Über vieljährige Schwankungen des Niederschlages im Vorderen Orient und nordöstlichen Afrika und ihre Auswirkungen auf die Ausbreitung von Tier und Mensch. — Die Erde 94 (3-4), 281-312

HAUDE, W. (1963 b): Über vieljährige Schwankungen der Temperatur und ihre Beziehungen zur Gestaltung des Wasserhaushaltes im nordöstlichen Afrika. — Meteorologische Rundschau 16 (5), 134-141

HAYS, T. R. (1974): „Wavy line" pottery: an element of Nilotic diffusion. — South African Archaeological Bull. 29, 27-32

HAYS, T. R. (1975): Neolithic settlement of the Sahara as it relates to the Nile Valley. — In: F. WENDORF and A. E. MARKS (eds.): Problems in Prehistory: North Africa and the Levant, p. 193-204. Dallas/Texas, Southern Methodist Univ. Press.

HECKENDORFF, W. D. (1969): Witterung und Klima im Tibesti-Gebirge. — Hausarbeit für die 1. (wiss.) Staatsprüfung, 2. Geogr. Institut der FU Berlin, 217 p. (Mskr.)

HECKENDORFF, W. D. (1972): Zum Klima des Tibesti-Gebirges. — Berliner Geogr. Abh. 16, 123-141

HEINE, K. (1974): Bemerkungen zu neueren chronostratigraphischen Daten zum Verhältnis glazialer und pluvialer Klimabedingungen. — Erdkunde 28 (4), 303-312

HEINZELIN, J. de; PAEPE, R. (1965): The geological history of the Nile Valley in Sudanese Nubia: preliminary results. — In: F. WENDORF (ed.): Contributions to the prehistory of Nubia. — Dallas/Texas, Fort Burgwin Research Centre and Southern Methodist Univ. Press, p. 29-56

HERRMANN, B; GABRIEL, B. (1972): Untersuchungen an vorgeschichtlichem Skelettmaterial aus dem Tibestigebirge (Sahara). — Berliner Geogr. Abh. 16, 143-151

HERZOG, R. (1967): Anpassungsprobleme der Nomaden. — Zeitschr. für ausländische Landwirtschaft 6 (1), 1-21

HESTER, J. J.; HOBLER, P. M. (1969): Prehistoric settlement patterns in the Libyan Desert. — Salt Lake City, Univ. of Utah Anthropological Papers no. 92, 171 p.

HIGGS, E. S. (1967 a): Early domesticated animals in Libya. — In: W. W. BISHOP & J. D. CLARK (eds.): Background to evolution in Africa. — Chicago, The Univ. of Chicago Press, p. 165-173

HIGGS, E. S. (1967 b): Faunal fluctuations and climate in Libya. — In: W. W. BISHOP & J. D. CLARK (eds.): Background to evolution in Africa. — Chicago, The Univ. of Chicago Press, p. 149-163

HOBLER, P. M.; HESTER, J. J. (1969): Prehistory and environment in the Libyan Desert. — South African Archaeological Bull. 23, 120-130

HOFMANN, I. (1967): Die Kulturen des Niltals von Aswan bis Sennar vom Mesolithikum bis zum Ende der christlichen Epoche. — Hamburg, de Gruyter, 685 p. (= Monographien zur Völkerkunde 4)

HOFMEISTER, B. (1961): Wesen und Erscheinungsformen der Transhumance. — Erdkunde 15, 121-135

HÖLSCHER, W. (1937): Libyer und Ägypter. Beiträge zur Ethnologie und Geschichte Libyscher Völkerschaften nach den altägyptischen Quellen. — Glückstadt u. a., J. J. Augustin, 70 p. (= Münchener ägyptologische Forschungen 4)

HÖLTKER, G. (1947): Steinerne Ackerbaugeräte. Ein Problem der Vor- und Frühgeschichte in völkerkundlicher Beleuchtung. — Internationales Archiv für Ethnographie (Leiden) 45 (4-6), 77-156

HÖVERMANN, J. (1967 a): Hangformen und Hangentwicklung zwischen Syrte und Tschad. — In: L'évolution des versants. — Lüttich, p. 139-156 (= Les Congrès et Colloques de l'Université de Liège 40)

HÖVERMANN, J. (1967 b): Die wissenschaftlichen Arbeiten der Station Bardai im ersten Arbeitsjahr (1964/65). — Berliner Geogr. Abh. 5, 7-10

HÖVERMANN, J. (1972): Die periglaziale Region des Tibesti und ihr Verhältnis zu angrenzenden Formungsregionen. — Göttinger Geogr. Abh. 60, 261-283 (POSER-Festschrift)

HUARD, P. (1952): Les gravures rupestres de Gonoa (Tibesti). I. — Tropiques (Paris) 50 (346), 38-46

HUARD, P. (1953 a): La faune disparue du Tibesti. — Vétérinaires (Paris), Oct. 1953, p. 1-7

HUARD, P. (1953 b): Les gravures rupestres de Gonoa (Tibesti). II. — Tropiques (Paris) 51 (349), 35-48

HUARD, P. (1959): Les cornes déformées sur les gravures du Sahara sud-oriental. — Trav. Inst. Rech. Sahar. 17, 109-131

HUARD, P. (1960): L'âge pastoral au Tibesti. — Notre Sahara (Paris) 3 (12), 17-28 und 3 (14), 13-24

HUARD, P. (1962): Figurations sahariennes de boeufs porteurs, montés et attelés. — Rivista di Storia dell'Agricoltura (Roma), no. 4, p. 3-23

HUARD, P. (1968): Nouvelles figurations sahariennes et nilo-soudanaises de boeufs porteurs, montés et attelés. — Bull. Soc. Préhist. Fr., C. R. des séances mensuelles, 65 (4), 114-120

HUARD, P. (1970): Contribution à l'étude des premiers travaux agraires au Sahara tchadien. — Bull. Soc. Préhist. Fr. 67 (2), 539-550

HUARD, P. (1972): Matériaux archéologiques pour la paléoclimatologie post-glaciaire du Sahara oriental et tchadien. — Actes du 6. Congrès Panafricain de Préhistoire Dakar 1967, p. 207-218

HUARD, P.; ALLARD, L. (1970): Etat des recherches sur les chasseurs anciens du Nil et du Sahara. — Bibliotheca Orientalis (Leiden) 27 (5-6), 322-327

HUARD, P.; LOPATINSKY, O. (1962): Gravures rupestres de Gonoa et de Bardai (Nord Tibesti). — Bull. Soc. Préhist. Fr. *59*, 626-635

HUARD, P.; MASSIP, J. M. (1964): Harpons en os et céramique à décor en vague du Sahara tchadien. — Bull. Soc. Préhist. Fr. *61*, 105-123

HUCKRIEDE, R.; VENZLAFF, H. (1962): Über eine pluvialzeitliche Molluskenfauna aus Kordofan (Sudan). — Paläontol. Zeitschr. (Sonderband: H. SCHMIDT-Festschrift), p. 93-109

HUGOT, H. J. (1955): Observations sur un foyer néolithique en place à l'Aouled - Oued Asriouel (Tidikelt). — Libyca (Alger) *3* (2), 291-326

HUGOT, H. J. (1963): Recherches préhistoriques dans l'Ahaggar nord-occidental. — Mém. du CRAPE *1*, 206 p.

HUGOT, H. J. (1968): The origins of agriculture: Sahara. — Current Anthropology *9* (5), 483-488

HUGOT, H. J. (1974): Le Sahara avant le désert. — Paris, Ed. des Hespérides, 343 p.

HUZAYYIN, S. A. (1950): Origins of neolithic and settled life in Egypt. — Bull. Soc. Géogr. d'Egypte (Kairo) *23* (3-4), 175-181

ILLIES, J. (1971): Einführung in die Tiergeographie. — Stuttgart, G. Fischer, 91 p. (UTB 2)

ISSAR, A.; ECKSTEIN, Y. (1969): The lacustrine beds of Wadi Feiran, Sinai: their origin and significance. — Israel Journal of Earth Sciences *18* (1), 21-27

JAEGER, F. (1945): Zur Gliederung und Benennung des tropischen Grünlandgürtels. — Verhandlungen der Naturforschenden Gesellschaft Basel *54* (2), 509-520

JÄKEL, D. (1967): Vorläufiger Bericht über Untersuchungen fluviatiler Terrassen im Tibesti-Gebirge. — Berliner Geogr. Abh. *5*, 39-49

JÄKEL, D. (1971): Erosion und Akkumulation im Enneri Bardagué-Arayé des Tibesti-Gebirges (zentrale Sahara) während des Pleistozäns und Holozäns. — Berliner Geogr. Abh. *10*, 56 p.

JÄKEL, D. (1974): Organisation, Verlauf und Ergebnisse der wissenschaftlichen Arbeiten im Rahmen der Außenstelle Bardai/Tibesti. — Berlin, FU Pressedienst Wissenschaft 5/74, p. 6-14

JÄKEL, D.; SCHULZ, E. (1972): Spezielle Untersuchungen an der Mittelterrasse im Enneri Tabi, Tibesti-Gebirge. — Zeitschr. für Geomorph. N. F., Suppl.-Bd. *15*, 129 bis 143

JANNSEN, G. (1970): Morphologische Untersuchungen im nördlichen Tarso Voon (Zentrales Tibesti). — Berliner Geogr. Abh. *9*, 36 p.

JANY, E. (1969): Pflanzen aus der libyschen Sahara. — Willdenowia (Berlin) *5* (2), 295-341

JETTMAR, K. (1953): Neue Beiträge zur Entwicklungsgeschichte der Viehzucht. — Wiener Völkerkundliche Mitteilungen *1* (2), 1-14

JODOT, P. (1953): Gastéropodes lacustres du Quaternaire de Tejerhi. — In: Mission au Fezzan (1949). — Institut des Hautes Etudes de Tunis, Publ. Scientifiques *1*, p. 21 bis 69

JOLEAUD, L. (1936): Les mammifères de la Libye et du Sahara central au temps de l'antiquité classique. — Revue africaine (Alger), nos. 368-369, p. 285-312

JOLEAUD, L. (1938): Histoire de la formation d'un désert: paléogéographie du Sahara. — In: La vie dans la région désertique nord-tropicale de l'Ancien Monde. — Mém. Soc. Biogéographie (Paris) *6*, 21-47

JOLEAUD, L.; LOMBARD, J. (1933): Conditions de la fossilisation et de gisement des mammifères quaternaires d'Ounianga Kebir (Tibesti sud-oriental). — Bull. Soc. Géol. de France (Paris), sér. 5, *3*, 239-243

JONES, B. (1938): Desiccation and the West African colonies. — Geogr. Journal *91* (5), 401-423

JOUBERT, G.; VAUFREY, R. (1946): Le néolithique du Ténéré. — L'Anthropologie (Paris) *50*, 325-330

JUX, U.; KEMPF, E. K. (1971): Stauseen durch Travertinabsatz im zentralafghanischen Hochgebirge. — Zeitschr. für Geomorph. N. F., Suppl.-Bd. *12*, 107-137

KAISER, K. (1970): Über Konvergenzen arider und „periglazialer" Oberflächenformung und zur Frage einer Trockengrenze solifluidaler Wirkungen am Beispiel des Tibesti-Gebirges in der zentralen Ostsahara. — Abh. des 1. Geogr. Instituts der FU Berlin N. F. *13*, 147-188 (SCHULTZE-Festschr.)

KAISER, K. (1972 a): Der känozoische Vulkanismus im Tibesti-Gebirge. — Berliner Geogr. Abh. *16*, 9-33

KAISER, K. (1972 b): Prozesse und Formen der ariden Verwitterung am Beispiel des Tibesti-Gebirges und seiner Rahmenbereiche. — Berliner Geogr. Abh. *16*, 49-80

KAISER, K. (1973): Materialien zu Geologie, Naturlandschaft und Geomorphologie des Tibesti-Gebirges. — In: H. SCHIFFERS (ed.): Die Sahara und ihre Randgebiete. — München: Weltforum, Bd. *3*, p. 339-369

KAISER, K.; KEMPF, E. K.; LEROI-GOURHAN, A.; SCHÜTT, H. (1973): Quartärstratigraphische Untersuchungen aus dem Damaskus-Becken und seiner Umgebung. — Zeitschr. für Geomorph. N. F. *17* (3), 263 bis 353

KAISER, W. (1956): Stand und Probleme der ägyptischen Vorgeschichtsforschung. — Zeitschr. für Ägyptische Sprache und Altertumskunde (Leipzig) *81*, 87-109

KANTER, H. (1963): Eine Reise in NO-Tibesti (Republik Tschad), 1958. — Petermanns Mitt. *107* (1), 21-30

KANTER, H. (1965): Die Serir Kalanscho in Libyen, eine Landschaft der Vollwüste. — Petermanns Mitt. *109*, 265-272

KASSAS, M. (1971): Pflanzenleben in der östlichen Sahara. — In: H. SCHIFFERS (ed.): Die Sahara und ihre Randgebiete. — München, Weltforum, Bd. *1*, p. 477-497

KELLER, R. (1953): Wald und Wasserhaushalt. Die Bedeutung neuer Versuche im Harz. — Erdkunde *7*, 52-57

KELLEY, H. (1951): Outils à gorge africains. — Journal de la Soc. des Africanistes *21*, 197-206

KENNTNER, G. (1973): Gebräuche und Leistungsfähigkeit des Menschen im Tragen von Lasten. — Biogeographica (Den Haag) *3*, 229 p.

KENYON, K. M. (1959): Earliest Jericho. — Antiquity *33*, 5-9

KLEJN, L. S. (1972): Die Konzeption des „Neolithikums", „Äneolithikums" und der „Bronzezeit" in der archäologischen Wissenschaft der Gegenwart. — In: Neolithische Studien I. — Wissenschaftl. Beiträge der Martin-Luther-Univ. Halle-Wittenberg, Reihe L, Nr. 7, p. 7 bis 29

KLITZSCH, E. (1966): Bericht über starke Niederschläge in der Zentralsahara, Herbst 1963. — Zeitschr. für Geomorph. N. F. *10*, 161-168

KLITZSCH, E. (1967): Bericht über eine Ost-Westquerung der Zentralsahara. — Zeitschr. für Geomorph. N. F. *11* (1), 62-92

KLITZSCH, E. (1974): Bau und Genese der Grarets und Alter des Großreliefs im Nordostfezzan (Südlibyen). — Zeitschr. für Geomorph. N. F. *18* (1), 99-116

KNOCHE, W. (1936): Zur Entstehung der Wüste Sahara. — Forschungen und Fortschritte (Berlin) *12*, p. 24

KRADER, L. (1959): The ecology of nomadic pastoralism. — Internat. Social Science Journal (UNESCO - Paris) *11*, 499-510

KREBS, W. (1968): Die Kriegselefanten der Ptolemäer und Ägypter. — Wissenschaftl. Zeitschr. der Univ. Rostock *17* (4), 427-447

KRONENBERG, A. (1958): Die Teda von Tibesti. — Wiener Beiträge zur Kulturgeschichte und Linguistik *12*, 160 p.

KUBIENA, W. L. (1955): Über die Braunlehmrelikte des Atakor (Hoggar-Gebirge, Zentral-Sahara). — Erdkunde *9*, 115-132

KULZER, E. (1962): Die afrikanische Savanne als Lebensraum. — Die Natur (Öhringen) *70* (3-4), 37-46

LADELL, W. S. S. (1957): The influence of environment in arid regions on the biology of man. Human and animal ecology. — Arid Zone Research *8*, 43-99

LAJOUX, J.-D. (1962): Merveilles du Tassili N'Ajjer. — Paris: Chêne, 195 p.

LAMB, H. H. (1966): The changing climate. — London: Methuen, 236 p.

LAMB, H. H. (1968): The climatic background to the birth of civilization. — The Advancement of Science (London), p. 103-120

LAPPARENT, A. F. de (1966): Les dépôts de travertins des montagnes afghanes à l'Ouest de Kaboul. — Revue de Géogr. physique et de Géol. dynamique, sér. 2, *8* (5), 351-357

LAUER, W. (1952): Humide und aride Jahreszeiten in Afrika und Südamerika und ihre Beziehung zu den Vegetationsgürteln. — Bonner Geogr. Abh. *9*, 15-98

LAW, R. C. C. (1967): The Garamantes and trans-Saharan enterprise in classical times. — Journal of African History *8* (2), 181-200

LEBEUF, J. P. (1953): Boules de pierre de la région tchadienne. — Notes africaines (Dakar) *59*, 67-68

LEEUW, P. N. de (1965): The role of savannah in nomadic pastoralism: some observations from Western Bornu, Nigeria. — Netherlands Journal of Agricultural Sciences (Wageningen) *13*, 178-189

LE HOUEROU, N. N. (1968): La désertisation du Sahara septentrional et des steppes limitrophes (Libye, Tunisie, Algérie). — Annales Algériennes de Géogr. *6*, 5-30

LHOTE, H. (1947): La poterie dans l'Ahaggar. Contribution à l'étude des Touaregs. — Trav. Inst. Rech. Sahar. *4*, 145-154

LHOTE, H. (1951 a): Les peuls. — Encyclopédie coloniale et maritime (Paris) *1* (7): 66-69

LHOTE, H. (1951 b): Route antique du Sahara central. — Encyclopédie mensuelle d'Outre-Mer *1* (15), 300-305

LHOTE, H. (1953): Le cheval et le chameau dans les peintures et gravures rupestres du Sahara. — Bull. IFAN *15* (3), 1138-1228

LHOTE, H. (1955): L'assèchement du Sahara. — Géographia (Paris), no. 42, p. 20-25

LHOTE, H. (1958): Die Felsbilder der Sahara. Entdeckung einer 8000jährigen Kultur. — Würzburg, A. Zettner, 263 p.

LHOTE, H. (1962): L'art préhistorique saharien. — Objets et Mondes (Paris) *2* (4), 201-214

LHOTE, H. (1965): L'évolution de la faune dans les gravures et les peintures rupestres du Sahara et ses relations avec l'évolution climatique. — Barcelona, Miscelanea en homenaje al Abate Henri BREUIL (1877-1961), Bd. 2, p. 83-118

LHOTE, H. (1966): Au Sahara oriental, la route des chars de guerre libyens. — Archeologica (Paris), no. 9, p. 28 bis 36

LHOTE, H. (1967 a): Problèmes sahariens. L'outre, la marmite, le chameau, le delon, l'agriculture, le nègre, le palmier. — Bull. d'Archéologie Marocaine *7*, 57-89

LHOTE, H. (1967 b): Les tumulus du Tassili N'Ajjer, à propos d'un ouvrage récent. — Trav. Inst. Rech. Sahar. *26*, 113-132

LHOTE, H. (1969): Recherches sur les voies de migrations et la zone d'expansion des populations pastorales préhistoriques du Sahara. — Actes du Premier Colloque International d'Archéologie Africaine, Fort Lamy 1966. — Etudes et Documents Tchadiens, Mém. *1*, p. 269-285

LHOTE, H. (1970): Le peuplement du Sahara néolithique d'après l'interprétation des gravures et des peintures rupestres. — Journal de la Soc. des Africanistes *40*, 91-102

LHOTE, H. (1972 a): Les gravures du Nord-Ouest de l'Aïr — Paris, Arts et Métiers Graphiques, 205 p.

LHOTE, H. (1972 b): Perioden der saharischen Vorgeschichte. — In: H. SCHIFFERS (ed.): Die Sahara und ihre Randgebiete. — München: Weltforum, Bd. 2, p. 264-303

LHOTE, H. (1975/76): Les gravures rupestres de l'Oued Djerat (Tassili-n-Ajjer). — Mém. du CRAPE *25*, 2 Bde. 830 p.

LIPS, J. (1953): Die Erntevölker, eine wichtige Phase in der Entwicklung der menschlichen Wirtschaft. — Berichte über die Verhandlungen der Sächsischen Akademie der Wiss. zu Leipzig, Phil.-Hist. Kl., *101* (1), 18 p.

LLABADOR, F. (1962): Résultats malacologiques de la Mission scientifique du Ténéré. — In: Missions Berliet Ténéré - Tchad. Documents Scientifiques. — Paris, Arts et Métiers Graphiques, p. 234-270

LOUP, J. (1976): L'homme influence-t-il le cycle hydrométéorologique? — Revue de Géogr. alpine *64* (1), 93 bis 102

LYSGAARD, L. (1949): Recent climatic fluctuations. — Folia Geographica Danica (Kopenhagen) *5*, 215 p.

MAITRE, J.-P. (1971): Contribution à la préhistoire de l'Ahaggar. I. Téfedest centrale. — Mém. du CRAPE *17*, 224 p.

MAITRE, J. P. (1972): Notes sur deux conceptions traditionnelles du Néolithique saharien. — Libyca (Alger) *20*, 125-136

MALEY, J. (1972): La sédimentation pollinique actuelle dans la zone du Lac Tchad (Afrique Centrale). — Pollen et Spores *14* (3), 263-307

MALEY, J. (1973): Mécanisme des changements climatiques aux basses latitudes. — Palaeogeography, Palaeoclimatology, Palaeoecology *14*, 193-227

MALEY, J. (1976): Essai sur le rôle de la zone tropicale dans les changements climatiques; l'exemple africain. — C. R. Acad. Sci., D, *283*, 337-340

MALEY, J.; COHEN, J.; FAURE, H.; ROGNON, P.; VINCENT, P. M. (1970): Quelques formations lacustres et fluviatiles associées à différentes phases du volcanisme au Tibesti (Nord du Tchad). — Cahiers ORSTOM, sér. Géol., *2* (1), 127-152

MANGUIN, P. (1962): Diatomite et milieu désertique. — In: Missions Berliet Ténéré-Tchad. Documents Scientifiques. — Paris: Arts et Métiers Graphiques, p. 271-275

MANSHARD, W. (1960/61): Ein Vorschlag zur Gliederung und Benennung von Vegetationsformationen in Afrika südlich der Sahara. — Geogr. Taschenbuch (Wiesbaden), p. 454-463

MANSHARD, W. (1965): Die Viehhaltung in den Trockengebieten Tropisch-Afrikas, ein geographischer Überblick. — Gießener Beiträge zur Entwicklungsforschung, Reihe 1, *1*, 29-35

MARKER, M. E. (1971): Waterfall tufas: a facet of karst geomorphology in South Africa. — Zeitschr. für Geomorph. N. F., Suppl.-Bd. *12*, 138-152

MARKER, M. E. (1973): Tufa formation in the Transvaal, South Africa. — Zeitschr. für Geomorph. N. F. *17* (4), *460-473*

MATEU, J. (1968): Nouvelles datations du néolithique au Sahara algérien par la méthode du C^{14}. — Bull. IFAN, B, *30* (2), 439-443

MAULL, O. (1915): Geomorphologische Studien aus Mitteldalmatien (Kerka- und Cetinagebiet). — Geogr. Jahresbericht aus Österreich *11*, 1-30

MAULL, O. (1937): Die Bedeutung der Kalktuffablagerungen für die Frage des diluvialen Klimawechsels. — Frankfurter Geogr. Hefte *11*, 90-94

MAUNY, R. (1953): Les boules de pierre africaines et leurs usages probables. — Notes africaines (Dakar), no. 59, p. 68-71

MAUNY, R. (1956): Préhistoire et zoologie: La grande „faune éthiopienne" du Nord-Ouest africain du paléolithique à nos jours. — Bull. IFAN, A, *18* (1), 246-279

MAUNY, R. (1966): Westafrika (vom Senegal bis zum Kongo). — In: Fischer Weltgeschichte. *1.* Vorgeschichte. p. 200-214. Frankfurt/M., Fischer-Bücherei

MAUNY, R. (1967): L'Afrique et les origines de la domestication. — In: W. W. BISHOP & J. D. CLARK (eds.): Background to evolution in Africa. — Chicago, The Univ. of Chicago Press, p. 583-599

MAUNY, R. (1973): Die neolithischen Dörfer des Bergrückens Tichitt-Walata (Mauretanien) und der Ursprung des Feldbaues und der Viehzucht in Westafrika. — Internat. Afrika Forum (München), *9/10*, 537-542

McBURNEY, C. B. M. (1960): The stone age of Northern Africa. — London, Penguin Books, 288 p. (Pelican Books A 342)

McBURNEY, C. B. M. (1967): The Haua Fteah (Cyrenaica) and the stone age of Southeast Mediterranean. — Cambridge Univ. Press, 387 p.

McBURNEY, C. B. M. (1968): Pleistocene and early post-Pleistocene archaeology of Libya. — In: F. T. BARR (ed.): Geology and archaeology of Northern Cyrenaica, Libya. — Petroleum Exploration Society of Libya, 10. Annual Field Conference, Tripoli, p. 13-21

McHUGH, W. P. (1974): Cattle pastoralism in Africa. A model for interpreting archaeological evidence from the Eastern Sahara Desert. — Arctic Anthropology (Madison) *11* (Suppl.), 236-244

MECKELEIN, W. (1955): Die Sahara-Forschungsfahrt 1954/55 der Gesellschaft für Erdkunde zu Berlin. — Die Erde *7*, 312-316

MECKELEIN, W. (1957): Der Fezzan heute. — Stuttgarter Geogr. Studien *69*, 325-336 (LAUTENSACH-Festschr.)

MECKELEIN, W. (1959): Forschungen in der zentralen Sahara. I. Klimageomorphologie. — Braunschweig, Westermann, 181 p.

MENGHIN, O. F. A. (1965): Zur Chronologie des Neolithikums in Ägypten. — Acta Praehistorica (Buenos Aires) *5/7*, 128-147

MENGHIN, O. F. A.; AMER, M. (1936): The excavations of the Egyptian University in the Neolithic site at Maadi. Second preliminary report (season 1932). — Kairo, Government Press, Bulâq, 71 p.

MENSCHING, H. (1974): Die Sahelzone Afrikas. Ursachen und Konsequenzen der Dürrekatastrophe. — Afrika Spectrum (Hamburg) 74/3, p. 241-259

MERNER, P. G. (1937): Das Nomadentum im nordwestlichen Afrika. — Berliner Geogr. Arbeiten *12*, 79 p.

MESSERLI, B. (1972): Formen und Formungsprozesse in der Hochgebirgsregion des Tibesti. — Hochgebirgsforschung — High Mountain Research (Innsbruck) *2*, 23-86

MICHAEL, H. N.; RALPH, E. K. (1970): Correction factors applied to Egyptian radiocarbon dates from the era before Christ. — In: I. U. OLSSON (ed.): Radiocarbon variations and absolute chronology. — 12. Nobel Symposium Uppsala 1969, p. 109-120

MICHON, P. (1973): Le Sahara avance-t-il vers le sud? — Bois et Forêts des Tropiques (Paris) *150*, 69-80

MITWALLY, M. (1952): History of the relations between the Egyptian oases of the Libyan Desert and the Nile Valley. — Bull. de l'Institut du Désert (Kairo) 2 (1), 114-131

MOLLE, H. G. (1969): Terrassenuntersuchungen im Gebiet des Enneri Zoumri (Tibesti-Gebirge). — Berliner Geogr. Abh. *8*, 23-31

MOLLE, H. G. (1971): Gliederung und Aufbau fluviatiler Terrassenakkumulationen im Gebiet des Enneri Zoumri (Tibesti-Gebirge). — Berliner Geogr. Abh. *13*, 39 p.

MONOD, Th. (1932): L'Adrar Ahnet. Contribution à l'étude archéologique d'un district saharien. — Trav. et Mém. de l'Institut d'Ethnologie (Paris) *19*, 200 p.

MONOD, Th. (1948): Reconnaissance au Dohone. — In: M. DALLONI und Th. MONOD: Mission scientifique du Fezzan (1944-1945). — Mém. de l'Institut de Rech. Sahariennes de l'Univ. d'Alger, *6*, 125-156

MONOD, Th. (1950): Autour du problème du déssèchement africain. — Bull. IFAN 12 (2), 514-523

MONOD, Th. (1958): Majâbat-al-Koubrâ. Contribution à l'étude de l'„Empty Quarter" Ouest saharien. — Mém. IFAN *52*, 407 p.

MONOD, Th. (1962): Majâbat-al-Koubrâ: un „Empty-Quarter" ouest-saharien. — Tübinger Geogr. Studien, Sonderband *1*, 115-125 (H.-v.-WISSMANN-Festschr.)

MONOD, Th. (1964): The late Tertiary and Pleistocene in the Sahara. — In: F. CLARK HOWELL und F. BOURLIERE (eds.): African ecology and human evolution. — London: Methuen, p. 117-229

MONTERIN, U. (1935 a): Attraverso il deserto libico fino al Tibesti. — L'Universo (Florenz) *16* (10), 802-843

MONTERIN, U. (1935 b): Relazione delle ricerche compiute dalla missione della Reale Società Geografica Italiana nel Sahara libico e nel Tibesti (Febbraio-Aprile 1934). — Bolletino della Reale Soc. Geogr. Italiana (Roma), ser. 6, *12*, 115-162

MOREL, J. (1953): Le Capsien de Khanguet-el-Mouhaâd. — Libyca (Alger) *1*, 103-119

MOREL, J. (1967): Découverte d'une pierre à gorge dans une escargotière capsienne de la région de Tébessa (Algérie). Les pierres à gorge du Sahara oriental. — Libyca (Alger) *15*, 125-137

MORI, F. (1965 a): Contributions to the study of the prehistoric pastoral people of the Sahara, chronological data from the excavations in the Acacus. — Barcelona, Miscelanea en homenaje al Abate Henri BREUIL (1877 bis 1961), Bd. 2, p. 172-179

MORI, F. (1965 b): Tadrart Acacus. Arte rupestre e culture del Sahara preistorico. — Turin, G. Einaudi, 275 p.

MORI, F. (1969): Prehistoric cultures in Tadrart Acacus, Libyan Sahara. — In: W. H. KANES (ed.): Geology, archaeology and prehistory of the Southwestern Fezzan, Libya. — Petroleum Exploration Society of Libya, 11. Annual Field Conference, Tripoli, p. 21-30

MORRISON, R. B. (1969): The Pleistocene-Holocene boundary: An evaluation of the various criteria used for determining it on a provincial basis, and suggestions for establishing it world-wide. — Geologie en Mijnbouw 48 (4), 363-371

MÜLLER-KARPE, H. (1968): Handbuch der Vorgeschichte. II. Jungsteinzeit. — München, C. H. Beck, 612 p.

MÜLLER-KARPE, H. (1970): Die geschichtliche Bedeutung des Neolithikums. — Wiesbaden, Steiner 19 p. (= Sitzungsberichte der Wiss. Gesellschaft an der Johann-Wolfgang-Goethe-Universität Frankfurt/Main, Bd. 9, Nr. 1)

MÜNNICH, K. O.; VOGEL, J. C. (1959): ^{14}C-Altersbestimmung von Süßwasser-Kalkablagerungen. — Die Naturwissenschaften 46, 168-169

MURPHY, R. (1951): The decline of North Africa since the Roman occupation: climatic or human? — Annals of the Association of American Geographers 41, 116-132

MURRAY, G. W. (1950): Desiccation in Egypt. — Bull. Soc. Géogr. d'Egypte (Kairo) 23 (3-4), 19-34

MURRAY, G. W. (1951): The Egyptian climate: an historical outline. — Geogr. Journal 117, 422-434

MURRAY, G. W. (1952): Early camels in Egypt. — Bull. de l'Institut du Désert (Kairo) 2 (1), 105-106

NACHTIGAL, G. (1879-1889): Sahara und Sudan. — Berlin, Reimer & Parey, 3 Bde. (repr. Graz 1967)

NARR, K. J. (1952): Das höhere Jägertum: Jüngere Jagd- und Sammelstufe. — Historia Mundi (Bern) 1, 502-522

NARR, K. J. (1962): Herkunft und Alter neolithischer Kulturerscheinungen (Ein Kommentar). — Zeitschr. für Ethnologie 87, 135-143

NEUSTUPNY, E. (1968): Absolute chronology of the neolithic and aeneolithic periods in Central and South Eastern Europe. — Slovenská archeologia 16, 19-60

NEWBOLD, D. (1928): Rock-pictures and archaeology in the Southern Libyan Desert. — Antiquity 2 (7), 261-291

NEWBOLD, D. (1945): The history and archaeology of the Libyan Desert. — Sudan Notes and Records (Khartum) 26, 229-239

NEWMAN, M. T. (1961): Biological adaption of man to the environment: heat, cold, altitude, and nutrition. — Annals of the New York Acad. Sci. 91, 617-633

NICOLAISEN, J. (1954): Some aspects of the problem of nomadic cattle breeding among the Tuareg of the Central Sahara. — Geogr. Tidsskrift 53, 62-105

NIR, D. (1970): Les lacs quaternaires dans la région de Feiran, Sinai central. — Revue de Géogr. physique et de Géol. dynamique 12, 335-345

NORDSTRÖM, H.-A. (1966): A-Group and C-Group in Upper Nubia. — Kush (Khartum) 14, 63-68

OBENAUF, K. P. (1967): Beobachtungen zur pleistozänen und holozänen Talformung im Nordwest-Tibesti. — Berliner Geogr. Abh. 5, 27-37

OBENAUF, K. P. (1971): Die Enneris Gonoa, Toudoufou, Oudingueur und Nemagayesko im nordwestlichen Tibesti. Beobachtungen zu Formen und zur Formung in den Tälern eines ariden Gebirges. — Berliner Geogr. Abh. 12, 70 p.

OBENGA, Th. (1973): L'Afrique dans l'antiquité. Egypte pharaonique — Afrique Noire. — Paris: Ed. Présence Africaine, 464 p.

OKRUSCH, M.; STRUNK-LICHTENBERG, G.; GABRIEL, B. (1973): Vorgeschichtliche Keramik aus dem Tibesti (Sahara). I. Das Rohmaterial. — Berichte der Deutschen Keramischen Gesellschaft (Bad Honnef) 50 (8), 261-267

OSCHE, G. (1973): Ökologie. Grundlagen - Erkenntnisse - Entwicklungen der Umweltforschung. — Freiburg, Herder, 143 p. (studio visuell)

OZENDA, P. (1958): Flore du Sahara septentrional et central. — Paris, CNRS, 486 p.

PACE, B.; CAPUTO, G.; SERGI, S. (1951): Scavi sahariani. Richerche nell'Uadi el Agial e nell'Oasi di Gat della missioni Pace - Sergi - Caputo. — Roma, Monumenti Antichi, Academia Nazionale dei Lincei, 41, 151 bis 551

PACHUR, H. J. (1970): Zur Hangformung im Tibestigebirge. — Die Erde 101, 41-54

PACHUR, H. J. (1974): Geomorphologische Untersuchungen im Raum der Serir Tibesti (Zentralsahara). — Berliner Geogr. Abh. 17, 62 p.

PACHUR, H. J. (1975): Zur spätpleistozänen und holozänen Formung auf der Nordabdachung des Tibestigebirges. — Die Erde 106 (1-2), 21-46

PALLARY, P. (1934): Mollusques du Sahara Central. — Mém. Soc. Histoire Naturelle de l'Afrique du Nord (Alger) 25, 58-72

PAPY, L. (1959): Le déclin des foggaras au Sahara. — Cahiers d'Outre-Mer 12, 401-406

PELESSIER, P. (1951): Sur la désertification des territoires septentrionaux de l'A. O. F. — Cahiers d'Outre-Mer 4 (13), 80-85

PEVALEK, I. (1935): Der Travertin und die Plitvice-Seen. — Verhandlungen der Internat. Vereinigung für theoretische und angewandte Limnologie 7, 165-181

PITTIONI, R. (1950): Beiträge zur Geschichte des Keramikums in Afrika und im Nahen Osten. — Prähistorische Forschungen (Wien) 2, 50 p.

POHLHAUSEN, H. (1954): Das Wanderhirtentum und seine Vorstufen. — Kulturgeschichtliche Forschungen (Braunschweig) 4, 176 p.

PONS, A.; QUEZEL, P. (1957): Première étude palynologique de quelques paléosols sahariens. — Trav. Inst. Rech. Sahar. 16, 15-40

PRECHEUR-CANONGE, Th. (o. J., 1960): La vie rurale en Afrique romaine d'après les mosaïques. — Publ. de l'Univ. de Tunis, Faculté des Lettres, 1. sér., 6, 98 p.

PROTHERO, M. (1962): Some observations on desiccation in Northwestern Nigeria. — Erdkunde 16, 117-119

PROTSCH, R.; BERGER, R. (1973): Earliest radiocarbon dates for domesticated animals. — Science 179 (4070), 235-239

QUEZEL, P. (1958): Mission botanique au Tibesti. — Mém. de l'Institut de Rech. Sahar. 4, 375 p. (Algier)

QUEZEL, P. (1960): Flore et palynologie sahariennes: quelques aspects de leur signification biogéographique et paléoclimatique. — Bull. IFAN, A, 22, 353-360

QUEZEL, P. (1965): La végétation du Sahara. Du Tchad à la Mauritanie. — Stuttgart, G. Fischer, 333 p. (Geobotanica selecta 2)

QUEZEL, P. (1971): Flora und Vegetation der Sahara. — In: H. SCHIFFERS (ed.): Die Sahara und ihre Randgebiete. — München, Weltforum, Bd. 1, p. 429-475

QUEZEL, P.; MARTINEZ, C. (1960): Le dernier interpluvial au Sahara central. Essai de chronologie palynologique et paléoclimatique. — Libyca (Alger) 6-7, 211-227

QUITTA, H. (1967): The C^{14}-chronology of the Central and SE-European Neolithic. — Antiquity 41, 263-270

RATHJENS, C. (1959): Menschliche Einflüsse auf die Gestalt und Entwicklung der Tharr. — Arbeiten aus dem Geogr. Institut der Univ. des Saarlandes 4, 1-36

RATHJENS, C. (1961): Probleme der anthropogenen Landschaftsgestaltung und der Klimaänderungen in historischer Zeit in den Trockengebieten der Erde. — Arbeiten aus dem Geogr. Institut der Univ. des Saarlandes 6, 3-12

RATHJENS, C. (1966): Menschliche Eingriffe in den Wasserhaushalt und ihre Bedeutung für die Geomorphologie der altweltlichen Trockengebiete. — Nova Acta Leopoldina (Leipzig) N. F. 31 (176), 139-148

RATHJENS, C. (1969): Geographische Grundlagen und Verbreitung des Nomadismus. — In: Nomadismus als Entwicklungsproblem. — Bochumer Schriften zur Entwicklungsforschung und Entwicklungspolitik 5, 19-28

RATTRAY, J. M. (1960) The grass cover of Africa. — Rom, FAO Agricultural Studies no. 49, 168 p.

RAWITSCHER, F. (1952): Beiträge zur Frage der natürlichen Verbreitung tropischer Savannen. — Mitt. der Geogr. Gesellschaft Hamburg 50, 57-84

REGEL, C. v. (1957): Die Klimaänderung der Gegenwart in ihrer Beziehung zur Landschaft. — München, Lehnen, 135 p. (Dalp Taschenbücher 335)

RESCH, W. F. E. (1965): Früheste Spuren des Hausrindes im vorgeschichtlichen Oberägypten. — Mitt. der Anthropologischen Gesellschaft Wien 95, 61-65

RESCH, W. F. E. (1967): Das Rind in den Felsbilddarstellungen Nordafrikas. — Wiesbaden, Steiner, 105 p, (= Studien zur Kulturkunde 20)

REYGASSE, M. (1950): Monuments funéraires préislamiques de l'Afrique du Nord. — Paris, Arts et Métiers Graphiques, 134 p.

RHOTERT, H. (1952): Lybische Felsbilder. — Darmstadt, Wittich, 146 p.

RHOTERT, H. (1963): Forschungsreise nach SW-Libyen. — Tribus (Stuttgart) 12, 14-31

RICHTER, N. B. (1952): Unvergeßliche Sahara. — Leipzig, Brockhaus, 185 p.

RICHTER, N. B. (1960): Das hydrologische System der Krateroase Wau en Namus in der zentralen Sahara. — Acta hydrophysica 6 (3), 131-162

ROGNON, P. (1961): Les types d'encroûtements calcaires dans les vallées du Nord de l'Atakor. — Bull. Soc. d'Histoire Naturelle de l'Afrique du Nord (Alger) 52, 94-103

ROGNON, P. (1962): Observations nouvelles sur le quaternaire du Hoggar. — Trav. Inst. Rech. Sahar. 21, 57-80

ROGNON, P. (1967): Le massif de l'Atakor et ses bordures (Sahara Central). Etude géomorphologique. — Paris, CNRS, Centre de Rech. sur les Zones Arides, sér. Géol., no. 9, 559 p.

ROGNON, P. (1976 a): Constructions alluviales holocènes et oscillations climatiques du Sahara méridional. — Bull. Ass. Géogr. Fr. 53 (433), 77-84

ROGNON, P. (1976 b): Essai d'interprétation des variations climatiques au Sahara depuis 40 000 ans. — Revue de Géogr. physique et de Géol. dynamique, 2. série, 18 (2-3), 251-282

ROGNON, P. (1976 c): Les oscillations du climat saharien depuis 40 millénaires. Introduction à un vieux débat. — Revue de Géogr. physique et de Géol. dynamique, 2. série, 18 (2-3), 147-156

ROGNON, P.; GASSE, F. (1973): Dépots lacustres quaternaires de la basse vallée de l'Awash (Afar, Ethiopie); leurs rapport avec la tectonique et le volcanisme sousaquatique. — Revue de Géogr. physique et de Géol. dynamique, sér. 2, 15 (3), 295-316

ROGNON, P.; GASSE, F. (1974): Evolution des lacs depuis le Pléistocène supérieur dans l'Afar central (Ethiopie et T. F. A. I.). — Bull. ASEQUA (Dakar), No. 42-43, p. 9-19

ROHDENBURG, H. (1970): Morphodynamische Aktivitäts- und Stabilitätszeiten statt Pluvial- und Interpluvialzeiten. — Eiszeitalter und Gegenwart 21, 81-96

ROHLFS, G. (1869): Reise durch Marokko. — Bremen, Kühtmann (2. Aufl.), 278 p.

ROHLFS, G. (1874/75): Quer durch Afrika. Reise vom Mittelmeer nach dem Tschad-See und zum Golf von Guinea. — Leipzig, Brockhaus, 650 p. (2 Bde.)

ROLAND, N. W. (1973): Die Anwendung der Photointerpretation zur Lösung stratigraphischer und tektonischer Probleme im Bereich von Bardai und Aozou (Tibesti-Gebirge, Zentralsahara). — Berliner Geogr. Abh. 19, 48 p.

ROLAND, N. W. (1974): Zur Entstehung der Trou-Au-Natron-Caldera (Tibesti-Gebirge, Zentral-Sahara) aus photogeologischer Sicht. — Geol. Rundschau 63 (2), 689-707

ROSET, J.-P. (1974): Contribution à la connaissance des populations néolithiques et protohistoriques du Tibesti (Nord Tchad). — Cahiers ORSTOM, sér. Sci. Humaines, 11 (1), 47-84

ROUBET, C. (1969): Intérêt des datations absolues obtenues pour le néolithique de tradition capsienne. — Libyca (Alger) 17, 245-265

ROUBET, C. (1972): Recherches préhistoriques en Iguidi (Sahara algérien). Premiers résultats. — Notes africaines (Dakar), no. 133, p. 8-17

RUDLOFF, H. v. (1967): Die Schwankungen und Pendelungen des Klimas in Europa seit dem Beginn der regelmäßigen Instrumenten-Beobachtungen (1670). — Braunschweig, Vieweg, 370 p. (Die Wissenschaft 122)

RÜGE, U. (1965): Weltweite Klimaschwankungen. Eine Literaturübersicht zum gegenwärtigen Stand der Kenntnisse. — Meteorologische Abh. (Berlin) 51 (2), 96 p. (repr. 1969)

SAID, R.; ALBRITTON, C.; WENDORF, F.; SCHILD, R.; KOBUSIEWICZ, M. (1972): A preliminary report on the Holocene geology and archaeology of the Northern Desert. — In: C. C. ROEVES, Jr. (ed.): Playa lake symposium. — Icasals Publ. No. 4, p. 41-61 (Lubbock/Texas)

SANDFORD, K. S. (1936): Observations on the distribution of land and freshwater mollusca in the southern Libyan Desert. — The Quarterly Journal of the Geol. Soc. of London 92 (2), 201-218

SANTA, S. (1960): Essai de reconstitution de paysage végétaux quaternaires d'Afrique du Nord. — Libyca (Alger) 6-7, 37-77

SAUER, C. O. (1972): Seeds, spades, hearths and herds. The domestication of animals and foodstuffs. — Cambridge (Mass.), MIT Press (3. Aufl.), 175 p.

SAVARY, J.-P. (1966): Monuments en pierres sèches du Fadnoun (Tassili n'Ajjer). — Mém. du CRAPE 6, 79 p.

SCHARFF, A. (1962): Geschichte Ägyptens von der Vorzeit bis zur Gründung Alexandreias. — In: A. SCHARFF und A. MOORTGAAT: Ägypten und Vorderasien im Altertum. — München, Bruckmann (3. Aufl.), p. 1-192

SCHICKELE, R. (1931): Die Weidewirtschaft in den Trokkengebieten der Erde. — Probleme der Weltwirtschaft (Jena) 53, 151 p.

SCHIFFERS, H. (1950): Die Sahara und die Syrtenländer. — Stuttgart, Franckh, 245 p. (Kleine Länderkunden)

SCHIFFERS, H. (1951/52): Die Seen in der Sahara. — Die Erde 3, 1-13

SCHIFFERS, H. (1958): Die Sahara gestern und morgen. Rückblick, Gegenwarts-Analysen und Ausblick. — Geogr. Rundschau 10, 441-451

SCHIFFERS, H. (1972): Die Erforschung. — In: H. SCHIFFERS (ed.): Die Sahara und ihre Randgebiete. — München, Weltforum, Bd. 2, p. 308-333

SCHIFFERS, H. (1974 a): Die Dürre im Sudan-Sahel. Ursachen und Folgen. — Geogr. Rundschau 26 (8), 308-317

SCHIFFERS, H. (compil., 1974 b): Dürren in Afrika. Faktoren-Analyse aus dem Sudan-Sahel. — München, IFO-Forschungsberichte der Afrika-Studienstelle 47, 242 p.

SCHIFFERS, H.; OBST, J. (1972): Die Sahara als Wirtschaftsraum. — In: H. SCHIFFERS (ed.): Die Sahara und ihre Randgebiete. — München, Weltforum, Bd. 2, p. 348-408

SCHINKEL, H.-G. (1970): Haltung, Zucht und Pflege des Viehs bei den Nomaden Ost- und Nordostafrikas. — Berlin, Akademie-Vlg., 302 p. (= Veröff. des Museums für Völkerkunde zu Leipzig 21)

SCHLIEPHAKE, K. (1975): Erdöl und regionale Entwicklung. Beispiele aus Algerien und Tunesien. — Hamburger Beiträge zur Afrika-Kunde 18, 176 p.

SCHMIDT, G. (1969): Vegetationsgeographie auf ökologisch-soziologischer Grundlage. — Leipzig, Teubner, 596 p.

SCHMIDT, W. (1952): Die Urkulturen: Ältere Jagd- und Sammelstufe. — Historia Mundi (Bern) 1, 375-501

SCHMITHÜSEN, J. (1968): Allgemeine Vegetationsgeographie. — Berlin: de Gruyter, 463 p. (= Lehrbuch der Allgemeinen Geographie 4, 3. Aufl.)

SCHNEIDER, J. L. (1969): Evolution du dernier lacustre et peuplements préhistoriques aux pays bas du Tchad. — Bull. IFAN, A, 31 (1), 259-263

SCHOLZ, H. (1966): Quezelia, eine neue Gattung aus der Sahara (Cruziferae, Brassiceae, Vellinae). — Willdenowia (Berlin) 2, 205-207

SCHOLZ, H. (1967): Baumbestand, Vegetationsgliederung und Klima des Tibesti-Gebirges. — Berliner Geogr. Abh. 5, 11-16

SCHOLZ, H. (1971): Einige botanische Ergebnisse einer Forschungsreise in die libysche Sahara (April 1970). — Willdenowia 6 (2), 341-369

SCHOLZ, H.; GABRIEL, B. (1973): Neue Florenliste aus der libyschen Sahara. — Willdenowia (Berlin) 7 (1), 169-182

SCHOVE, D. J. (1969): Chronology of pluvials, with special reference to Africa. — Bull. IFAN, A, 31 (1), 224 bis 229

SCHRAMM, J. (1969): Die Westsahara. Geographische Betrachtungen einer mehrrassigen Gesellschaftsordnung der westsaharischen Viehzüchter in der Berührung mit der modernen Industriegesellschaft. — Freilassing, Pannonia, 169 p.

SCHUBARTH-ENGELSCHALL, K. (1967): Arabische Berichte muslimischer Reisender und Geographen des Mittelalters über die Völker der Sahara. — Berlin: Akademie-Vlg., 124 p. (= Abh. und Berichte des Staatl. Museums für Völkerkunde Dresden 27)

SCHULZ, E. (1972): Pollenanalytische Untersuchungen pleistozäner und holozäner Sedimente des Tibesti-Gebirges (Z-Sahara). — In: E. M. VAN ZINDEREN BAKKER (ed.): Palaeoecology of Africa 7, 14-16 (Kapstadt)

SCHULZ, E. (1973): Zur quartären Vegetationsgeschichte der zentralen Sahara unter Berücksichtigung eigener pollenanalytischer Untersuchungen aus dem Tibesti-Gebirge. — Hausarbeit für die 1. (wiss.) Staatsprüfung im Fach Biologie, FB 23 — FU Berlin, 141 p. (Mskr.)

SCHULZ, E. (1974): Pollenanalytische Untersuchungen quartärer Sedimente des Nordwest-Tibesti. — Berlin, FU Pressedienst Wissenschaft 5/74, p. 59-69

SCHÜRMANN, E. (1918): Die chemisch-geologischen Vorgänge bei der Bildung des Uracher Wasserfalles. — Jahreshefte Württemberg 74, 58-68

SCHWARZBACH, M. (1953): Das Alter der Wüste Sahara. — Neues Jahrbuch für Geol. und Paläontologie, Monatshefte, p. 157-174

SCWARZBACH, M. (1974): Das Klima der Vorzeit. — Stuttgart, Enke (3. Aufl.), 380 p.

SEAVOY, R. E. (1975): The origin of tropical grasslands in Kalimantan, Indonesia. — The Journal of Tropical Geogr. 40, 48-52

SEMMEL, A. (1971): Zur jungquartären Klima- und Reliefentwicklung in der Danakilwüste (Äthiopien). — Erdkunde 25, 199-208

SERVANT, M. (1970): Données stratigraphiques sur le quaternaire supérieur et récent au nord-est du Lac Tchad. — Cahiers ORSTOM, sér. Géol., 2 (1), 95-114

SERVANT, M. und S. (1970): Les formations lacustres et les diatomées du quaternaire récent du fond de la cuvette tchadienne. — Revue de Géogr. physique et de Géol. dynamique, sér. 2, 12 (1), 63-76

SERVANT, M.; SERVANT, S.; DELIBRIAS, G. (1969): Chronologie du quaternaire récent des basses régions du Tchad. — C. R. Acad. Sci., D, 269, 1603-1606

SERVANT, S. (1970): Répartition des diatomées dans les séquences lacustres holocènes au nord-est du Lac Tchad. — Cahiers ORSTOM, sér. Géol., 2 (1), 115-126

SHAW, B. D. (1976): Climate, environment and prehistory in the Sahara. — World Archaeology 8 (2), 133-149

SHAW, W. B. K. (1933): Neolithic and later times. — In: R. A. BAGNOLD: A further journey through the Libyan Desert. — The Geogr. Jounal 82, 222-224

SHAW, W. B. K. (1936): An expedition in the Southern Libyan Desert. — The Geogr. Journal 87 (3), 193-221

SHAW, W. B. K. (1953): Rock drawings in the South Libyan Desert. — Kush (Khartum) 1, 35-39

SHEPARD, A. O. (1971): Ceramics for the archaeologist. — Washington D. C., Carnegie Inst. (7. Aufl.), 414 p. (Pbl. No. 609)

SHINER, J. L. (1968): The Cataract tradition. — In: F. WENDORF (ed.): The prehistory of Nubia. — Dallas/Texas, Fort Burgwin Research Center, vol. 2, p. 535-629

SIKES, S. K. (1971): The natural history of the African elephant. — London: Weidenfeld & Nicolson, 397 p.

SMOLLA, G. (1957): Prähistorische Keramik aus Ostafrika. — Tribus (Stuttgart) N. F. *6*, 35-64

SMOLLA, G. (1960): Neolithische Kulturerscheinungen. Studien zur Frage ihrer Herausbildung. — Antiquitas (Bonn), Reihe 2, Bd. *3*, 180 p.

SMOLLA, G. (1967): Epochen der menschlichen Frühzeit. — Freiburg, Alber, 168 p. (Studium universale)

SOLHEIM, W. G. (1971): New light on a forgotten past. — National Geographic Magazine *139*, 330-339

SPARKS, B. W.; GROVE, A. T. (1961): Some quaternary fossil non-marine mollusca from the Central Sahara. — Journal of the Linnean Soc. of London — Zoology *44*, 355-364

STAMP, L. D. (1940): The Southern margin of the Sahara. Comments on some recent studies on the question of desiccation in West Africa. — Geogr. Review *30*, 297 bis 300

STAMP, L. D. (ed., 1961): A history of land use in arid regions. — Arid Zone Research *17*, 388 p.

STEBBING, E. P. (1935): The encroaching Sahara: The threat to the West African colonies. — Geogr. Journal *85* (6), 506-524

STENNING, D. J. (1957): Transhumance, migratory drift, migration: Patterns of pastoral Fulani nomadism. — Journal of the Royal Anthropological Institute of Great Britain and Ireland (London) *87*, 57-73

STENNING, D. J. (1964): Savannah nomads. A study of the Wodaabe pastoral Fulani of Western Bornu province. Northern region, Nigeria. — London, Oxford Univ. Press (2. Aufl.), 266 p.

STIRN, A. (1964): Kalktuffvorkommen und Kalktufftypen der Schwäbischen Alb. — Abh. zur Karst- und Höhlenkunde (München), Reihe E, Heft 1, 92 p.

STRANZ, D. (1974): Die Niederschlagsentwicklung in Afrika, insbesondere die jüngste Trockenheit im Sahel. — Afrika Spectrum (Hamburg) 74/3, p. 278-290

STROUHAL, E. (1971): Evidence of the early penetration of negroes into prehistoric Egypt. — Journal of African History *12* (3), 1-9

STRUNK-LICHTENBERG, G.; GABRIEL, B.; OKRUSCH, M. (1973): Vorgeschichtliche Keramik aus dem Tibesti (Sahara). II. Technologischer Entwicklungsstand. — Berichte der Deutschen Keramischen Gesellschaft (Bad Honnef) *50* (9), 294-299

SUESS, H. E. (1967): Zur Chronologie des Alten Ägypten. — Zeitschr. für Physik *202*, 1-7

SUESS, H. E. (1969): Die Eichung der Radiokarbonuhr. — Bild der Wissenschaft *6* (2), 120-127

THOMAS, H. L. (1967): Near Eastern, Mediterranean and European chronology. The historical, archaeological, radiocarbon, pollenanalytical and geochronological evidence. — Studies in Mediterranean Archaeology (Lund) *17*, 2 vols.

TILHO, J. (1925): Sur l'aire probable d'extension maxima de la mer paléotchadienne. — C. R. Acad. Sci. *181*, 643-646

TILHO, J.; ARAMBOURG, C. (1938): Sur la découverte, par M. Stéphane Desombre, d'un élephant fossile au centre du Sahara. — C. R. Acad. Sci. *206*, 1775-1779

TIXIER, J. (1962): Le „Ténéréen" de l'Adrar Bous III. — In: Missions Berliet Ténéré-Tchad. Documents Scientifiques. — Paris, Arts et Métiers Graphiques, p. 333-348

TORELLI, A. (1931): Ricognizione eseguita da Uàu-el-Chebir nella direzione di Rebiana. — Bolletino Geogr. del Governo della Cirenaica (Benghasi) *12*, 27-45

TORELLI, A. (1935/36): Ricognizione con autocarri de Murzuch à Uozou (Tibesti). — Bolletino Geogr. del Governo della Libia, Ufficio Studi, *9-10*, 81-104

TROLL, C. (1936): Termiten-Savannen. — In: Länderkundliche Forschungen. — Stuttgart, Engelhorns Nachf., p. 275-312 (Festschr. N. KREBS)

TROLL, C. (1953): Savannentypen und das Problem der Primärsavannen. — Proceedings of the 7. Internat. Botanical Congress Stockholm 1950, p. 670-675

TROMPETTE, R.; MANGUIN, E. (1972): Nouvelles observations sur le quaternaire lacustre de l'extrémité sud-est de l'Adrar de Mauritanie (Sahara occidental). — Actes du 6. Congrès Panafricain de Préhistoire Dakar 1967, p. 498-504

TSCHUDI, Y. (1956): Les peintures rupestres du Tassili-n-Ajjer. — Neuchâtel, Baconnière, 104 p.

TUREKIAN, K. K. (ed., 1971): The late cenozoic glacial ages. — New Haven, Yale Univ. Press, 606 p.

UHLIG, H. (1965): Die geographischen Grundlagen der Weidewirtschaft in den Trockengebieten der Tropen und Subtropen. — Gießener Beiträge zur Entwicklungsforschung, Reihe 1, *1*, 1-28

UNESCO (1962): Nomadic pastoralism as a method of land use. — Arid Zone Research *18*, 357-364

UNESCO (1963): Changes of climate. — Arid Zone Research *20*, 488 p.

VAJDA, L. (1968): Untersuchungen zur Geschichte der Hirtenkulturen. — Wiesbaden, Harassowitz, 648 p. (= Veröffentlichungen des Osteuropa-Instituts München *31*)

VAN CAMPO, M. (1975): Pollen analysis in the Sahara. — In: F. WENDORF and A. E. MARKS (eds.): Problems in Prehistory: North Africa and the Levant, p. 45-64. Dallas/Texas, Southern Methodist Univ. Press.

VAN CAMPO, M.; AYMONIN, G.; GUINET, P.; ROGNON, P. (1964): Contribution à l'étude du peuplement végétal quaternaire des montagnes sahariennes: L'Atakor. — Pollen et Spores (Paris) *6* (1), 169-194

VAN CAMPO, M.; COHEN, J.; GUINET, P.; ROGNON, P. (1965): Contribution à l'étude du peuplement végétal quaternaire des montagnes sahariennes. II. — Flore contemporaine d'un gisement de mammifères tropicaux dans l'Atakor. — Pollen et Spores (Paris) *7* (2), 361-371

VAN CAMPO, M.; GUINET, P.; COHEN, J.; DUTIL, P. (1967): Contribution à l'étude du peuplement végétal quaternaire des montagnes sahariennes. III. — Flore de l'Oued Outoul (Hoggar). — Pollen et Spores (Paris) *9* (1), 107-120

VAN ZEIST, W. (1976): On macroscopic traces of food plants in Southwestern Asia (with some reference to pollen data). — Phil. Trans. R. Soc. London, B. *275*, 27-41

VAN ZINDEREN BAKKER, E. M. (1972): Late quaternary lacustrine phases in the Southern Sahara and East Africa. — In: E. M. VAN ZINDEREN BAKKER (ed.): Palaeoecology of Africa *6*, 15-27 (Kapstadt)

VAUFREY, R. (1933): Notes sur le Capsien. — L'Anthropologie (Paris) *43*, 457-483

VAUFREY, R. (1947): Le néolithique para-toumbien, une civilisation agricole primitive du Soudan. — Revue Scientifique *85*, 205-232

VAUFREY, R. (1955): Préhistoire de l'Afrique. I. Le Maghreb. — Paris, Masson, 458 p. (= Publ. de l'Institut des Hautes Etudes de Tunis *4*)

VAUFREY, R. (1969): Préhistoire de l'Afrique. II. Au nord et à l'est de la Grande Forêt. — Publ. de l'Univ. de Tunis 4, 372 p.

VILLINGER, H. (1967): Statistische Auswertung von Hangneigungsmessungen im Tibesti-Gebirge. — Berliner Geogr. Abh. 5, 51-65

VINCENT, P. M. (1963): Les volcans tertiaires et quaternaires du Tibesti occidental et central (Sahara du Tchad). — Mém. du BRGM 23, 307 p.

VINCENT, P. M. (1969): Mécanisme de la mise en place d'un trapp composite: Le Tarso Ourari, Tibesti (Sahara du Tchad). — Annales de la Faculté des Sciences du Cameroun, No. 3, p. 93-99

VOLK, O. H. (1969): Ökologische Grundlagen des Nomadismus. — In: Nomadismus als Entwicklungsproblem. — Bochumer Schriften zur Entwicklungsforschung und Entwicklungspolitik 5, 57-65

WAI-OGOSU, B. (1970): Subsistence ecology of living hunter gatherers as an aid to prehistoric studies. — Bull. IFAN, B, 32 (3), 642-652

WALLNER, J. (1935): Diatomeen als Kalkbildner. — Hedwigia (Dresden) 75, 137-141

WALTER, H. (1965): Grasländer und Savannen in den Tropen. — Scientia (Milano) 100, 171-176

WALTER, H. (1973): Die Vegetation der Erde in öko-physiologischer Betrachtung. I. Die tropischen und subtropischen Zonen. — Jena: Fischer (3. Aufl.), 743 p.

WEIS, H. (1956): Der Wasserhaushalt des Fezzan, der südlibyschen Wüste und des Berglandes von Tibesti. — Das Gas- und Wasserfach (München) 97, 929-932 und 1028-1030

WEIS, H. (1956): Beitrag zur Kulturgeschichte des Fessan und der östlichen Zentralsahara. — Mitt. der Österr. Geogr. Gesellschaft Wien 103, 25-47

WEIS, H. (1964): Murzuch. Blüte und Verfall einer Saharametropole. — Bustan (Wien) 5 (3), 22-36

WEIS, H. (1972 a): Bergländer im libyschen Küsten-Hinterland. — In: H. SCHIFFERS (ed.): Die Sahara und ihre Randgebiete. — München, Weltforum, Bd. 3, p. 274 bis 290

WEIS, H. (1972 b): Der Fezzan. — In: H. SCHIFFERS (ed.): Die Sahara und ihre Randgebiete. — München, Weltforum, Bd. 3, p. 290-320

WENDORF, F. (ed., 1965): Contributions to the prehistory of Nubia. — Dallas/Texas, Southern Methodist Univ. Press, 164 p.

WENDORF, F.; SCHILD, R.; SAID, R. (1970): Problems of dating the late Paleolithic age in Egypt. — In: I. U. OLSSON (ed.): Radiocarbon variations and absolute chronology. — 12. Nobel Symposium Uppsala 1969, p. 57-79

WENDORF, F.; SCHILD, R.; SAID, R.; HAYNES, C. V.; GAUTIER, A.; KOBUSIEWICZ, M. (1976): The prehistory of the Egyptian Sahara. — Science 193 (4248), 103-114

WENDT, W. E. (1966): Two prehistoric archeological sites in Egyptian Nubia. — Postilla (New Haven/Conn.) No. 102, p. 1-46

WERTH, E. (1956) Zur Verbreitung und Entstehung des Hirtennomadismus. — Abh. und Aufsätze aus dem Institut für Menschen- und Menschheitskunde (Augsburg), Nr. 16, 8 p.

WHITTLE, E. H. (1975): Thermoluminiscent dating of Egyptian Predynastic pottery from Hemamieh and Qurna-Tarif. — Archaeometry (Oxford) 17 (1), 119 bis 122

WILHELMY, H. (1974): Klimageomorphologie in Stichworten. — Kiel, Hirt, 375 p. (Hirt's Stichwortbücher)

WILLET, F. (1971): A survey of recent results in the radiocarbon chronology of Western and Northern Africa. — Journal of African History 12 (3), 339-370

WILLIAMS, M. A. J. (1969): Provisional report on the Quaternary geology of Adrar Bous, South Central Sahara, Republic of Niger. — North Ryde (N. S. W., Australia): School of Earth Sciences, Macquarie Univ., 49 p. (Mskr.)

WILLIAMS, M. A. J.; ADAMSON, D. A. (1973): The physiography of the Central Sudan. — Geogr. Journal 139, 498-508

WILLIAMS, M. A. J.; ADAMSON, D. A. (1974): Late Pleistocene desiccation along the White Nile. — Nature (London) 248, 584-586

WILLIAMS, M. A. J.; CLARK, J. D.; ADAMSON, D. A.; GILLESPIE, R. (1975): Recent Quaternary research in Central Sudan. — ASEQUA - Bull. de Liaison (Dakar) 46, 75-86

WILLIAMS, M. A. J.; HALL, D. N. (1965): Recent expeditions to Libya from the Royal Military Academy, Sandhurst. — Geogr. Journal 131 (4), 482-501

WINKLER, H. A. (1937): Völker und Völkerbewegungen im vorgeschichtlichen Oberägypten im Lichte neuer Felsbildfunde. — Stuttgart, Kohlhammer, 36 p.

WINKLER, H. A. (1939): Rock pictures at Uweinat. — Geogr. Journal 93 (4), 307-310

WISSMANN, H. von (1957): Ursprungsherde und Ausbreitungswege von Pflanzen- und Tierzucht und ihre Abhängigkeit von der Klimageschichte. — Erdkunde 11, 81-94 und 175-193

WISSMANN, H. von; KUSSMAUL, F. (1965): The history of the origin of nomadism in its geographical aspects. — Encyclopaedia of Islam (Leiden, 3. Aufl.), p. 874-889

WOLDSTEDT, P. (1961): Das Eiszeitalter. Grundlinien einer Geologie des Quartärs. I. — Stuttgart, Enke (3. Aufl.), 374 p.

WOLDSTEDT, P. (1969): Quartär. — Stuttgart, Enke, 263 p. (= Handbuch der Stratigraphischen Geologie 2)

WÖLFEL, D. J. (1961): Weißafrika von den Anfängen bis zur Eroberung durch die Araber. — In: Oldenbourgs Abriß der Weltgeschichte. Abriß der Geschichte antiker Randkulturen. — München, R. Oldenbourg, p. 193-236

WRIGLEY, C. C. (1960): Speculations on the economic prehistory of Africa. — Journal of African History 1 (2), 189-203

WUNDT, W. (1955): Pluvialzeiten und Feuchtbodenzeiten. — Petermanns Mitt. 99, 87-89

ZEUNER, F. E. (1967): Geschichte der Haustiere. — München, Bayrischer Landwirtschaftsverlag, 248 p.

ZIEGERT, H. (1964): Neuere Ergebnisse für die Klima- und Besiedlungs-Geschichte der zentralen Sahara. — Umschau in Wissenschaft und Technik 64 (23), 712-715

ZIEGERT, H. (1967): Dor el Gussa und Gebel ben Ghnema. Zur nachpluvialen Besiedlungsgeschichte des Ostfezzan. — Wiesbaden, Steiner, 94 p.

ZIEGERT, H. (1969 a): Gebel ben Ghnema und Nordtibesti. — Wiesbaden, Steiner, 164 p.

ZIEGERT, H. (1969 b): Überblick zur jüngeren Besiedlungsgeschichte des Fezzan. — Berliner Geogr. Abh. 8, 49-58

ZÖHRER, L. G. A. (1952/53): La population du Sahara antérieure à l'apparition du chameau. — Bull. Soc. Neuchâteloise de Géogr. 51 (4), 3-133

ZÖHRER, L. G. A. (1958): Prehistoric and historic cultural monuments in the Fezzan (Libya). — Antiquity and Survival (Den Haag) 2 (4), 321-348

ZYHLARZ, E. (1957): Probleme afrikanischer Hirtenkultur (Erläuterungen zur sogenannten „Hamitenfrage"). — Acta Praehistorica (Buenos Aires) 1, 88-111

Kartenunterlagen:

Carte Aéronautique du Monde. Edition provisoire OACI au 1 000 000. Oasis Sebha (2541). IGN Paris 1957

Carte d'Afrique 1/500 000. El Goléa NH 31 NO. IGN Paris 1964

Carte de l'Afrique — 1/1 000 000. Djado NF 33. IGN Paris 1961

Carte internationale du Monde 1/1 000 000. Tibesti Est NF 34. IGN Paris 1963. — Djanet NG 32. IGN Paris 1967

Carte du Sahara. Reproduction des Minutes des Levés au 200 000. Fort Charlet (Djanet) NG 32 SE IV. Service Géogr. de l'Armée 1943. IGN Paris

Fond topographique au 200 000. (Type régions désertiques). Bardai Nord NF 33 XVII, dessiné et publié par le Centre de Brazzaville 1967

Luftbilder ca. 1 : 50 000 NF 33 XII 269-273 (Serie 1955) und NF 33 XII 021-029 (Serie 1957). IGN Paris

Minute photogrammétrique — 1/200 000. Aozou NF 33 XII. Institut Equatorial de Rech. et d'Etudes Géol. et Minières, Brazzaville 1957

Topographic Map of the United Kingdom of Libya 1/2 000 000. Interior — Geol. Survey, Washington D. C. 1971

World (Africa) 1 : 1 000 000. US Army Washington. Murzuch NG 33, Edition 3-AMS, 1956. — Cufra NG 34, Edition 4-AMS, 1955

Verzeichnis

der bisher erschienenen Aufsätze (A), Mitteilungen (M) und Monographien (Mo)
aus der Forschungsstation Bardai/Tibesti

o.V. (anonym) (1965): Die Tibesti-Expedition des II. Geogr. Instituts der Freien Universität Berlin. — Naturwiss. Rdsch. *18* (3), 119. (M)

BÖTTCHER, U. (1969): Die Akkumulationsterrassen im Ober- und Mittellauf des Enneri Misky (Südtibesti). Berliner Geogr. Abh., Heft 8, S. 7-21, 5 Abb., 9 Fig., 1 Karte. Berlin. (A)

BÖTTCHER, U.; ERGENZINGER, P.-J.; JAECKEL, S. H. (†) und KAISER, K. (1972): Quartäre Seebildungen und ihre Mollusken-Inhalte im Tibesti-Gebirge und seinen Rahmenbereichen der zentralen Ostsahara. Zeitschr. f. Geomorph., N. F., Bd. 16, Heft 2, S. 182-234. 4 Fig., 4 Tab., 3 Mollusken-Tafeln, 15 Photos. Stuttgart. (A)

BRIEM, E. (1976): Beiträge zur Talgenese im westlichen Tibesti-Gebirge. Berliner Geogr. Abh., Heft 24, S. 45-54, 7 Fig., 21 Abb., 1 Karte, Berlin. (A)

BRIEM, E. (1977): Beiträge zur Genese und Morphodynamik des ariden Formenschatzes unter besonderer Berücksichtigung des Problems der Flächenbildung am Beispiel der Sandschwemmebenen in der östlichen Zentralsahara. Arbeit aus der Forschungsstation Bardai/Tibesti. Berliner Geogr. Abh., Heft 26, 89 S., 38 Abb., 23 Fig., 8 Tab., 155 Diagr., 2 Karten, Berlin. (Mo)

BRUSCHEK, G. J. (1972): Soborom — Souradom — Tarso Voon — Vulkanische Bauformen im zentralen Tibesti-Gebirge — und die postvulkanischen Erscheinungen von Soborom. — Berliner Geogr. Abh., Heft 16, S. 35-47, 9 Fig., 14 Abb. Berlin. (A)

BRUSCHEK, G. J. (1974): Zur Geologie des Tibesti-Gebirges (Zentrale Sahara). — FU Pressedienst Wissenschaft, Nr. 5/74, S. 15-36. Berlin. (A)

BUSCHE, D. (1972): Untersuchungen an Schwemmfächern auf der Nordabdachung des Tibestigebirges (République du Tchad). Berliner Geogr. Abh., Heft 16, S. 113-123. Berlin. (A)

BUSCHE, D. (1972): Untersuchungen zur Pedimententwicklung im Tibesti-Gebirge (République du Tchad). Zeitschr. f. Geomorph., N. F., Suppl.-Bd. 15, S. 21-38. Stuttgart. (A)

BUSCHE, D. (1973): Die Entstehung von Pedimenten und ihre Überformung, untersucht an Beispielen aus dem Tibesti-Gebirge, République du Tchad. — Berliner Geogr. Abh., Heft 18, 130 S., 57 Abb., 22 Fig., 1 Tab., 6 Karten. Berlin. (Mo)

BUSCHE, D. (1976): Pediments and Climate. — In: E. M. Van Zinderen Bakker (ed.): Palaeoecology of Africa *9*, 20-24, 1 Fig. (A)

ERGENZINGER, P. (1966): Road Log Bardai — Trou au Natron (Tibesti). In: South-Central Libya and Northern Chad, ed. by J. J. WILLIAMS and E. KLITZSCH, Petroleum Exploration Society of Libya, S. 89-94. Tripoli. (A)

ERGENZINGER, P. (1967): Die natürlichen Landschaften des Tschadbeckens. Informationen aus Kultur und Wirtschaft. Deutsch-tschadische Gesellschaft (KW) 8/67. Bonn. (A)

ERGENZINGER, P. (1968): Vorläufiger Bericht über geomorphologische Untersuchungen im Süden des Tibestigebirges. Zeitschr. f. Geomorph., N. F., Bd. 12, S. 98-104. Berlin. (A)

ERGENZINGER, P. (1968): Beobachtungen im Gebiet des Trou au Natron/Tibestigebirge. Die Erde, Zeitschr. d. Ges. f. Erdkunde zu Berlin, Jg. 99, S. 176-183. (A)

ERGENZINGER, P. (1969): Rumpfflächen, Terrassen und Seeablagerungen im Süden des Tibestigebirges. Tagungsber. u. wiss. Abh. Deut. Geographentag, Bad Godesberg 1967, S. 412-427. Wiesbaden. (A)

ERGENZINGER, P. (1969): Die Siedlungen des mittleren Fezzan (Libyen). Berliner Geogr. Abh., Heft 8, S. 59-82, Tab., Fig., Karten. Berlin. (A)

ERGENZINGER, P. (1972): Reliefentwicklung an der Schichtstufe des Massiv d'Abo (Nordwesttibesti). Zeitschr. f. Geomorph., N. F., Suppl.-Bd. 15, S. 93-112. Stuttgart. (A)

ERGENZINGER, P. (1972): Siedlungen im westlichen Teil des südlichen Libyen (Fezzan). — In: Die Sahara und ihre Randgebiete, Bd. II, ed. H. Schiffers, S. 171-182, 11 Abb. Weltforum Vlg. München. (A)

GABRIEL, B. (1970): Bauelemente präislamischer Gräbertypen im Tibesti-Gebirge (Zentrale Ostsahara). Acta Praehistorica et Archaeologica, Bd. 1, S. 1-28, 31 Fig. Berlin. (A)

GABRIEL, B. (1972): Neuere Ergebnisse der Vorgeschichtsforschung in der östlichen Zentralsahara. Berliner Geogr. Abh., Heft 16, S. 153-156. Berlin. (A)

GABRIEL, B. (1972): Terrassenentwicklung und vorgeschichtliche Umweltbedingungen im Enneri Dirennao (Tibesti, östliche Zentralsahara). Zeitschr. f. Geomorph., N. F., Suppl.-Bd. 15, S. 113-128. 4 Fig., 4 Photos. Stuttgart. (A)

GABRIEL, B. (1972): Beobachtungen zum Wandel in den libyschen Oasen (1972). — In: Die Sahara und ihre Randgebiete, Bd. II, ed. H. Schiffers, S. 182-188. Weltforum Vlg. München. (A)

GABRIEL, B. (1972): Zur Vorzeitfauna des Tibestigebirges. — In: Palaeoecology of Africa and of the Surrounding Islands and Antarctica, Vol. VI, ed. E. M. van Zinderen Bakker, S. 161-162. A. A. Balkema. Kapstadt. (M)

GABRIEL, B. (1972): Zur Situation der Vorgeschichtsforschung im Tibesti-Gebirge. — In: Palaeoecology of Africa and of the Surrounding Islands and Antarctica, Vol. VI, ed. E. M. van Zinderen Bakker, S. 219-220. A. A. Balkema, Kapstadt. (M)

GABRIEL, B. (1973): Steinplätze: Feuerstellen neolithischer Nomaden in der Sahara. — Libyca A. P. E., Bd. 21, 9 Fig., 2 Tab., S. 151-168, Algier. (A)

GABRIEL, B. (1973): Von der Routenaufnahme zum Weltraumphoto. Die Erforschung des Tibesti-Gebirges in der Zentralen Sahara. — Kartographische Miniaturen Nr. 4, 96 S., 9 Karten, 12 Abb., ausführl. Bibliographie. Vlg. Kiepert KG, Berlin. (Mo)

GABRIEL, B. (1974): Probleme und Ergebnisse der Vorgeschichte im Rahmen der Forschungsstation Bardai (Tibesti). — FU Pressedienst Wissenschaft, Nr. 5/74, S. 92-105, 10 Abb. Berlin. (A)

GABRIEL, B. (1974): Die Publikationen aus der Forschungsstation Bardai (Tibesti). — FU Pressedienst Wissenschaft, Nr. 5/74, S. 118-126. Berlin. (A)

GABRIEL, B. (1976): Neolithische Steinplätze und Paläökologie in den Ebenen der östlichen Zentralsahara. — In: E. M. Van Zinderen Bakker (ed.): Palaeoecology of Africa 9, 25-40, 4 Abb., 3 Tab. (A)

GABRIEL, B. (1977): Zum ökologischen Wandel im Neolithikum der östlichen Zentralsahara. Arbeit aus der Forschungsstation Bardai/Tibesti. Berliner Geogr. Abh., Heft 27, 96 S., 9 Tab., 32 Fig., 41 Photos, 2 Karten. Berlin. (Mo)

GABRIEL, B. (1977): Early and Mid-Holocene Climate in the Eastern Central Sahara. — In: D. Dalby & R. J. Harrison Church & F. Bezzaz (eds.): Drought in Africa 2, London, International Institute, 65-67 (A)

GABRIEL, B. (1978): Die östliche Zentralsahara im Holozän-Klima, Landschaft und Kulturen (mit besonderer Berücksichtigung der neolithischen Keramik). — In: Festschrift L. Balout, ed. H. J. Hugot, Paris. 22 S. Mskr., 6 Fig., 2 Photo-Tafeln.

GAVRILOVIC, D. (1969): Inondations de l'ouadi de Bardagé en 1968. Bulletin de la Société Serbe de Géographie, T. XLIX, No. 2, p. 21-37. Belgrad (In Serbisch). (A)

GAVRILOVIC, D. (1969): Klima-Tabellen für das Tibesti-Gebirge. Niederschlagsmenge und Lufttemperatur. Berliner Geogr. Abh., Heft 8, S. 47-48. Berlin. (M)

GAVRILOVIC, D. (1969): Les cavernes de la montagne de Tibesti. Bulletin de la Société Serbe de Géographie, T. XLIX, No. 1, p. 21-31. 10 Fig. Belgrad. (In Serbisch mit ausführlichem franz. Résumé.) (A)

GAVRILOVIC, D. (1969): Die Höhlen im Tibesti-Gebirge (Zentral-Sahara). V. Int. Kongr. für Speläologie Stuttgart 1969, Abh. Bd. 2, S. 17/1-7, 8 Abb., München. (A)

GAVRILOVIC, D. (1970): Die Überschwemmungen im Wadi Bardagué im Jahr 1968 (Tibesti, Rép. du Tchad). Zeitschr. f. Geomorph., N. F., Bd. 14, Heft 2, S. 202-218, 1 Fig., 8 Abb., 5 Tabellen. Stuttgart. (A)

GAVRILOVIC, D. (1971): Das Klima des Tibesti-Gebirges. — Bull. de la Société Serbe de Géographie, T. Ll, No. 2, S. 17-40, 19 Tab., 9 Abb. Belgrad. (In Serbisch mit ausführlicher deutscher Zusammenfassung.) (A)

GAVRILOVIC, D. (1974): Genetic types of caves in the Sahara. — Acta Carsiologica 6, 149-165 (Lubljana), 6 Fig.

GEYH, M. A. und D. JÄKEL (1974): ¹⁴C-Altersbestimmungen im Rahmen der Forschungsarbeiten der Außenstelle Bardai/Tibesti der Freien Universität Berlin. — FU Pressedienst Wissenschaft, Nr. 5/74, S. 106-117. Berlin. (A)

GEYH, M. A.; JÄKEL, D. (1974): Late Glacial and Holozene Climatic History of the Sahara Desert derived from a statistical Assay of 14-C-Dates. Palaeoecology, 15, S. 205-208, 2 Fig., Amsterdam. (A)

GEYH, M. A.; OBENAUF, K. P. (1974): Zur Frage der Neubildung von Grundwasser unter ariden Bedingungen. Ein Beitrag zur Hydrologie des Tibesti-Gebirges. FU Pressedienst Wissenschaft, Nr. 5/74, S. 70-91, Berlin. (A)

GRUNERT, J. (1972): Die jungpleistozänen und holozänen Flußterrassen des oberen Enneri Yebbigué im zentralen Tibesti-Gebirge (Rép. du Tchad) und ihre klimatische Deutung. Berliner Geogr. Abh., Heft 16, S. 124-137. Berlin. (A)

GRUNERT, J. (1972): Zum Problem der Schluchtbildung im Tibesti-Gebirge (Rép. du Tchad). Zeitschr. f. Geomorph., N. F., Suppl.-Bd. 15, S. 144-155. Stuttgart. (A)

GRUNERT, J. (1975): Beiträge zum Problem der Talbildung in ariden Gebieten, am Beispiel des zentralen Tibesti-Gebirges (Rép. du Tchad). — Berliner Geogr. Abh., Heft 22, 95 S., 3 Tab., 6 Fig., 58 Profile, 41 Abb., 2 Karten. Berlin. (Mo)

GRUNERT, J. (1976): Die Travertinterrasse des oberen Yebbigué im zentralen Tibesti Gebirge (Rép. du Tschad). — In: E. M. Van Zinderen Bakker (ed.): Palaeoecology of Africa 9, 14-19, 1 Karte und Fig. (A)

HABERLAND, W. (1975): Untersuchungen an Krusten, Wüstenlacken und Polituren auf Gesteinsoberflächen der mittleren Sahara (Libyen und Tchad). — Berliner Geogr. Abh., Heft 21, 71 S., 62 Abb., 24 Fig., 10 Tab., 1 Karte. Berlin. (Mo)

HABERLAND, W.; FRÄNZLE, O. (1975): Untersuchungen zur Bildung von Verwitterungskrusten auf Sandsteinoberflächen in der nördlichen und mittleren Sahara (Libyen und Tschad). Würzb. Geogr. Abh., Heft 43, S. 148-163, 3 Fig., 4 Photos, 3 Tab., Würzburg. (A)

HAGEDORN, H. (1965): Forschungen des II. Geographischen Instituts der Freien Universität Berlin im Tibesti-Gebirge. Die Erde, Jg. 96, Heft 1, S. 47-48. Berlin. (M)

HAGEDORN, H. (1966): Landforms of the Tibesti Region. In: South-Central Libya and Northern Chad, ed. by J. J. WILLIAMS and E. KLITZSCH, Petroleum Exploration Society of Libya, S. 53-58. Tripoli. (A)

HAGEDORN, H. (1966): The Tibu People of the Tibesti Moutains. In: South-Central Libya and Northern Chad, ed. by J. J. WILLIAMS and E. KLITZSCH, Petroleum Exploration Society of Libya, S. 59-64. Tripoli. (A)

HAGEDORN, H. (1966): Beobachtungen zur Siedlungs- und Wirtschaftsweise der Toubous im Tibesti-Gebirge. Die Erde, Jg. 97, Heft 4, S. 268-288. Berlin. (A)

HAGEDORN, H. (1967): Beobachtungen an Inselbergen im westlichen Tibesti-Vorland. Berliner Geogr. Abh., Heft 5, S. 17-22, 1 Fig., 5 Abb. Berlin. (A)

HAGEDORN, H. (1967): Siedlungsgeographie des Sahara-Raums. Afrika-Spectrum, H. 3, S. 48 bis 59. Hamburg. (A)

HAGEDORN, H. (1968): Über äolische Abtragung und Formung in der Südost-Sahara. Ein Beitrag zur Gliederung der Oberflächenformen in der Wüste. Erdkunde, Bd. 22, H. 4, S. 257-269. Mit 4 Luftbildern, 3 Bildern und 5 Abb. Bonn. (A)

HAGEDORN, H. (1969): Studien über den Formenschatz der Wüste an Beispielen aus der Südost-Sahara. Tagungsber. u. wiss. Abh. Deut. Geographentag, Bad Godesberg 1967, S. 401-411, 3 Karten, 2 Abb. Wiesbaden. (A)

HAGEDORN, H. (1970): Quartäre Aufschüttungs- und Abtragungsformen im Bardagué-Zoumri-System (Tibesti-Gebirge). Eiszeitalter und Gegenwart, Jg. 21.

HAGEDORN, H. (1971): Untersuchungen über Relieftypen arider Räume an Beispielen aus dem Tibesti-Gebirge und seiner Umgebung. Habilitationsschrift an der Math.-Nat. Fakultät der Freien Universität Berlin. Zeitschr. f. Geomorph. Suppl.-Bd. 11, 251 S., 10 Fig., 84 Photos, 13 Karten, 10 Luftbildpläne. (Mo)

HAGEDORN, H. (1972): Die Polder am Tschad-See. — Würzburger Geogr. Arbeiten 37, 403 bis 428, 8 Fig. (A)

HAGEDORN, H. (1974): Gegenwärtige äolische Abtragungsprozesse in der Zentralsahara. In: H. Poser (ed.): Geomorphologische Prozesse und Prozeßkombinationen in der Gegenwart unter verschiedenen Klimabedingungen. — Bericht über ein Symposium. Göttingen, p. 230 bis 240 (= Abh. d. Akad. der Wiss. in Göttingen, Math.-Phys. Kl., 3. Folge, Nr. 29), 6 Fig. (A)

HAGEDORN, H.; JÄKEL, D. (1969): Bemerkungen zur quartären Entwicklung des Reliefs im Tibesti-Gebirge (Tchad). Bull. Ass. Sénég. Quatern. Ouest Afr., no. 23, novembre 1969, p. 25-41, 3 Fig., 2 Tab., Dakar (A)

HAGEDORN, H.; PACHUR, H.-J. (1971): Observations on Climatic Geomorphology and Quaternary Evolution of Landforms in South Central Libya. In: Symposium on the Geology of Libya, Faculty of Science, University of Libya, p. 387-400. 14. Fig. Tripoli. (A)

HECKENDORFF, W. D. (1972): Zum Klima des Tibestigebirges. Berliner Geogr. Abh., Heft 16, S. 145-164, 10 Fig. 27 Tab., 3 Photos. Berlin. (A)

HECKENDORFF, W. D. (1973): Die Hochgebirgswelt des Tibesti. Klima. — In: Die Sahara und ihre Randgebiete, Bd. III ed. H. Schiffers, S. 330-339, 6 Abb., 4 Tab. Weltforum Vlg. München. (A)

HECKENDORFF, W. D. (1974): Wettererscheinungen im Tibesti-Gebirge. — FU Pressedienst Wissenschaft, Nr. 5/74, S. 51—58, 3 Abb. Berlin. (A)

HECKENDORFF, W. D. (1977): Untersuchungen zum Klima des Tibesti-Gebirges. Arbeit aus der Forschungsstation Bardai/Tibesti. Berliner Geogr. Abh., Heft 28, Berlin. (Mo)

HERRMANN, B.; GABRIEL, B. (1972): Untersuchungen an vorgeschichtlichem Skelettmaterial aus dem Tibestigebirge (Sahara). Berliner Geogr. Abh., Heft 16, S. 143-151, 1 Tab., 14 Abb., Berlin. (A)

HÖVERMANN, J. (1963): Vorläufiger Bericht über eine Forschungsreise ins Tibesti-Massiv. Die Erde, Jg. 94, Heft 2, S. 126-135. Berlin. (M)

HÖVERMANN, J. (1965): Eine geomorphologische Forschungsstation in Bardai/Tibesti-Gebirge. Zeitschr. f. Geomorph. NF, Bd. 9, S. 131. Berlin. (M)

HÖVERMANN, J. (1967): Hangformen und Hangentwicklung zwischen Syrte und Tschad. Les congrés et colloques de l'Université de Liège, Vol. 40. L'évolution des versants, S. 139-156. Liège. (A)

HÖVERMANN, J. (1967): Die wissenschaftlichen Arbeiten der Station Bardai im ersten Arbeitsjahr (1964/65). Berliner Geogr. Abh., Heft 5, S. 7-10. Berlin. (A)

HÖVERMANN, J. (1972): Die periglaziale Region des Tibesti und ihr Verhältnis zu angrenzenden Formungsregionen. Göttinger Geogr. Abh., Heft 60 (Hans-Poser-Festschr.), S. 261-283. 4 Abb. Göttingen. (A)

INDERMÜHLE, D. (1972): Mikroklimatische Untersuchungen im Tibesti-Gebirge (Sahara). Hochgebirgsforschung — High Mountain Research, Heft 2, S. 121-142. Univ. Vlg. Wagner. Innsbruck—München. (A)

JÄKEL, D. (1967): Vorläufiger Bericht über Untersuchungen fluviatiler Terrassen im Tibesti-Gebirge. Berliner Geogr. Abh., Heft 5, S. 39-49, 7 Profile, 4 Abb. Berlin. (A)

JÄKEL, D. (1971): Erosion und Akkumulation im Enneri Bardagué-Arayé des Tibesti-Gebirges (zentrale Sahara) während des Pleistozäns und Holozäns. Berliner Geogr. Abh., Heft 10, 55 S., 13 Abb., 54 Photos, 3 Tab., 1 Nivellement (4 Teile), 60 Profile, 3 Karten (6 Teile). Berlin. (Mo)

JÄKEL, D. (1974): Organisation, Verlauf und Ergebnisse der wissenschaftlichen Arbeiten im Rahmen der Außenstelle Bardai/Tibesti, Republik Tschad. — FU Pressedienst Wissenschaft, Nr. 5/74, S. 6-14, 1 Karte. Berlin. (A)

JÄKEL, D. (1977): Preliminary account of studies on the development and distribution of Precipitation in the Sahel and adjoining areas. Applied Sciences and Development, 10, S. 81-95, 10 Fig. Tübingen. (A)

JÄKEL, D. (1977): The work of the field station at Bardai in the Tibesti Mountains. — Geogr. Journal *143*, 61-72 (A)

JÄKEL, D.; SCHULZ, E. (1972): Spezielle Untersuchungen an der Mittelterrasse im Enneri Tabi, Tibesti-Gebirge. Zeitschr. f. Geomorph., N. F., Suppl.-Bd. 15, S. 129-143, 3 Fig., 2 Photos, 1 Tab. Stuttgart. (A)

JÄKEL, D.; DRONIA, H. (1976): Ergebnisse von Boden- und Gesteinstemperaturmessungen in der Sahara mit einem Infrarot-Thermometer sowie Berieselungsversuche an der Außenstelle Bardai des Geomorphologischen Laboratoriums der Freien Universität Berlin im Tibesti. Berliner Geogr. Abh., Heft 24, S. 55-64, 11 Fig., 1 Tab., 10 Abb., Berlin. (A)

JANKE, R. (1969): Morphographische Darstellungsversuche in verschiedenen Maßstäben. Kartographische Nachrichten, Jg. 19, H. 4, S. 145-151. Gütersloh (A)

JANNSEN, G. (1969): Einige Beobachtungen zu Transport- und Abflußvorgängen im Enneri Bardagué bei Bardai in den Monaten April, Mai und Juni 1966. Berliner Geogr. Abh., Heft 8, S. 41-46, 3 Fig., 3 Abb. Berlin. (A)

JANNSEN, G. (1970): Morphologische Untersuchungen im nördlichen Tarso Voon (Zentrales Tibesti). Berliner Geogr. Abh., Heft 9, 36 S. Berlin. (Mo)

JANNSEN, G. (1972): Periglazialerscheinungen in Trockengebieten — ein vielschichtiges Problem. Zeitschr. f. Geomorph., N. F., Suppl.-Bd. 15, S. 167-176. Stuttgart. (A)

KAISER, K. (1967): Ausbildung und Erhaltung von Regentropfen-Eindrücken. In: Sonderveröff. Geol. Inst. Univ. Köln (Schwarzbach-Heft), Heft 13, S. 143-156, 1 Fig., 7 Abb. Köln. (A)

KAISER, K. (1970): Über Konvergenzen arider und „periglazialer" Oberflächenformung und zur Frage einer Trockengrenze solifluidaler Wirkungen am Beispiel des Tibesti-Gebirges in der zentralen Ostsahara. Abh. d. 1. Geogr. Inst. d. FU Berlin, Neue Folge, Bd. 13, S. 147-188, 15 Photos, 4 Fig., Dietrich Reimer, Berlin. (A)

KAISER, K. (1971): Beobachtungen über Fließmarken an leeseitigen Barchan-Hängen. Kölner Geogr. Arb. (Festschrift für K. KAYSER), 2 Photos, S. 65-71. Köln. (A)

KAISER, K. (1972): Der känozoische Vulkanismus im Tibesti-Gebirge. Berliner Geogr. Abh., Heft 16, S. 7-36. Berlin. (A)

KAISER, K. (1972): Prozesse und Formen der ariden Verwitterung am Beispiel des Tibesti-Gebirges und seiner Rahmenbereiche in der zentralen Sahara. Berliner Geogr. Abh., Heft 16, S. 59—92. Berlin. (A)

KAISER, K. (1973): Materialien zu Geologie, Naturlandschaft und Geomorphologie des Tibesti-Gebirges. — In: Die Sahara und ihre Randgebiete, Bd. III, ed. H. Schiffers, S. 339-369, 12 Abb. Weltforum Vlg., München. (A)

LIST, F. K.; STOCK, P. (1969): Photogeologische Untersuchungen über Bruchtektonik und Entwässerungsnetz im Präkambrium des nördlichen Tibesti-Gebirges, Zentral-Sahara, Tschad. Geol. Rundschau, Bd. 59, H. 1, S. 228-256, 10 Abb., 2 Tabellen. Stuttgart. (A)

LIST, F. K.; HELMCKE, D. (1970): Photogeologische Untersuchungen über lithologische und tektonische Kontrolle von Entwässerungssystemen im Tibesti-Gebirge (Zentrale Sahara, Tschad). Bildmessung und Luftbildwesen, Heft 5, 1970, S. 273-278. Karlsruhe.

MESSERLI, B. (1970): Tibesti — zentrale Sahara. Möglichkeiten und Grenzen einer Satellitenbild-Interpretation. Jahresbericht d. Geogr. Ges. von Bern, Bd. 49, Jg. 1967-69. Bern. (A)

MESSERLI, B. (1972): Formen und Formungsprozesse in der Hochgebirgsregion des Tibesti. Hochgebirgsforschung — High Mountain Research, Heft 2, S. 23-86. Univ. Vlg. Wagner. Innsbruck—München. (A)

MESSERLI, B. (1972): Grundlagen [der Hochgebirgsforschung im Tibesti]. Hochgebirgsforschung — High Mountain Research, Heft 2, S. 7-22. Univ. Vlg. Wagner. Innsbruck—München. (A)

MESSERLI, B. (1973): Problems of vertical and horizontal arrangement in the high mountains of the extreme arid zone (Centr. Sahara). — Arctic and Alpine Research 5 (3), A 139-A 147 (A)

MESSERLI, B.; INDERMÜHLE, D. (1968): Erste Ergebnisse einer Tibesti-Expedition 1968. Verhandlungen der Schweizerischen Naturforschenden Gesellschaft 1968, S. 139-142. Zürich. (M)

MESSERLI, B.; INDERMÜHLE, D.; ZURBUCHEN, M. (1970): Emi Koussi — Tibesti. Eine topographische Karte vom höchsten Berg der Sahara. Berliner Geogr. Abh., Heft 16, S. 138 bis 144. Berlin. (A)

MOLLE, H. G. (1969): Terrassenuntersuchungen im Gebiet des Enneri Zoumri (Tibestigebirge). Berliner Geogr. Abh., Heft 8, S. 23-31, 5 Fig. Berlin. (A)

MOLLE, H. G. (1971): Gliederung und Aufbau fluviatiler Terrassenakkumulationen im Gebiet des Enneri Zoumri (Tibesti-Gebirge). Berliner Geogr. Abh., Heft 13. Berlin. (Mo)

OBENAUF, K. P. (1967): Beobachtungen zur pleistozänen und holozänen Talformung im Nordwest-Tibesti. Berliner Geogr. Abh., Heft 5, S. 27-37, 5 Abh., 1 Karte. Berlin. (A)

OBENAUF, K. P. (1971): Die Enneris Gonoa, Toudoufou, Oudingueur und Nemagayesko im nordwestlichen Tibesti. Beobachtungen zu Formen und zur Formung in den Tälern eines ariden Gebirges. Berliner Geogr. Abh., Heft 12, 70 S. Berlin. (Mo)

OKRUSCH, M.; G. STRUNK-LICHTENBERG und B. GABRIEL (1973): Vorgeschichtliche Keramik aus dem Tibesti (Sahara). I. Das Rohmaterial. — Berichte der Deutschen Keramischen Gesellschaft, Bd. 50, Heft 8, S. 261-267, 7 Abb., 2 Tab. Bad Honnef. (A)

PACHUR, H. J. (1967): Beobachtungen über die Bearbeitung von feinkörnigen Sandakkumulationen im Tibesti-Gebirge. Berliner Geogr. Abh., Heft 5, S. 23-25. Berlin. (A)

PACHUR, H. J. (1970): Zur Hangformung im Tibestigebirge (République du Tchad). Die Erde, Jg. 101, H. 1, S. 41-54, 5 Fig., 6 Bilder, de Gruyter, Berlin. (A)

PACHUR, H. J. (1974): Geomorphologische Untersuchungen im Raum der Serir Tibesti. — Berliner Geogr. Abh., Heft 17, 62 S., 39 Photos, 16 Fig. und Profile, 9 Tab. Berlin. (Mo)

PACHUR, H. J. (1975): Zur spätpleistozänen und holozänen Formung auf der Nordabdachung des Tibesti-Gebirges. — Die Erde, Jg. 106, H. 1/2, S. 21-46, 3 Fig., 4 Photos, 1 Tab. Berlin. (A)

PÖHLMANN, G. (1969): Eine Karte der Oase Bardai im Maßstab 1 : 4000. Berliner Geogr. Abh., Heft 8, S. 33-36, 1 Karte. Berlin. (A)

PÖHLMANN, G. (1969): Kartenprobe Bardai 1 : 25 000. Berliner Geogr. Abh., Heft 8, S. 36-39, 2 Abb., 1 Karte. Berlin. (A)

REESE, D.; OKRUSCH, M.; KAISER, K. (1976): Die Vulkanite des Trou au Natron im westlichen Tibestigebirge (Zentral-Sahara). Berliner Geogr. Abh., Heft 24, S. 7-39, Berlin. (A)

ROLAND, N. W. (1971): Zur Altersfrage des Sandsteines bei Bardai (Tibesti, Rép. du Tchad). 4 Abb. N. Jb. Geol. Paläont., Mh., S. 496-506. (A)

ROLAND, N. W. (1973): Die Anwendung der Photointerpretation zur Lösung stratigraphischer und tektonischer Probleme im Bereich von Bardai und Aozou (Tibesti-Gebirge, Zentral-Sahara). — Bildmessung und Luftbildwesen, Bd. 41, Heft 6, S. 247-248. Karlsruhe. (A)

ROLAND, N. W. (1973): Die Anwendung der Photointerpretation zur Lösung stratigraphischer und tektonischer Probleme im Bereich von Bardai und Aozou (Tibesti-Gebirge, Zentral-Sahara). — Berliner Geogr. Abh., Heft 19, 48 S., 35 Abb., 10 Fig., 4 Tab., 2 Karten. Berlin. (Mo)

ROLAND, N. W. (1974): Methoden und Ergebnisse photogeologischer Untersuchungen im Tibesti-Gebirge, Zentral-Sahara. — FU Pressedienst Wissenschaft, Nr. 5/74, S. 37-50, 5 Abb. Berlin. (A)

ROLAND, N. W. (1974): Zur Entstehung der Trou-au-Natron-Caldera (Tibesti-Gebirge, Zentral-Sahara) aus photogeologischer Sicht. — Geol. Rundschau, Bd. 63, Heft 2, S. 689-707, 7 Abb., 1 Tab., 1 Karte. Stuttgart. (A)

ROLAND, N. W. (1976): Erläuterungen zur photogeologischen Karte des Trou-au-Natron-Gebietes (Tibesti-Gebirge, Zentral-Sahara). Berliner Geogr. Abh., Heft 24, S. 39-44, 10 Abb., 1 Karte, Berlin. (A)

SCHOLZ, H. (1966): Beitrag zur Flora des Tibesti-Gebirges (Tschad). Willdenowia, 4/2, S. 183 bis 202. Berlin. (A)

SCHOLZ, H. (1966): Die Ustilagineen des Tibesti-Gebirges (Tschad). Willdenowia, 4/2, S. 203 bis 204. Berlin. (A)

SCHOLZ, H. (1966): Quezelia, eine neue Gattung aus der Sahara (Cruziferae, Brassiceae, Vellinae). Willdenowia, 4/2, S. 205-207. Berlin. (A)

SCHOLZ, H. (1967): Baumbestand, Vegetationsgliederung und Klima des Tibesti-Gebirges. Berliner Geogr. Abh., Heft 5, S. 11-17, Berlin. (A)

SCHOLZ, H. (1968): Eine neue Aristida-Art aus der Sahara. — Willdenowia 5 (1): 121-122. (M)

SCHOLZ, H. (1968): Vulpa gracilis spec. nov. — Willdenowia 5 (1), 109-111. (M)

SCHOLZ, H. (1969): Aristida Shawii spec. nov. aus der südlichen Libyschen Wüste. — Willdenowia 5 (3), 475-477. (M)

SCHOLZ, H. (1969): Bemerkungen zu einigen Stipagrostis-Arten (Gramineae) aus Afrika und Arabien. — Österr. Botan. Zeitschrift (Wien) 117, 284-292. (A)

SCHOLZ, H. (1970): Stipagrostis scoparia (Trin. et Rupr.) de Winter auch in Libyen gefunden. — Willdenowia 6 (1), 161-166 (A)

SCHOLZ, H. (1971): Einige botanische Ergebnisse einer Forschungsreise in die libysche Sahara (April 1970). Willdenowia, 6/2, S. 341-369. Berlin. (A)

SCHOLZ, H. und B. GABRIEL (1973): Neue Florenliste aus der libyschen Sahara. — Willdenowia, VII/1, S. 169-181, 2 Abb. Berlin (A)

SCHULZ, E. (1972): Pollenanalytische Untersuchungen pleistozäner und holozäner Sedimente des Tibesti-Gebirges (S-Sahara). — In: Palaeoecology of Africa and of the Surrounding Islands and Antarctica, Vol. VII, ed. E. M. van Zinderen Bakker, S. 14-16, A. A. Balkema, Kapstadt. (A)

SCHULZ, E. (1974): Pollenanalytische Untersuchungen quartärer Sedimente aus dem Tibesti-Gebirge. — FU Pressedienst Wissenschaft, Nr. 5/74, S. 59-69, 8 Abb. Berlin. (A)

SCHULZ, E. (1976): Aktueller Pollenniederschlag in der zentralen Sahara und Interpretationsmöglichkeiten quartärer Pollenspektren. — In: E. M. Van Zinderen Bakker (ed.): Palaeocology of Africa 9, 8-14, 1 Tab., 2 Abb. (A)

STOCK, P. (1972): Photogeologische und tektonische Untersuchungen am Nordrand des Tibesti-Gebirges, Zentralsahara, Tchad. Berliner Geogr. Abh., Heft 14. Berlin. (Mo)

STOCK, P.; PÖHLMANN, G. (1969): Ofouni 1 : 50 000. Geologisch-morphologische Luftbildinterpretation. Selbstverlag G. Pöhlmann, Berlin.

STRUNK-LICHTENBERG, G.; B. GABRIEL und M. OKRUSCH (1973): Vorgeschichtliche Keramik aus dem Tibesti (Sahara). II. Der technologische Entwicklungsstand. — Berichte der Deutschen Keramischen Gesellschaft, Bd. 50, Heft 9, S. 294-299, 6 Abb. Bad Honnef. (A)

TETZLAFF, G. (1974): Der Wärmehaushalt in der zentralen Sahara. — Berichte des Instituts für Meteorologie und Klimatologie der TU Hannover, Nr. 13, 113 p., 15 Tab., 23 Abb. (Mo)

VILLINGER, H. (1967): Statistische Auswertung von Hangneigungsmessungen im Tibesti-Gebirge. Berliner Geogr. Abh., Heft 5, S. 51-65, 6 Tabellen, 3 Abb. Berlin. (A)

ZURBUCHEN, M.; MESSERLI, B. und INDERMÜHLE, D. (1972): Emi Koussi — eine Topographische Karte vom höchsten Berg der Sahara. Hochgebirgsforschung — High Mountain Research, Heft 2, S. 161-179. Univ. Vlg. Wagner. Innsbruck—München. (A)

Unveröffentlichte Arbeiten:

BÖTTCHER, U. (1968): Erosion und Akkumulation von Wüstengebirgsflüssen während des Pleistozäns und Holozäns im Tibesti-Gebirge am Beispiel von Misky-Zubringern. Unveröffentlichte Staatsexamensarbeit im Geomorph. Lab. der Freien Universität Berlin. Berlin.

BRIEM, E. (1971): Beobachtungen zur Talgenese im westlichen Tibesti-Gebirge. Dipl.-Arbeit am II. Geogr. Institut d. FU Berlin. Manuskript.

BRUSCHEK, G. (1969): Die rezenten vulkanischen Erscheinungen in Soborom, Tibesti, Rép. du Tchad, 27 S. und Abb. (Les Phénomenes volcaniques récentes à Soborom, Tibesti, Rép. du Tchad.) Ohne Abb. Manuskript. Berlin/Fort Lamy.

BRUSCHEK, G. (1970): Geologisch-vulkanologische Untersuchungen im Bereich des Tarso Voon im Tibesti-Gebirge (Zentrale Sahara). Diplom-Arbeit an der FU Berlin. 189 S., zahlr. Abb. Berlin.

BUSCHE, D. (1968): Der gegenwärtige Stand der Pedimentforschung (unter Verarbeitung eigener Forschungen im Tibesti-Gebirge). Unveröffentlichte Staatsexamensarbeit am Geomorph. Lab. der Freien Universität Berlin. Berlin.

ERGENZINGER, P. (1971): Das südliche Vorland des Tibesti. Beiträge zur Geomorphologie der südlichen zentralen Sahara. Habilitationsschrift an der FU Berlin vom 28. 2. 1971. Manuskript 173 S., zahlr. Abb., Diagramme, 1 Karte (4 Blätter). Berlin.

GABRIEL, B. (1970): Die Terrassen des Enneri Dirennao. Beiträge zur Geschichte eines Trockentales im Tibesti-Gebirge. Diplom-Arbeit am II. Geogr. Inst. d. FU Berlin. 93 S. Berlin.

GRUNERT, J. (1970): Erosion und Akkumulation von Wüstengebirgsflüssen. — Eine Auswertung eigener Feldarbeiten im Tibesti-Gebirge. Hausarbeit im Rahmen der 1. (wiss.) Staatsprüfung für das Amt des Studienrats. Manuskript am II. Geogr. Institut der FU Berlin (127 S., Anlage: eine Kartierung im Maßstab 1 : 25 000).

HABERLAND, W. (1970): Vorkommen von Krusten, Wüstenlacken und Verwitterungshäuten sowie einige Kleinformen der Verwitterung entlang eines Profils von Misratah (an der libyschen Küste) nach Kanaya (am Nordrand des Erg de Bilma). Diplom-Arbeit am II. Geogr. Institut d. FU Berlin. Manuskript, 60 S.

HECKENDORFF, W. D. (1969): Witterung und Klima im Tibesti-Gebirge. Unveröffentlichte Staatsexamensarbeit am Geomorph. Labor der Freien Universität Berlin, 217 S. Berlin.

INDERMÜHLE, D. (1969): Mikroklimatologische Untersuchungen im Tibesti-Gebirge. Dipl.-Arb. am Geogr. Institut d. Universität Bern.

JANKE, R. (1969): Morphographische Darstellungsversuche auf der Grundlage von Luftbildern und Geländestudien im Schieferbereich des Tibesti-Gebirges. Dipl.-Arbeit am Lehrstuhl f. Kartographie d. FU Berlin. Manuskript, 38 S.

SCHULZ, E. (1973): Zur quartären Vegetationsgeschichte der zentralen Sahara unter Berücksichtigung eigener pollenanalytischer Untersuchungen aus dem Tibesti-Gebirge. — Hausarbeit für die 1. (wiss.) Staatsprüfung, FB 23 der FU Berlin, 141 S. Berlin.

TETZLAFF, M. (1968): Messungen solarer Strahlung und Helligkeit in Berlin und in Bardai (Tibesti). Dipl.-Arbeit am Institut f. Meteorologie d. FU Berlin.

VILLINGER, H. (1966): Der Aufriß der Landschaften im hochariden Raum. — Probleme, Methoden und Ergebnisse der Hangforschung, dargelegt aufgrund von Untersuchungen im Tibesti-Gebirge. Unveröffentlichte Staatsexamensarbeit am Geom. Labor der Freien Universität Berlin.

Arbeiten, in denen Untersuchungen aus der Forschungsstation Bardai in größerem Umfang verwandt worden sind:

GEYH, M. A. und D. JÄKEL (1974): Spätpleistozäne und holozäne Klimageschichte der Sahara aufgrund zugänglicher 14-C-Daten. — Zeitschr. f. Geomorph., N. F., Bd. 18, S. 82-98, 6 Fig., 3 Photos, 2 Tab. Stuttgart—Berlin. (A)

HELMCKE, D.; F. K. LIST und N. W. ROLAND (1974): Geologische Auswertung von Luftaufnahmen und Satellitenbildern des Tibesti (Zentral-Sahara, Tschad). — Zeitschr. Deutsch. Geol. Ges., Bd. 125 (im Druck). Hannover. (A)

JUNGMANN, H. und J. WITTE (1968): Magensäureuntersuchungen bei Tropenreisenden. — Medizinische Klinik, 63. Jg., Nr. 5, S. 173-175, 1 Abb. München u. a. (A)

KALLENBACH, H. (1972): Petrographie ausgewählter quartärer Lockersedimente und eisenreicher Krusten der libyschen Sahara. Berliner Geogr. Abh., Heft 16, S. 93-112. Berlin. (A)

KLAER, W. (1970): Formen der Granitverwitterung im ganzjährig ariden Gebiet der östlichen Sahara (Tibesti). Tübinger Geogr. Stud., Bd. 34 (Wilhelmy-Festschr.), S. 71-78. Tübingen. (A)

KLITZSCH, E.; SONNTAG, C.; WEISTROFFER, K.; EL SHAZLY, E. M. (1976): Grundwasser der Zentralsahara: Fossile Vorräte. Geol. Rundschau, 65, 1, pp. 264-287, Stuttgart. (A)

LIST, F. K.; D. HELMCKE und N. W. ROLAND (1973): Identification of different lithological and structural units, comparison with aerial photography and ground investigations, Tibesti Mountains, Chad. — S R No. 349, NASA Report I-01, July 1973. (A)

LIST, F. K.; D. HELMCKE und N. W. ROLAND (1974): Vergleich der geologischen Information aus Satelliten- und Luftbildern sowie Geländeuntersuchungen im Tibesti-Gebirge (Tschad). — Bildmessung und Luftbildwesen, Bd. 142, Heft 4, S. 116-122. Karlsruhe. (A)

PACHUR, H. J. (1966): Untersuchungen zur morphoskopischen Sandanalyse. Berliner Geographische Abhandlungen, Heft 4, 35 S. Berlin.

REESE, D. (1972): Zur Petrographie vulkanischer Gesteine des Tibesti-Massivs (Sahara). Dipl.-Arbeit am Geol.-Mineral. Inst. d. Univ. Köln, 143 S.

SCHINDLER, P.; MESSERLI, B. (1972): Das Wasser der Tibesti-Region. Hochgebirgsforschung — High Mountain Research, Heft 2, S. 143-152. Univ. Vlg. Wagner. Innsbruck—München. (A)

SIEGENTHALER, U.; SCHOTTERER, U.; OESCHGER, H. und MESSERLI, B. (1972): Tritiummessungen an Wasserproben aus der Tibesti-Region. Hochgebirgsforschung — High Mountain Research, Heft 2, S. 153-159. Univ. Vlg. Wagner. Innsbruck—München. (A)

SONNTAG, C. (1976): Grundwasserdatierung aus der Sahara nach ^{14}C und Tritium.

TETZLAFF, G. (1974): Der Wärmehaushalt in der zentralen Sahara. — Berichte des Instituts für Meteorologie und Klimatologie der TH Hannover, Nr. 13, 113 S., 23 Abb., 15 Tab. Hannover. (Mo)

VERSTAPPEN, H. Th.; VAN ZUIDAM, R. A. (1970): Orbital Photography and the Geosciences — a geomorphological example from the Central Sahara. Geoforum 2, p. 33-47, 8 Fig. (A)

WINIGER, M. (1972): Die Bewölkungsverhältnisse der zentral-saharischen Gebirge aus Wettersatellitenbildern. Hochgebirgsforschung — High Mountain Research, Heft 2, S. 87-120. Univ. Vlg. Wagner. Innsbruck—München. (A)

WITTE, J. (1970): Untersuchungen zur Tropenakklimatisation (Orthostatische Kreislaufregulation, Wasserhaushalt und Magensäureproduktion in den trocken-heißen Tropen). Med. Diss., Hamburg 1970. Bönecke-Druck, Clausthal-Zellerfeld, 52 S. (Mo)

ZIEGERT, H. (1969): Gebel ben Ghnema und Nord-Tibesti. Pleistozäne Klima- und Kulturenfolge in der zentralen Sahara. Mit 34 Abb., 121 Taf. und 6 Karten, 164 S. Steiner, Wiesbaden.